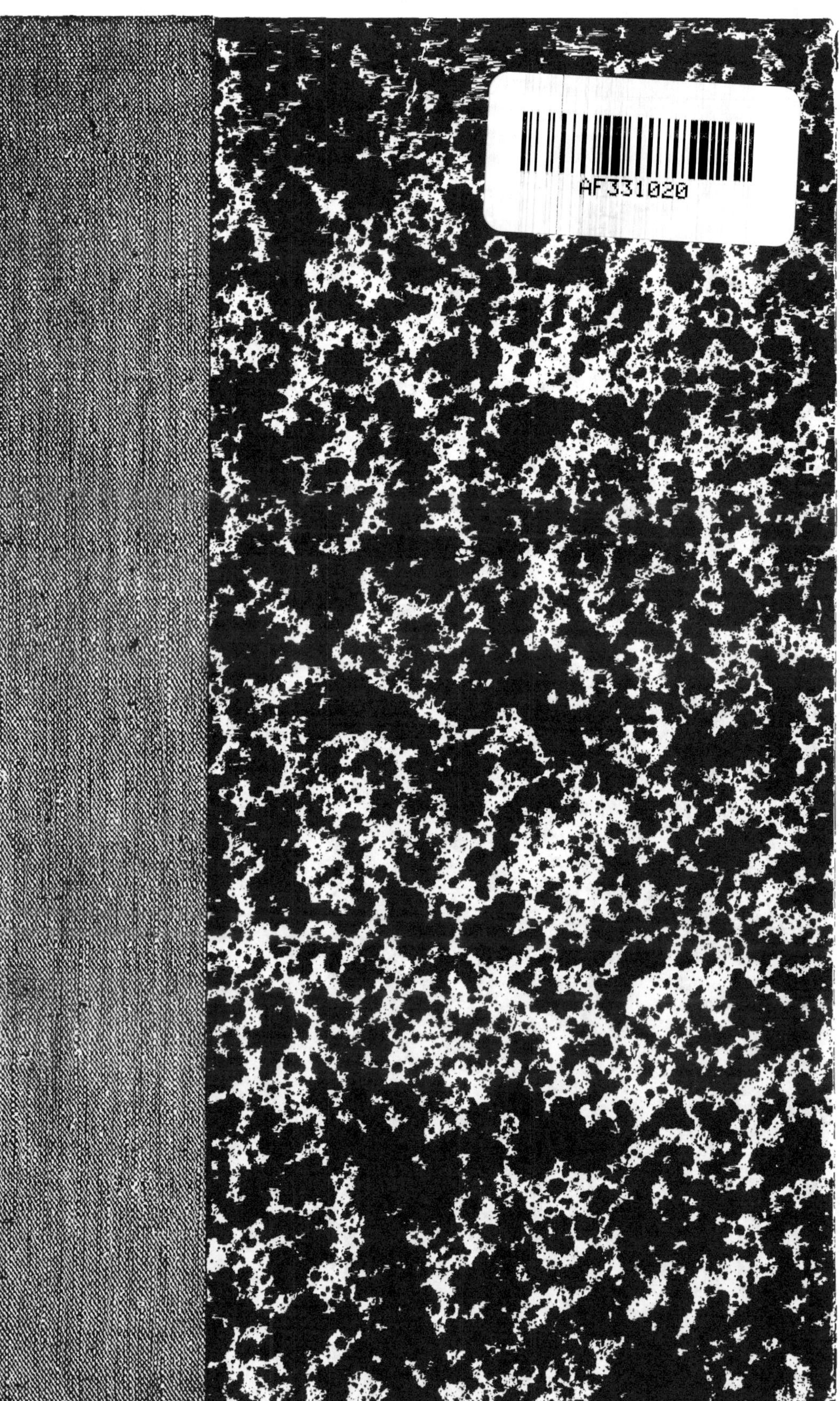

AF331020

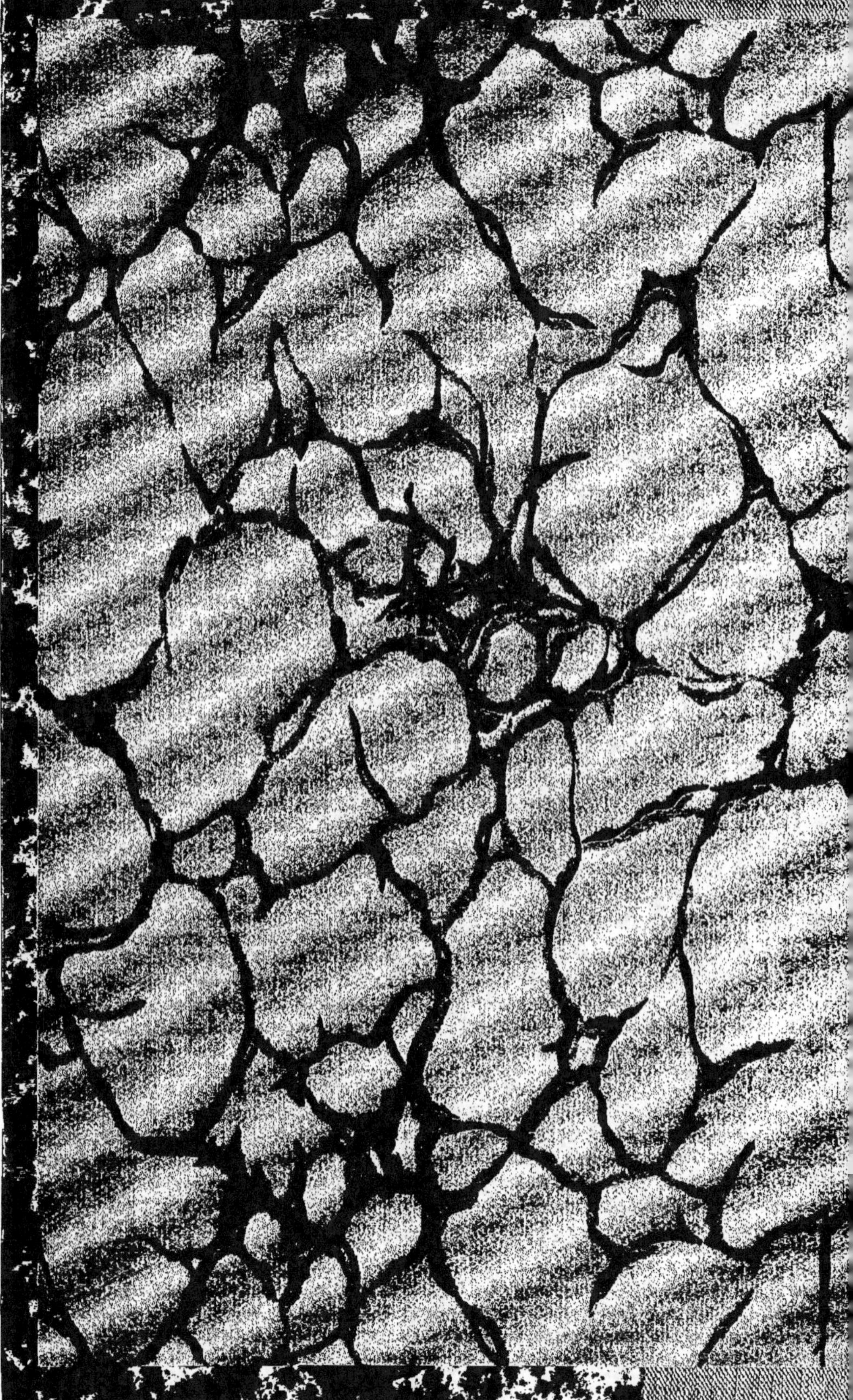

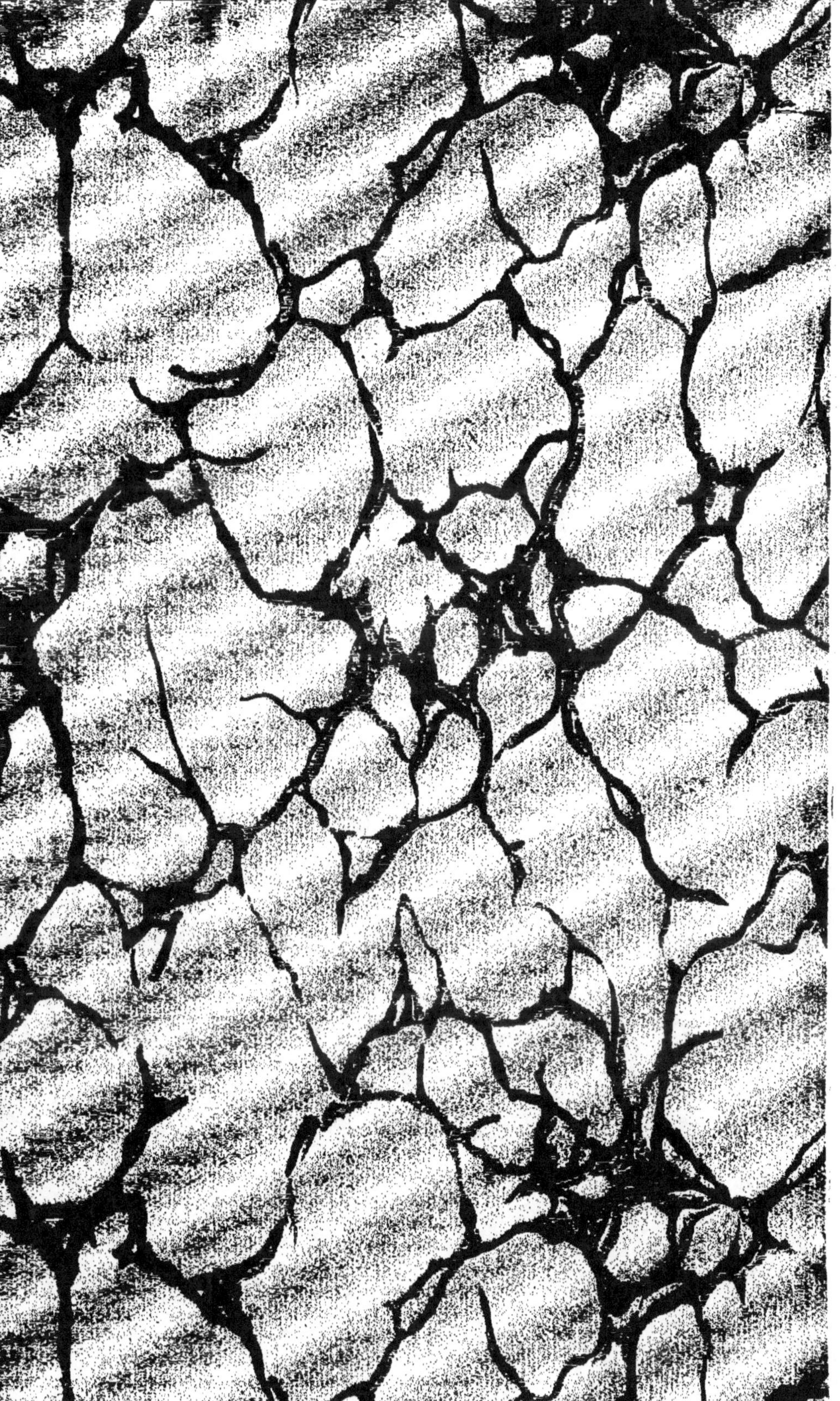

Lieutenant-Colonel d'Artillerie C. GIRARD

L'ACIER

AVIATION — AUTOMOBILISME
CONSTRUCTIONS MÉCANIQUES

SANCTIONS DE LA GUERRE

Avec 113 figures et 21 planches

BERGER-LEVRAULT, ÉDITEURS

NANCY - PARIS - STRASBOURG

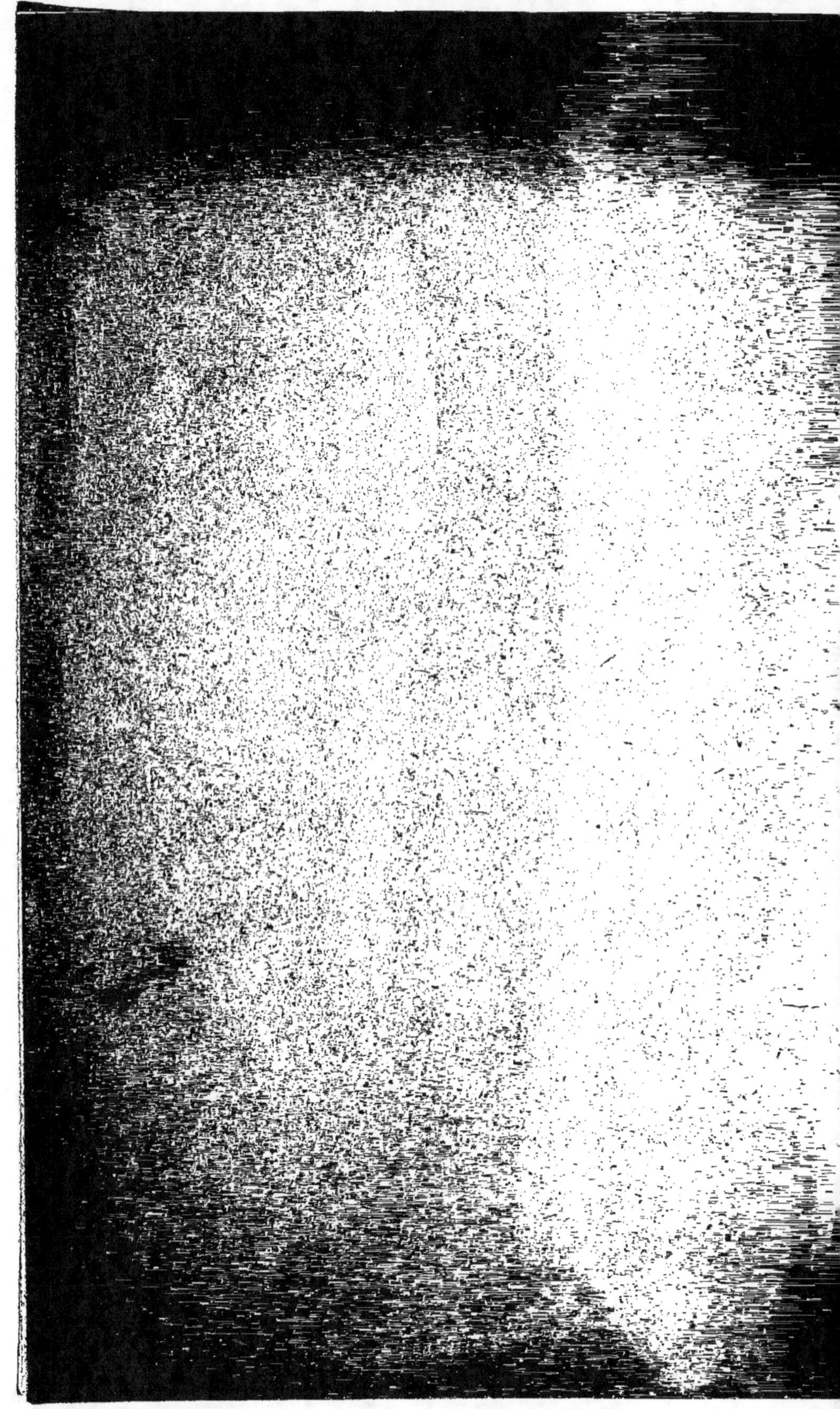

L'ACIER

Lieutenant-Colonel d'Artillerie C. GRARD

L'ACIER

AVIATION — AUTOMOBILISME

CONSTRUCTIONS MÉCANIQUES

SANCTIONS DE LA GUERRE

Avec 113 figures et 21 planches

BERGER-LEVRAULT, ÉDITEURS

NANCY - PARIS - STRASBOURG

1919

PRÉFACE

La date de juillet 1914, mentionnée à la suite de l'avant-propos de L'Acier en aviation, fixe l'époque à laquelle était achevé cet ouvrage, dont le présent volume est la réédition modifiée et augmentée.

Elle fixe l'époque également où, le grand conflit mondial éclatant, l'aviation allait jouer dans la bataille un rôle dépassant toutes les prévisions.

Pour jouer ce rôle, il a fallu donner aux pilotes français et alliés des appareils dont le nombre croissait chaque année de façon ininterrompue.

Si la supériorité du nombre devait s'affirmer pour conquérir la maîtrise de l'air, la supériorité de la qualité était une condition impérieuse sans laquelle le facteur nombre est illusoire et trompeur.

Pour donner satisfaction à ces deux facteurs « quantité et qualité », de grands efforts ont dû être déployés.

Dans le domaine de la sidérurgie et en dehors des importations, le premier facteur a exigé l'attribution à l'aviation dans les usines françaises d'un tonnage supplémentaire d'aciers spéciaux fabriqués au « creuset ».

L'utilisation par l'aviation de tous les aciers au creuset de France n'aurait pas suffi à réaliser un programme que les services immenses rendus par l'aéronautique exigeaient de plus en plus vaste.

De la quantité de moteurs d'aviation fabriqués dépendait le nombre d'avions mis en service, et la quantité de ces moteurs était liée aux quantités d'aciers spéciaux élaborés et particulièrement d'aciers au creuset uniquement employés jusqu'en 1917 pour la fabrication des pièces maîtresses (vilebrequins, bielles, nez porte-hélice, etc., etc.).

La recherche de l'utilisation d'aciers spéciaux fabriqués au four électrique constitua une nécessité. Le problème fut résolu, mais la solution ne procura pas le tonnage suffisant.

L'adoption d'aciers spéciaux Martin élaborés dans des conditions de soin toutes particulières fut envisagée pour les pièces importantes de moteurs précédemment indiquées.

La réussite de certains aciers Martin entraîna leur homologation par l'aéronautique et fournit ainsi le contingent supplémentaire nécessaire au développement de l'aviation.

De plus, le facteur « quantité » a trouvé un précieux auxiliaire dans l'unification des caractéristiques des aciers réduite à un certain nombre de types « standardisés ».

Toutes les sources de production ont été ouvertes par la suppression de monopoles accordés à certaines marques et par l'adoption d'aciers types standards parfaitement définis.

Le facteur qualité a pu se développer de la façon suivante :

Établissement de cahiers des charges fixant, d'après l'expérience acquise, les caractéristiques rigoureusement nécessaires pour assurer la sécurité du matériel, caractéristiques de qualité non restrictives de la quantité par le fait qu'elles ont procuré une diminution notable des déchets de fabrication ;

Affirmation de la coexistence des essais par prélèvement et des essais individuels permettant la vérification de l'homogénéité relative des diverses pièces constitutives d'un lot ;

Exécution de tous les essais conformément aux règles et prescriptions ci-dessus énumérées.

L'évolution étant une caractéristique qui régit tout particulièrement le matériel aérien, ces principes sont soumis à des modifications et des perfectionnements.

Aucune des directives données dans L'Acier *en aviation de 1914 ne s'est trouvée infirmée pendant la période de guerre. Nous avons eu au contraire la légitime satisfaction de les voir présider tant à l'élaboration des matières premières qu'à la transformation et l'usinage de celles-ci.*

Mais beaucoup de points ont attiré l'attention d'une façon plus spéciale.

Des compléments ont ainsi paru nécessaires relatant la mise au point et l'étude détaillée de certains produits sidérurgiques pour leur adaptation optimum au matériel d'aviation.

Le contrôle des métaux a fait l'objet d'additions assez

importantes, tant à la suite de l'introduction de nouvelles méthodes d'essais qu'à la suite du perfectionnement apporté dans l'emploi de certaines d'entre elles.

Le forgeage, matriçage et estampage *font partie de l'historique de la pièce métallique. Il a paru indispensable de les étudier en signalant les défauts originels provenant de la* coulée *et les défauts subséquents provenant de la* transformation.

Les traitements thermiques *ont fait l'objet de nouvelles précisions tant dans la définition des termes que dans la technique proprement dite de ces traitements.*

Les exigences nécessaires pour l'utilisation optimum des pièces en acier ont trouvé leur expression dans les cahiers des charges.

Les directives qui ont présidé à la rédaction de ces derniers ont paru devoir être mises en évidence ainsi que les résultats obtenus.

La recherche de la standardisation *ayant affirmé sa nécessité pendant la guerre, il nous a paru indispensable d'en exposer les bases dans le domaine national et international.*

Enfin, comme application des règles établies, nous avons présenté une *étude méthodique d'un acier spécial* Nickel-Chrome, *indiquant à titre d'exemples la quantité et la qualité des investigations qui s'imposent, avant la mise en œuvre d'un acier nouveau, en vue d'un emploi déterminé.*

Il est bien certain que les aciers satisfaisant aux exi-

gences de la locomotion aérienne satisferont a fortiori à celles de la locomotion automobile.

Quelles que soient les applications, les principes sont immuables. Seules les sanctions découlant de l'inobservation des règles établies peuvent se différencier.

Elles sont particulièrement redoutables dans le domaine aéronautique.

Quoi qu'il en soit, après ces compléments et ces mises à jour, L'Acier en aviation de 1914 peut revêtir un caractère plus général et devenir :

L'ACIER

AVIATION — AUTOMOBILISME — CONSTRUCTIONS MÉCANIQUES

SANCTIONS DE LA GUERRE

Septembre 1919.

C. G.

AVANT-PROPOS

Les qualités d'un métal sont révélées par ses « caractéristiques ».

Les expressions « charge de rupture », « allongement », « limite élastique », « striction », et celles plus modernes de « dureté et de résilience » (quelquefois « ténacité »), évoquent des propriétés importantes que nous préciserons au début de ce travail.

Chercher à faire coexister une grande dureté avec une grande résilience, c'est faire appel à un métal donnant un *rendement maximum*.

C'est, à *poids* égal, augmenter le *coefficient de sécurité*.

C'est, à coefficient de sécurité égal, diminuer la masse, c'est-à-dire le poids.

La *sécurité* et la *légèreté*, voilà deux qualités qui intéressent d'une façon toute particulière le matériel de l'aéronautique.

Cette nouvelle branche de l'activité humaine donne à la métallurgie les problèmes les plus difficiles à résoudre.

Elle les complique encore en introduisant la variable « température », comme dans les moteurs d'aviation.

Les exigences sont impérieuses. Aussi toute négligence

dans la préparation des produits métallurgiques, toute insuffisance dans les traitements thermiques, toute ignorance des lois qui président à la conservation des matériaux mis en œuvre a de redoutables sanctions.

Tout élément qui contribue à l'augmentation, si minime soit-elle, du « rendement métallurgique », associant la sécurité à la légèreté, doit être pris en considération, en donnant bien entendu à l'élément « sécurité » toute la prédominance à laquelle il a droit.

Sans doute, il y aura toujours un sacrifice à consentir sur la « dureté » ou sur la « ténacité », et, dans la plupart des cas, on devra se contenter d'associer une dureté moyenne à une ténacité moyenne.

Mais, en aéronautique, il faut élever ces moyennes, les faire tendre vers le maximum, et ceci ne peut s'obtenir que par une étude approfondie de chaque métal, permettant de faire le choix judicieux des traitements thermiques, de connaître les qualités indiscutables données aux matériaux, de contrôler d'une façon incessante leur conservation et, le cas échéant, leur « fatigue ».

La réduction de durée, la rupture, l'accident, trouvent souvent leur origine dans un traitement thermique défectueux ou inexistant ou dans un état d'équilibre instable.

N'ajoutons pas créance aux transformations mystérieuses qui nous mettraient à la merci des événements sans pouvoir y parer.

En résumé :

1° Faisons usage d'excellents matériaux bien appropriés à l'emploi ;

2° N'altérons pas ces matériaux par le travail mécanique et le traitement thermique que nous leur imposerons.

La première obligation suppose un choix judicieux des matières premières.

Elle suppose la connaissance des caractéristiques *à toutes les températures de travail,* la zone thermique intéressée pouvant avoir une grande étendue, comme pour les moteurs d'aviation celle de la limite élastique *aussi réelle que possible,* afin que l'on puisse déterminer un taux de sécurité *avantageux* sans être *illusoire.*

La deuxième obligation est relative à un traitement thermique rationnel permettant d'obtenir :

a) la dureté nécessaire ;
b) la résilience suffisante ;
c) l'équilibre moléculaire.

Ce dernier est d'une importance primordiale en aéronautique, où la matière est soumise à de perpétuelles vibrations qui exercent leur influence d'une façon d'autant plus complète et rapide que l'équilibre est instable.

Cet équilibre exige la suppression, aussi complète que possible, de l'écrouissage et celle des tensions internes dues à la trempe. Nous basant d'une part sur l'expérience acquise à la suite des travaux des métallurgistes et sur les résultats que nous avons personnellement obtenus, nous plaçant d'autre part sur le terrain de la pratique journalière et industrielle, à l'exclusion de toute étude spéculative, nous avons entrepris ce travail d'après les considérations suivantes :

1° Nous avons voulu préciser les procédés de contrôle des matériaux :

Avant la mise en œuvre de ces matériaux, c'est-à-dire à leur *état initial ;*

Après l'usinage de ces matériaux, c'est-à-dire à leur état *final*.

Il nous a paru utile de rappeler pour chaque procédé :

La précision sur laquelle on peut compter;

Les perfectionnements dont est susceptible la méthode expérimentale;

Enfin la mise au point dont ces procédés ont été l'objet, à la suite du dernier congrès de métallurgie tenu à New-York en 1912; les vœux exprimés dans ce congrès, ainsi que les travaux les plus récents qui sont de nature à apporter dans la pratique des essais, plus de facilité, plus d'unité et plus de précision.

Intentionnellement nous avons passé sous silence l'analyse chimique. Elle constitue une science tout à fait spéciale, d'un intérêt capital. Nous y avons fait un incessant appel, mais sa technique ne saurait trouver place dans cet exposé;

2° Le métal remplissant les conditions désirées doit, la plupart du temps, subir un traitement thermique.

Ce traitement thermique est souvent délicat. Il demande une grande précision pour obtenir le rendement maximum. Si son utilité ne fait aucun doute, en revanche on viole trop souvent les règles qui président à l'exécution de ce traitement.

On compromet bien souvent ainsi les qualités originelles des métaux.

Des erreurs de ce genre ont comme moindre conséquence le rebut inévitable des pièces dont l'usinage est terminé.

Nous nous sommes donc attaché à préciser les règles des traitements thermiques en mettant en évidence toutes les variables entrant en jeu.

Nous avons réservé une place spéciale à *l'écrouissage*, conséquence fatale du travail *à froid* des métaux.

Nous en avons constaté les méfaits et nous avons indiqué les mesures toutes particulières à prendre pour amener sa disparition.

L'existence de l'écrouissage diminue notablement jusqu'à la rendre insignifiante la résistance vive d'une pièce. C'est un danger auquel il est nécessaire de parer. Mais il faut constater l'état d'écrouissage, état particulièrement difficile à définir d'une façon précise. Nous plaçant à un point de vue pratique et industriel, nous avons montré micrographiquement ses effets dans le travail à chaud, puis nous avons mis en évidence l'altération radicale des propriétés mécaniques dans le travail à froid des aciers. Nous avons alors proposé un mode de mesure arbitraire, mais paraissant de nature à renseigner d'une façon suffisamment approchée sur l'état moléculaire du métal et la sécurité qu'il présente;

3° Après avoir fixé le traitement thermique « optimum » adéquat à la nature du métal, nous avons appliqué les règles aux aciers ordinaires au carbone et aux aciers spéciaux.

Nous avons déterminé toutes les caractéristiques de ces aciers « à froid » à l'état de recuit et à l'état de trempe suivie de tous les revenus.

La connaissance des caractéristiques « à froid » ne nous a pas paru suffisante, notamment en aéronautique où certaines pièces de moteurs travaillent à des températures élevées.

Nous avons donc étudié les caractérisques « à chaud » et déterminé les zones dans lesquelles certaines températures, dites *températures de fragilité,* interdisent l'emploi des métaux soumis aux essais.

Ces recherches permettent de sélectionner les aciers et d'exercer un choix en connaissance de cause.

Elles donnent toute facilité pour l'élaboration des cahiers des charges.

Ce travail se trouve donc naturellement divisé en trois parties :

1° Contrôle des métaux ;

2° Traitements thermiques et écrouissage;

3° Caractéristiques des aciers ordinaires et spéciaux *à froid* et *à chaud.*

L'application des principes énoncés devra avoir pour résultat de donner le *rendement maximum* et de faire éviter les *erreurs* résultant de la violation des règles fondamentales.

Ces erreurs sont *regrettables* d'une façon générale.

En aéronautique, elles sont *coupables,* puisque la vie humaine est en jeu.

Les règles sont nées de la nécessité où l'on se trouvait de remédier à des résultats défectueux.

Sorties du laboratoire, elles ont reçu la sanction de l'expérience.

Le personnel du contrôle a le devoir le plus impérieux de veiller à leur observation, et nous avons pour but, dans l'exposé qui va suivre, de lui fournir un guide commode et sûr pour l'exécution de sa mission.

Nous savons, d'autre part, que les industriels français, qui poursuivent l'amélioration et le perfectionnement du matériel, sont avides de progrès.

Abandonnant les formules empiriques et décevantes, les méthodes dangereuses et surannées, ils feront le meilleur accueil aux procédés scientifiques et rationnels.

Ces procédés constituent l'*unique secret* d'une bonne fabrication.

Nous sommes donc certain qu'ils adopteront les conclusions de ce travail et partageront, sans restriction, la conviction qui nous anime.

Juillet 1914.

PREMIÈRE PARTIE

CONTROLE DES MÉTAUX

ESSAIS MÉCANIQUES

CHAPITRE I

ESSAIS DE TRACTION

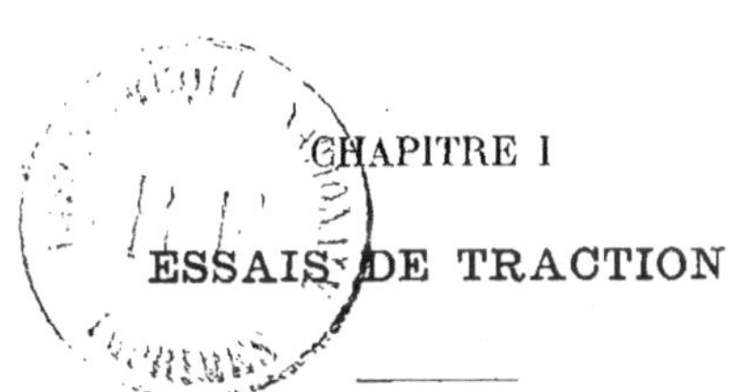

---

§ 1. LIMITE ÉLASTIQUE. ALLONGEMENTS. — Au moyen d'une machine de traction, exerçons un effort sur les extrémités d'un barreau cylindrique. Portons en abscisses les *allongements* du barreau et en ordonnées les efforts exercés.

Nous obtenons la courbe OMNP (fig. 1).

Elle se divise en deux parties :

1° OM sensiblement rectiligne. *C'est la zone des déformations élastiques;*

2° MNP. *C'est la zone des déformations permanentes.*

De O à M', projection de M sur Ox, on a les *allongements élastiques.*

Nous sommes amenés à considérer quatre limites d'élasticité, à savoir :

a) La limite d'*élasticité théorique;*

b) La limite d'*élasticité proportionnelle;*

c) La limite *apparente d'élasticité;*

d) La limite *pratique d'élasticité.*

a) *Limite d'élasticité théorique.* — C'est la limite au-dessous de laquelle les allongements sont entièrement élastiques. Elle ne correspond à rien de pratique;

b) *Limite d'élasticité proportionnelle.* — C'est la limite au-dessous de laquelle les allongements sont proportionnels aux

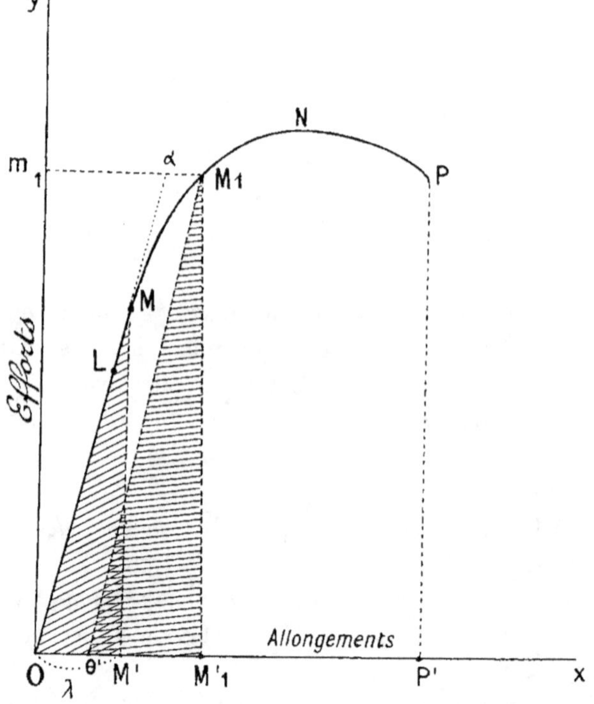

Fig. 1.

efforts. C'est la partie de la ligne OM rigoureusement recti-ligne.

C'est une conception qui n'a que des applications très particulières (Voir titre XV, § D, Vérification des carastéris-tiques mécaniques d'un acier 32. Méthode des miroirs

Martens pour la détermination de la limite d'élasticité proportionnelle).

c) *Limite apparente d'élasticité*. — En M avec les métaux *recuits*, il y a un palier de la courbe. Avec les métaux *trempés* et *écrouis récemment*, il n'y a pas de palier; avec les métaux *écrouis* depuis quelque temps, il y a un palier (*ce qui montre l'instabilité de l'écrouissage*).

En M, le manomètre de la machine de traction baisse.

On a la *limite apparente d'élasticité*.

d) *Limite pratique d'élasticité. Allongements élastiques. Allongements permanents*. — De O à M, les allongements ne sont pas rigoureusement élastiques. L'effort cessant, le barreau ne reprend pas absolument sa première dimension. Il possède un certain allongement résiduel.

Si λ est l'allongement mesuré sur le diagramme,

λ' l'allongement résiduel,

$$\lambda - \lambda' = \lambda \left(1 - \frac{\lambda'}{\lambda}\right)$$

sera l'*allongement élastique*.

Pour que l'allongement reste pratiquement élastique, il faut que

$$\frac{\lambda'}{\lambda} \qquad \text{soit} \qquad < 0,001 \text{ p. } 100$$

(Décision du Congrès de 1906).

Le point L pour lequel

$$\frac{\lambda'}{\lambda} = 0,001 \text{ p. } 100$$

est la *limite pratique d'élasticité*.

La Commission permanente de Standardisation française créée au ministère du Commerce propose la définition suivante de la limite élastique [1]. Il s'agit évidemment de la limite pratique d'élasticité :

« La limite élastique est la charge pour laquelle il commence à se produire une déformation permanente. Pratiquement et sauf indication spéciale, la mesure se fera à 1 cinq-centième près. On admettra donc que la clause fixant pour la limite élastique une valeur de n kg est remplie si l'éprouvette ayant été soumise à la charge correspondant aux n kg par millimètre carré pendant 10 secondes, puis déchargée, revient à sa longueur primitive à 1 cinq-centième près. »

La tolérance admise sur une éprouvette de 100 mm entre repères serait donc de 2 dixièmes de millimètre.

C'est sous les formes c et d que la caractéristique « limite élastique » trouve son application dans les cahiers des charges.

Module d'élasticité. — Il intéresse la partie de la courbe où les allongements sont élastiques.

C'est le rapport de la charge par unité de section initiale Si à l'allongement élastique par unité de longueur initiale Li.

$$(1) \qquad \frac{\dfrac{F}{Si}}{\dfrac{\lambda}{Li}} = \mu$$

Résistance vive élastique. — Elle intéresse la même partie de la courbe et est représentée par l'aire du triangle OMM'.

$$OM' = \lambda \qquad MM' = F$$

$$\text{Aire OMM}' = \frac{1}{2}\lambda \times F$$

D'après (1)

$$F = \mu \frac{Si}{Li}\lambda$$

---

[1] Rapport de la Sous-commission (G. Charpy et M. Girard) du 29 mars 1919, émanant de la Commission pour l'unification des cahiers des charges.

Or

$$S_i L_i = V$$
$$S_i = \frac{V}{L_i}$$
$$F = \mu \, \frac{V}{L_i^2} \times \lambda$$

Aire OMM′ ou résistance vive élastique $= \dfrac{1}{2} \mu \left(\dfrac{\lambda}{L_i}\right)^2 V$

$\dfrac{\lambda}{L_i}$ est l'allongement élastique.

§ 2. STRICTION. — *Loi de similitude.* — Avant la rupture, le barreau s'étrangle et la striction se produit.

Il y a la *striction répartie* ou *striction proportionnelle*, qui correspond à l'allongement réparti, et la *striction proprement dite*, la partie étranglée du barreau de traction où se produit la rupture.

La striction proprement dite se définit par l'expression :

$$\frac{S_i - S}{S_i} \qquad \begin{aligned} &S_i = \text{section initiale,} \\ &S = \text{section finale.} \end{aligned}$$

La forme de la striction est une des caractéristiques du métal.

L'allongement pour cent avant striction est constant pour un même métal, quels que soient le diamètre et la longueur.

L'allongement pour cent après striction sera différent pour des barreaux de même diamètre et de longueur différente, puisqu'il y aura une zone de striction identique pour les deux barreaux.

Les allongements pour cent après rupture seront égaux si les barreaux sont géométriquement semblables.

La loi de similitude s'exprime par

$$\frac{L^2}{S} = \text{constante} = 66{,}67$$

pour le Service des Forges de l'artillerie où l'on utilise les barreaux

$$D = 13,8 \qquad S = 150\,mm^2 \qquad L = 100\,mm \text{ entre repères}$$

et

$$D = 9,8 \qquad S = 75\,mm^2 \qquad L = 70\,mm \text{ entre repères.}$$

§ 3. CHARGE DE RUPTURE ET RÉSISTANCE VIVE DE RUPTURE. — « La résistance ou charge de rupture est la charge la plus élevée atteinte au cours de l'essai, exprimée en kilogrammes par millimètre carré de la section initiale. » (Rapport de la Sous-commission pour l'unification des cahiers des charges du 29 mars 1919 précité.)

La résistance vive de rupture se mesure en planimétrant l'aire du diagramme de traction.

Elle s'évalue souvent grossièrement par le produit

$$R \times A$$

de la charge de rupture par l'allongement.

Il faut remarquer que la déformation ne représente qu'une partie du travail de traction; une partie de ce travail est transformée en chaleur.

§ 4. EFFETS DE L'ÉCROUISSAGE. — L'écrouissage change la limite élastique en vertu de la loi de Coulomb.

Lorsqu'un corps a été déformé d'une façon permanente par un effort, sa limite élastique est égale à cet effort.

Ex. : Un barreau d'acier subit un effort supérieur de 15 kg à sa limite élastique.

Maintenu quelque temps à cette charge, il est abandonné à lui-même.

La nouvelle limite élastique est alors augmentée de 15 kg.

Reportons-nous au diagramme (fig. 1).

Le barreau a pris un allongement total $M_1\,m_1$.

Si l'on suppose l'allongement élastique proportionnel à la charge, $M_1 \alpha$ est l'allongement permanent.

La longueur initiale devient donc :

$$L_1 + M_1 \alpha.$$

Soit

$$OO' = \alpha M_1$$

Le nouveau diagramme devient

$$O'M_1 N P$$

Conclusions. — Dans un métal écroui, la *résistance vive élastique* est augmentée, puisque

$$\text{aire } O'M_1M'_1 > \text{aire } O MM'$$

mais la *résistance vive de rupture* est diminuée, puisque

$$\text{aire } O'M_1PP' < O M PP'$$

Remarque. — Un écrouissage obtenu par une déformation spéciale exerce son influence sur les déformations provenant d'un travail différent.

Ainsi, le travail de torsion qui ne change pas la longueur d'un fil modifie les caractéristiques de traction, augmente par exemple la limite élastique.

Remarque. — Aucune nouvelle déformation permanente, quel qu'en soit l'ordre, ne peut supprimer l'écrouissage du métal écroui.

Remarque. — L'écrouissage donne au métal une dureté et une hétérogénéité qui ont comme corollaire la « fragilité ».

Il faut noter qu'il y a le plus souvent un rapport très étroit entre la *résistance vive* et la *résilience*.

Or, si l'on prend R.A comme mesure grossière de la résistance vive, il arrive que lorsque R double, A devient sept ou huit fois plus petit; la résistance vive devient donc environ quatre fois plus petite, ce qui peut avoir des conséquences graves.

Facteurs exerçant leur influence sur l'essai de traction. — 1° *Vitesse de traction.* — Quand la vitesse de traction augmente, les mêmes allongements correspondent à une charge et à une limite élastique plus élevées.

Avec des variations de vitesse on obtient des sinuosités dans la courbe, dans le sens précédemment indiqué.

Des essais de traction faits vivement peuvent majorer de 6 p. 100 les charges.

La vitesse doit donc être uniforme. Elle ne doit pas dépasser 1 centimètre à la minute.

2° *Température.* — La température exerce une influence sur les essais. Mais les variations légères de température ambiante sont sans influence sensible sur les résultats.

Conclusion pratique. — Fixer la vitesse de traction.

Approximations dans les résultats

1° Charge de rupture : erreur < 3 p. 100
2° Allongements :   erreur $< 2,5$ p. 100
3° Striction :   erreur < 3 p. 100

§ 5. MACHINES DE TRACTION. — Les machines de traction sont nombreuses.

Elles peuvent être :

A poids avec levier (incommodes, peu employées);

A traction hydraulique avec appareil manométrique. Ex. : machine Thomasset, machine Maillard;

A appareils de mesure à leviers et à manomètre. Ex. : machine Falcot.

Pour mesurer les efforts relativement faibles, on a recours aux dynamomètres (laitons, aluminium).

Des *enregistreurs* adaptés aux machines permettent d'étudier et d'interpréter la courbe de traction.

Nous n'entrerons pas dans la description de ces machines qu'on peut voir dans tous les laboratoires.

Mais nous insisterons sur ce fait qu'une bonne machine de traction doit permettre un tarage facile.

Le tarage le meilleur est le tarage direct, permettant la substitution de poids marqués à l'effort exercé.

Dans cet ordre d'idées, on voit que les machines de traction verticales offrent des possibilités de tarage direct qui les rend très intéressantes.

Tarage des machines de traction.

Le tarage des machines de traction est une opération capitale qui donne à l'expérience toute sa valeur et évite toute contestation entre les parties intéressées.

Nous citerons :

1° *Tarage direct* par poids (sûr);

2° *Tarage par l'emploi d'un dynamomètre* à ressort (méthode peu exacte);

3° *Méthode du barreau élastique.* — Elle est basée sur la mesure des déformations élastiques de barreaux calibrés, expérimentés au préalable avec une machine exacte et tractionnés sur la machine en étude (méthode de laboratoire, peu pratique);

4° *Méthode des crushers.* — La machine de traction travaille à la compression au moyen d'un appareil inverseur.

La pression est évaluée, en fonction de l'écrasement, d'après les tables de tarage des crushers (méthode relativement peu employée);

5° *Emploi des barreaux de tarage.* — On utilise un métal bien homogène. On prend comme base une machine type bien étalonnée.

On choisit des charges échelonnées entre les limites dans lesquelles la machine sert en service normal. Cet échelonnement s'obtient en faisant varier la *section du barreau* et la *nuance*.

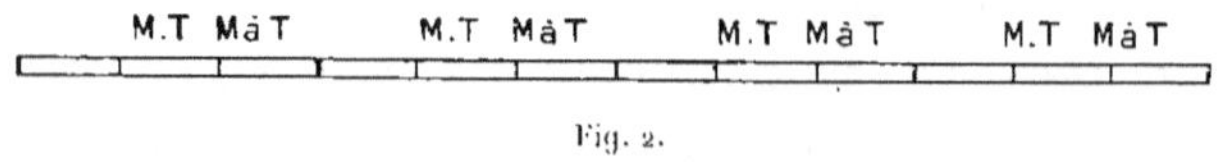

Fig. 2.

Pour chaque charge, préparer douze barreaux aussi homogènes que possible (fig. 2).

Tous les barreaux sont recuits à une température déterminée.

La vitesse de l'essai, qui doit être faible, est fixée.

On casse quatre barreaux sur la machine de tarage et quatre barreaux sur la machine à tarer.

Si R_1, R_2, R_3 et R_4 sont les charges de rupture rangées par ordre de grandeur de la machine à tarer, R est défini par

$$\frac{R_2 + R_3}{2}.$$

L'acier sera considéré comme suffisamment homogène si

$$R_4 - R_1 < 4 \text{ p. } 100 \text{ de la plus grande.}$$

On compare les résultats avec les résultats correspondants de la machine type.

Conclusion. — Laisser la machine en l'état et utiliser une courbe de tarage.

Ou bien régler la machine et vérifier le réglage par les quatre barreaux restants.

CHAPITRE II

ESSAIS DE DURETÉ

———

§ 1. Nombre de dureté. Coefficient de proportionnalité.
— C'est en 1900, au Congrès de l'*Association internationale
pour l'essai des matériaux* tenu à Paris, que Brinell proposa
une méthode spéciale pour déterminer la dureté.

Cette méthode consiste à exercer sur le métal une pression
connue par l'intermédiaire d'une bille en acier de diamètre
déterminé.

Il se produit ainsi dans le métal soumis aux essais une
empreinte ayant la forme d'une calotte sphérique dont la surface est facile à calculer.

Si l'on appelle P la pression exercée sur la bille et a la
surface de la calotte sphérique, l'expression

$$\frac{P}{a} = \lambda$$

donne le nombre de dureté de Brinell [1].

En 1906, au Congrès de l'Association internationale tenu à
Bruxelles, les essais de dureté ont fait l'objet d'un certain
nombre de communications.

La méthode de Brinell avait donné lieu à plusieurs applications et les résultats obtenus permettaient de formuler quelques
remarques intéressantes.

———

[1] Le nombre de dureté de Meyer est obtenu en substituant à la calotte sphérique la
surface du cercle d'empreinte.

On s'était inquiété, en particulier, de la recherche du coefficient qui permet de passer du nombre de dureté à la charge.

Brinell avait déclaré dans son mémoire que, pour les aciers recuits d'une teneur en carbone inférieure à 0,800, on avait la relation

$$R = k \Delta$$

dans laquelle R est la charge de rupture par millimètre carré.

Le coefficient k avait été fixé par Brinell à 0,346.

§ 2. DOUBLE ASPECT DE L'ESSAI DE DURETÉ. — *Rapidité. Contrôle de l'homogénéité.* — 1° L'essai à la bille se présente comme une substitution de l'essai de dureté à l'essai de traction, substitution permettant de rendre les épreuves de réception à la fois plus simples et moins coûteuses, en même temps que plus nombreuses.

L'essai permet d'éprouver un certain nombre de points particulièrement choisis.

Il permet d'essayer les pièces achevées ou des échantillons dont la forme et les dimensions interdisent le prélèvement des barreaux de traction.

Le coefficient de proportionnalité permet, pour les aciers ordinaires au carbone, de connaître la résistance.

Il faut donc le déterminer suivant la nuance de l'acier ou le traitement que ce dernier a subi.

Ainsi appliquée, la méthode de la bille ne donne pas plus de renseignements que l'essai de traction. Elle les donne seulement d'une façon plus rapide et plus simple.

2° La méthode de la bille peut être une méthode originale revêtant un caractère particulier et décelant une propriété spéciale, l'homogénéité.

Les divergences entre les empreintes sont causées à la fois par les erreurs commises dans les expériences et les mesures et par le manque d'homogénéité du métal.

Au Congrès de Copenhague en 1909, on avait émis le vœu que l'on définisse les applications pratiques auxquelles peuvent donner lieu les essais de dureté et que l'on expose les résultats qu'on peut en attendre pour le contrôle de l'homogénéité.

C'est pour répondre à ces vœux que nous avons présenté au Congrès de New-York un mémoire relatif aux recherches que nous avons entreprises à ce sujet.

Dans ce travail, nous nous sommes attaché à déterminer les erreurs expérimentales commises.

Leur connaissance permet de déduire le nombre de dureté aussi rigoureusement que possible. Le contrôle de l'homogénéité en est la conséquence. Nous résumons les résultats acquis ([1]).

Mesure de l'empreinte. — L'expérience a montré que la bille, en s'enfonçant dans le métal sous une pression de 3.000 kg, provoquait un soulèvement de ce métal.

La figure 3 représente l'aspect général de la coupe de l'empreinte.

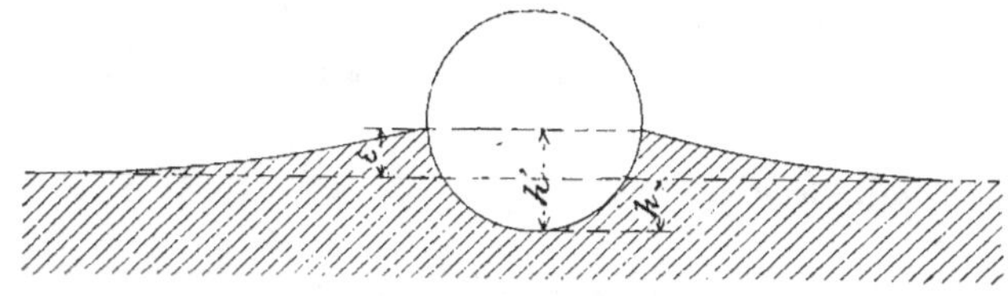

Fig. 3. — Aspect général de la coupe de l'empreinte

D'après ces formes d'empreinte, on conçoit que la mesure de la calotte sphérique puisse donner lieu à des difficultés spéciales.

Si l'on appelle D le diamètre de la bille, d le diamètre

([1]) Voir *Recherches sur la dureté et la fragilité des aciers*, par le capitaine GRARD (*Revue d'Artillerie*).

de l'empreinte, h la profondeur de cette empreinte, l'expression de la surface a de la calotte sphérique est

$$a = \pi D h$$

ou

$$a = \pi D \frac{D - \sqrt{D^2 - d^2}}{2}$$

1° On peut mesurer h, profondeur de l'empreinte, et en déduire a, mais h' mesuré $= h + \varepsilon$ sera généralement trop grand, étant donné le relèvement des bords de l'empreinte. Il y a donc là une cause d'erreur;

2° On peut mesurer d, la largeur de l'empreinte, et en déduire a.

Mais on mesure un d généralement trop grand, étant donnée l'ovalisation de la bille sous la pression. Il y a donc encore là une cause d'erreur.

De nos expériences, il résulte que les deux erreurs commises, à savoir :

La première en exagérant la profondeur d'empreinte;

La deuxième en partant d'un diamètre faussé par suite de l'ovalisation de la bille, sont des erreurs du même ordre. On trouve, par les deux moyens, des chiffres de Brinell identiques.

On a donc le choix entre les deux procédés.

Influence des appareils

1° *Appareils de compression.* — *Machine.* — Les essais faits sur une machine de traction verticale à tarage direct et à lecture manométrique ont donné lieu à une erreur inférieure à 1 unité Brinell.

Bille. — N'a pas donné d'erreur, les billes pouvant être facilement choisies de façon à avoir des diamètres de 10 mm à 1 demi-centième près.

2° *Appareils de mesure.* — Les erreurs commises avec des appareils microscopiques précis permettant de mesurer le diamètre ou la profondeur d'empreinte ont été au maximum de 2 centièmes, ce qui correspond à 3 unités Brinell.

La somme des erreurs maxima est donc de 5 unités Brinell, dans des conditions expérimentales satisfaisantes.

Influence des conditions d'expérience

1° *Influence de la rapidité de mise en pression.* — Quand la vitesse de mise en pression varie de o à 2 minutes, l'empreinte va en augmentant.

Au delà de 2 minutes, il n'y a plus de variation appréciable.

Conclusion. — *Fixer la vitesse de mise en pression, ou adopter 2 minutes comme vitesse normale.*

2° *Influence de la durée de la pression.* — Les empreintes augmentent quand la durée de la pression varie de o à 5 minutes.

Au delà de 5 minutes, il n'y a plus de variation appréciable.

Conclusion. — *Fixer la durée de la pression, ou adopter 5 minutes comme durée normale.*

3° *Influence du sens dans lequel on exerce la pression par rapport à la direction du laminage.* — Il y a lieu de définir le sens dans lequel s'exerce la pression par rapport à la direction du laminage.

Les empreintes exécutées perpendiculairement au laminage sont plus larges que celles exécutées parallèlement au laminage.

Conclusion. — *Pour interpréter les essais, bien spécifier le sens dans lequel les empreintes sont faites.*

§ 3. Résumé. — Adoptons le mode opératoire ci-dessus indiqué.

Si N est le nombre exact de dureté,

$$N \pm 5$$

représente les variations imputables aux erreurs expérimentales.

Deux nombres de dureté, relatifs à deux empreintes exécutées sur un même acier parfaitement homogène, ne devront pas différer de plus de 10 unités.

Les différences supérieures à 10 devront être attribuées à une variation dans la répartition des constituants du métal.

On a ainsi un procédé précieux pour contrôler l'homogénéité d'un métal déterminé.

Cette clause d'homogénéité pourra être introduite utilement dans les cahiers des charges.

Choix des instruments. — Utiliser :
1° Une machine de compression permettant :
a) Le tarage ;
b) Une mesure sensible de la pression ;
c) Une mise en pression progressive et réglable ;
2° Des appareils de mesure permettant d'apprécier le centième de millimètre.

En résumé, dans un cahier des charges, un essai de dureté devra être ainsi libellé :

Pression. . . . . 3.000 kg
Diamètre de la bille. . . . . 10 mm
Vitesse de mise en pression . . . . . . 30"
Durée de la pression . . . . 2'

$$\Delta = 200 \pm 5$$

Nous donnons le barème du nombre Δ de Brinell suivant le diamètre d'empreinte de la bille mesuré en centièmes.

Barème du nombre de dureté Δ de Brinell

Diamètre de la bille : 10 mm — Pression 3.000 kg

d	Δ	d	Δ	d	Δ	d	Δ	d	Δ	d	Δ	d	Δ	d	Δ	d	Δ
2,00	946	2,50	600	3,00	418	3,50	302	4,00	228	4,50	179	5,00	143	5,50	116	6,00	95
01	936	51	595	01	414	51	300	01	227	51	178	01	142	51	116	05	94
02	926	52	590	02	411	52	298	02	226	52	177	02	141	52	115	10	92
03	917	53	586	03	408	53	296	03	225	53	176	03	140	53	115	15	90
04	908	54	582	04	405	54	294	04	224	54	175	04	140	54	114	20	89
05	898	55	578	05	402	55	293	05	223	55	174	05	140	55	114	25	87
06	889	56	573	06	399	56	291	06	221	56	173	06	139	56	114	30	86
07	881	57	568	07	396	57	289	07	220	57	172	07	138	57	113	35	84
08	873	58	563	08	393	58	288	08	219	58	171	08	137	58	113	40	82
09	865	59	559	09	390	59	287	09	218	59	170	09	137	59	112	45	81
2,10	857	2,60	555	3,10	387	3,60	286	4,10	217	4,60	170	5,10	137	5,60	112	6,50	80
11	849	61	550	11	384	61	284	11	216	61	169	11	136	61	111	55	79
12	841	62	545	12	381	62	282	12	215	62	168	12	135	62	111	60	77
13	833	63	540	13	379	63	280	13	214	63	167	13	134	63	110	65	76
14	825	64	536	14	377	64	278	14	213	64	166	14	134	64	110	70	74
15	817	65	532	15	375	65	277	15	212	65	166	15	134	65	108	75	73
16	810	66	528	16	372	66	275	16	211	66	165	16	133	66	108	80	71,5
17	803	67	524	17	370	67	273	17	210	67	164	17	132	67	108	85	70
18	796	68	520	18	368	68	271	18	209	68	163	18	131	68	108	90	69
19	789	69	516	19	366	69	270	19	208	69	163	19	131	69	107	95	68
2,20	782	2,70	512	3,20	364	3,70	269	4,20	207	4,70	163	5,20	131	5,70	107	7,00	68
21	774	71	508	21	361	71	267	21	206	71	162	21	130	71	107	05	67
22	766	72	504	22	358	72	265	22	205	72	161	22	129	72	106	10	66
23	758	73	501	23	355	73	264	23	204	73	160	23	128	73	106	15	65
24	751	74	498	24	353	74	263	24	203	74	159	24	128	74	105	20	64
25	744	75	495	25	351	75	262	25	202	75	159	25	128	75	105	25	63
26	737	76	491	26	348	76	260	26	200	76	158	26	127	76	105	30	62
27	731	77	487	27	346	77	258	27	199	77	157	27	126	77	104	35	61
28	725	78	483	28	344	78	257	28	198	78	156	28	126	78	104	40	60
29	719	79	480	29	342	79	256	29	197	79	156	29	126	79	103	45	59
2,30	713	2,80	477	3,30	340	3,80	255	4,30	196	4,80	156	5,30	126	5,80	103	7,50	58
31	707	81	473	31	338	81	253	31	195	81	155	31	125	81	103	55	57
32	701	82	469	32	336	82	251	32	194	82	154	32	124	82	102	60	56
33	695	83	466	33	334	83	250	33	193	83	153	33	124	83	102	65	55
34	689	84	463	34	333	84	249	34	192	84	153	34	124	84	101	70	54
35	683	85	460	35	332	85	248	35	192	85	153	35	124	85	101	75	53
36	676	86	456	36	329	86	246	36	191	86	152	36	123	86	101	80	52
37	670	87	453	37	327	87	244	37	190	87	151	37	122	87	100	85	51
38	664	88	450	38	325	88	243	38	189	88	150	38	121	88	100	90	50
39	658	89	447	39	323	89	242	39	188	89	149	39	121	89	99	95	49
2,40	652	2,90	444	3,40	321	3,90	241	4,40	187	4,90	149	5,40	121	5,90	99	8,00	48
41	647	91	441	41	319	91	239	41	186	91	148	41	120	91	99	05	47
42	642	92	438	42	317	92	238	42	185	92	147	42	119	92	98	10	46
43	637	93	435	43	315	93	237	43	184	93	146	43	118	93	98	15	45
44	632	94	432	44	313	94	236	44	183	94	146	44	118	94	97	20	44
45	627	95	430	45	311	95	235	45	183	95	146	45	118	95	97	25	43
46	621	96	427	46	309	96	233	46	182	96	145	46	117	96	97	30	42
47	615	97	424	47	307	97	231	47	181	97	144	47	116	97	96	35	41
48	610	98	422	48	305	98	230	48	180	98	143	48	116	98	96	40	40
49	605	99	420	49	304	99	229	49	179	99	143	49	116	99	95	45	39

Remarque. — Pour des métaux mous, il est utile de se servir de pressions plus faibles et de billes plus petites.

M. Hanriot, directeur des essais à la Monnaie, s'est servi de billes de 3 mm de diamètre sous une pression de 3o kg pour l'aluminium, le bronze d'aluminium, l'argent.

CHAPITRE III

ESSAIS DE FRAGILITÉ

§ 1. APPAREILS ET ÉPROUVETTES. RÉSILIENCE. — L'absence de fragilité peut être décelée par des essais au choc exécutés à l'aide d'un appareil spécial :

> Mouton-pendule de Charpy,
> Mouton de Guillery,
> Mouton de Frémont, etc.,

sur des éprouvettes entaillées, à savoir :

Grande éprouvette Charpy, ayant pour dimensions 3o × 3o × 16o avec écartement des appuis de 120 mm et entaille de 15 mm avec fond arrondi et 2 mm de rayon;

Petite éprouvette Charpy (fig. 4), où toutes ces grandeurs sont exactement divisées par 3 ([1]);

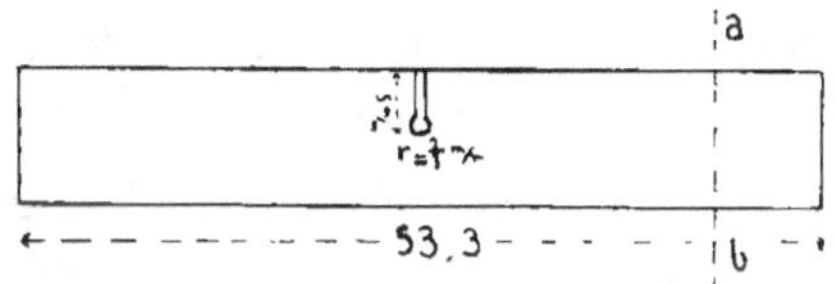

Fig. 4. — Éprouvette Charpy.

Éprouvette Mesnager (fig. 5), ayant pour dimensions 10 × 10 × 6o avec entaille de 2 mm de largeur, 2 mm de profondeur et fond arrondi de 1 mm de rayon;

([1]) La Commission française de Standardisation propose de porter le rayon de l'entaille à fond cylindrique de l'éprouvette réduite Charpy de 2 tiers de millimètre à 1,5 mm, ce qui facilite l'usinage.

Éprouvette Frémont (fig. 6), ayant pour dimensions 35 × 10 × 8 avec entaille carrée de 2 mm.

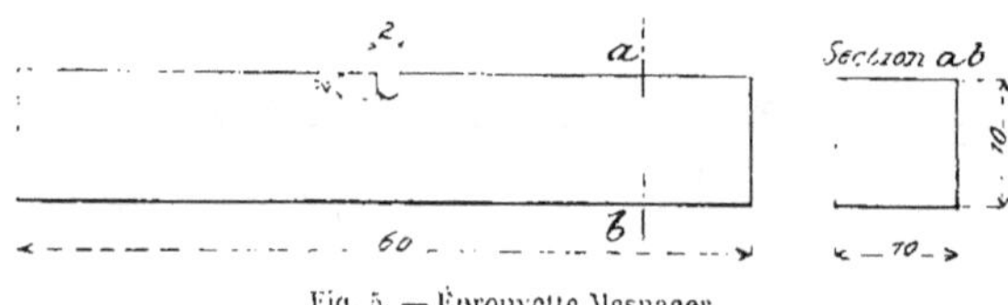

Fig. 5. — Éprouvette Mesnager.

Ces essais permettent de connaître le nombre de kilogrammètres nécessaires pour amener la rupture d'une de ces éprouvettes.

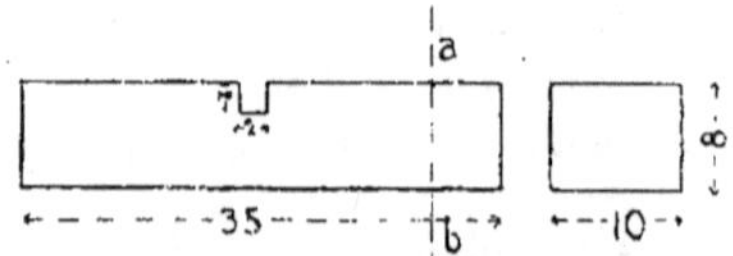

Fig. 6. — Éprouvette Frémont.

Le nombre de kilogrammètres trouvé rapporté au centimètre carré de section porte le nom de *résilience*.

Nous nous trouvons donc en présence de plusieurs types d'appareils et de plusieurs types d'éprouvettes.

En employant indifféremment les uns et les autres, obtient-on la même valeur pour la résilience?

Cette question capitale, résolue par la négative, la résilience n'aura de signification qu'autant qu'on aura nettement spécifié l'appareil de choc et l'éprouvette d'essai.

Ne serait-il pas plus simple d'adopter un appareil type et une éprouvette type, de sorte que de toute façon il ne pourrait y avoir de désaccord sur la valeur de cette importante caractéristique?

§ 2. DE LA SIMILITUDE DANS LES BARREAUX DE CHOC. — Pour des éprouvettes géométriquement semblables, comme le sont, par exemple, la grande et la petite éprouvette Charpy, trouve-t-on le même chiffre de résilience ?

a) *Barreaux entaillés*. — Les travaux nécessaires pour briser l'une ou l'autre sont-ils proportionnels à une puissance des dimensions et notamment au carré des dimensions, c'est-à-dire aux sections ?

Si les travaux de rupture consistent uniquement dans la séparation ou le décollement des sections, ces travaux seront proportionnels aux carrés des rapports de similitude : soient T et T' ces travaux, on aurait

$$\frac{T}{T'} = a^2$$

Si au contraire ces travaux consistent en déformations résultant d'effets de traction pour certaines zones et de compression pour certains autres travaux intéressant les volumes, le rapport de ces travaux de rupture sur des éprouvettes semblables devient :

$$\frac{T}{T'} = a^3$$

A la première notion correspond la *fragilité structurale* se manifestant pour de très grandes vitesses non réalisées dans la pratique.

C'est la balle qui arrive sur la plaque de verre avec sa vitesse balistique et fait un trou à l'emporte-pièce $\left(\frac{1}{2} m V^2\right)$.

A la deuxième notion correspond la *fragilité de masse* intéressée presque exclusivement par la déformation du métal avant rupture. Elle correspond à la notion de résistance vive de rupture.

C'est la balle qui, alourdie d'une grosse masse additionnelle solidaire, arrive à *faible vitesse* sur du verre qu'elle brise *avant pénétration* (elle possède une force vive $\frac{1}{2}Mv^2 = \frac{1}{2}mV^2$ de tout à l'heure).

En réalité, on a presque toujours des effets de fragilité structurale et des effets de fragilité de masse. Il y a déformation et rupture des sections et quand on fait le rapport $\frac{T}{T'}$, on ne trouve ni a^3 ni a^2, mais quelque chose d'intermédiaire entre a^3 et a^2.

En fait, les travaux de rupture ne sont proportionnels ni aux sections ni aux volumes, et par conséquent la résilience telle qu'elle a été définie ne constitue pas une caractéristique indépendante du type du barreau.

b) *Barreaux non entaillés.* — Les essais de choc sur éprouvettes non entaillées sont exécutés sur des moutons de 18 kg pour barreau de 30 mm $\times$ 30 mm de section ayant 200 mm de longueur, et de 12 kg pour barreau de 20 $\times$ 20 de section et pour barreau de fonte.

Les projets des cahiers des charges unifiés français prévoient les dispositions suivantes :

Les couteaux, solidement fixés à la chabotte, doivent avoir leur arête parallèle au plan de guidage; le plan de ces arêtes doit être horizontal. Ces arêtes doivent avoir un arrondi de 2 mm de rayon.

La chabotte doit posséder un poids égal à 10 fois celui du mouton et reposer sur un massif de maçonnerie de valeur au moins égale à 5 fois celui de la chabotte.

On emploie de préférence des barreaux ayant comme dimension :

$$30 \text{ mm} \times 30 \text{ mm} \times 200 \text{ mm}$$

placés sur des couteaux espacés de 16 cm et essayés au mouton de 18 kg.

Si l'on ne peut prélever des barreaux de 3o × 3o, *on pourra employer des barreaux de dimension réduite.*

Les résultats seront comparables, toutes les conditions précédemment indiquées étant remplies, si l'on a

$$\frac{P}{P'} = \frac{\sqrt{H}}{\sqrt{H'}} = a$$

a étant le rapport de similitude, P et P' le poids des moutons, H et H' les hauteurs de chute.

Cette formule suppose prédominants les effets de résistance vive, ce qui est le cas.

§ 3. Discussion au Congrès de New-York de 1912. — De grands débats ont eu lieu au Congrès de Copenhague à ce sujet en 1909.

En 1912, au Congrès de New-York, une commission présidée par M. Charpy avait pris les deux points suivants comme thème de ses travaux :

1° Conditions de comparabilité des essais de choc sur barreaux entaillés;

2° Corrélation entre les résultats des essais de choc et la façon dont les pièces se comportent en service.

Ces points, dont l'importance ne saurait nous échapper, peuvent être ainsi résumés :

1° Conditions de comparabilité des essais de choc sur barreaux entaillés

α) Barreaux d'essais

Le Congrès de Copenhague avait limité à deux le nombre des éprouvettes admises : la grosse éprouvette Charpy ayant pour dimensions :

$$3o \times 3o \times 16o$$

et la petite ayant pour dimensions :

$$1o \times 1o \times 53,3$$

Plusieurs membres de la commission ont réalisé des expériences, en vue de déterminer si les résultats des essais effectués sur éprouvettes de 3o × 3o et sur éprouvettes de 10 × 10 étaient numériquement comparables.

Les conclusions de ces expériences sont résumées dans la phrase suivante du rapport de M. Charpy :

« La résilience, ou le travail spécifique de rupture rapporté au centimètre carré de la section de rupture, varie pour un même métal suivant qu'elle est mesurée sur éprouvette 3o × 3o ou sur éprouvette 10 × 10.

« Le chiffre de résilience fourni par les petites éprouvettes est toujours plus faible que le chiffre fourni par les grosses éprouvettes. La différence paraît augmenter régulièrement avec la valeur absolue du chiffre de résilience, c'est-à-dire qu'elle est faible pour les métaux fragiles 'et devient importante pour les métaux non fragiles. »

La loi de similitude, dont l'adoption avait été proposée, ne peut donc être admise comme base d'interprétation des résultats des essais de choc.

« Cela ne paraît pas bien surprenant, dit M. Charpy, car la résilience, ou travail spécifique de rupture rapporté au centimètre carré de la section de rupture, ne correspond pas à une grandeur mécanique déterminée, et les conditions de l'essai ne peuvent être mises complètement de côté. Si l'on considère seulement des corps géométriquement semblables, dont la grandeur peut être définie au moyen d'une dimension homologue que nous appellerons a, l'effet du choc produit sur un tel corps par un mouton de masse m, animé d'une vitesse V, sera défini par une fonction de m, de V et de a, pour la détermination de laquelle on n'a que des données très incertaines (¹). »

____

(¹) Voir à ce sujet les travaux très intéressants du capitaine d'artillerie Mimey, intitulés « Note sur les essais du choc », publiés dans la *Revue d'Artillerie*, juillet 1911, t. 78, p. 209.

Les conclusions de M. Charpy, relatives aux barreaux d'essai, sont les suivantes :

« La décision prise par le Congrès de Copenhague, de recommander deux types de barreaux géométriquement semblables dans toutes leurs parties, est à conserver provisoirement, bien qu'elle ne donne pas directement la comparabilité qu'on avait espérée, et que des expériences spéciales doivent être entreprises pour déterminer empiriquement un tableau ou une formule permettant de réaliser la comparaison des deux éprouvettes. Quant aux dimensions mêmes des éprouvettes, il ne semble pas qu'il y ait intérêt à modifier celles qui ont été prescrites par le Congrès de Copenhague, sauf peut-être en ce qui concerne l'arrondi du fond de l'entaille, qui serait exécuté beaucoup plus facilement pour les petits barreaux s'il était un peu plus fort, ce qui, d'ailleurs, ne modifierait pas les résultats d'une façon sensible.

« Il faut aussi signaler que, pour appliquer le principe de similitude, il est nécessaire que les arrondis des couteaux ne soient pas les mêmes pour le gros et le petit barreau, mais soient entre eux dans le rapport de 3 à 1. On pourrait admettre, par exemple, que l'arrondi du couteau serait le même que celui du fond de l'entaille du barreau correspondant. »

β) Appareils d'essai

Au Congrès de Copenhague, la commission allemande avait demandé l'adoption d'un appareil type. A New-York comme à Copenhague, M. Charpy se déclara opposé à cette manière de voir.

Ce serait la source de protestations de la part des expérimentateurs, habitués à leur machine, et de la part des constructeurs qui considèrent leurs appareils comme réalisant tous les perfectionnements.

D'ailleurs, l'adoption d'un type unique ne suffirait pas à constituer une solution effective du problème.

« Il faut bien tenir compte, dit M. Charpy, de ce que la valeur des résultats fournis par une machine d'essai dépend au moins autant du soin apporté à la construction, à l'entretien et même au maniement de la machine, que du système même suivant lequel elle est construite; de sorte qu'il serait possible d'obtenir sur deux barreaux identiques des résultats plus différents en opérant avec deux machines du même type, mais inégalement bien construites, graduées et maniées, qu'avec deux machines de types très différents, mais graduées et vérifiées avec soin et maniées avec compétence. »

Le rapporteur émet finalement l'avis que la recherche des conditions que doivent remplir les machines d'essai par choc, pour fournir des résultats comparables, doit commencer par l'établissement d'une *méthode de tarage* et de *vérification des graduations*.

2° Corrélation entre les résultats des essais de choc et la façon dont les pièces se comportent en service

Pour les pièces qui, en service, ont donné lieu à des anomalies ou à des remarques particulières, des fiches seraient établies, comprenant les indications suivantes :

1° Renseignements sur :

a) La forme, la nature et l'emploi de la pièce;

b) Son mode de fabrication, nature du métal employé, traitements subis, etc.;

c) Le travail qu'elle a effectué comparativement à des pièces analogues;

d) Les circonstances dans lesquelles se sont produites la rupture ou la déformation;

2° Croquis de la pièce indiquant la forme de la cassure et l'emplacement des échantillons prélevés;

3° Relevé des différents essais mécaniques, chimiques ou physiques, effectués :

a) A l'état de livraison ou au cours de la fabrication ;

b) Après la rupture;

c) Après nouveaux traitements postérieurs à la rupture ;

4° Conclusions comprenant, en particulier, une appréciation sur les indications qu'auraient pu fournir les essais de choc sur barreaux entaillés.

Voici l'exemple d'une feuille d'observation pour l'étude de la corrélation entre les essais mécaniques et la durée des pièces en service :

OBSERVATION N° 1

1° Renseignements sur la forme, la nature et l'emploi de la pièce, son mode de fabrication, le travail qu'elle a effectué comparativement avec

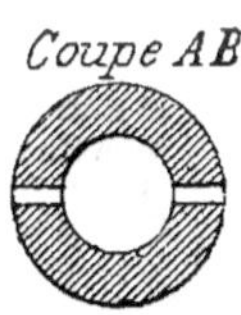

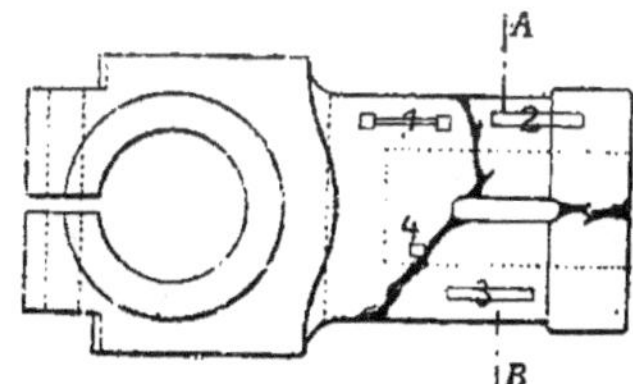

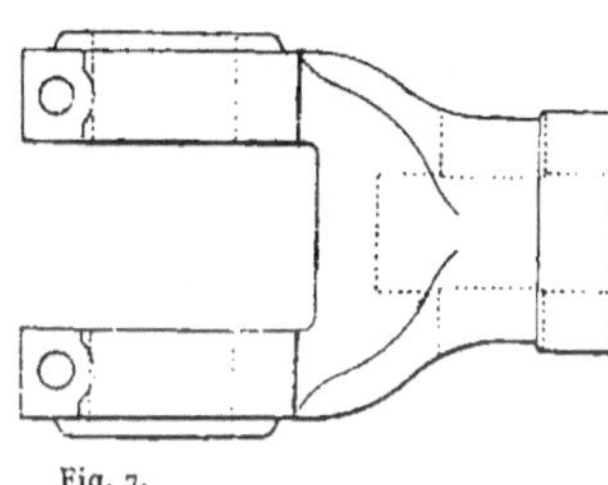

Fig. 7.

des pièces analogues, les circonstances dans lesquelles se sont produites sa rupture ou sa déformation.

La pièce, servant à relier la tige de piston à la bielle motrice d'une machine à vapeur alternative de 600 chevaux, s'est rompue brusquement pendant le fonctionnement de la machine, sans que rien permette de supposer qu'il s'est produit un effort anormal. La cassure semble avoir commencé dans le trou pratiqué pour loger la clavette reliant la crosse à la tige du piston.

L'examen de la cassure ne révèle aucune irrégularité d'aspect ou de coloration pouvant être considérée comme défaut préexistant du métal. La surface extérieure ne montre aucune crique ou fissure.

La pièce était en service depuis quelques mois et n'avait subi aucune réparation; la durée des pièces analogues est pratiquement indéfinie; une telle rupture est donc franchement anormale.

2° Croquis de la pièce ([1]).

3° Essais effectués.

A l'état de livraison

(*Néant.*)

Après la rupture

BARREAU DE TRACTION N° 1

Dimensions : $L = 100 \ mm$; $D = 13^{mm}8$.

Limite élastique	$23^{kg}4$
Résistance	$40^{kg}1$
Allongement	$18 \ p. \ 100$
Striction	$70,5$

BARREAU DE CHOC ENTAILLÉ

Dimensions : $10 \times 10 \times 55,3$.

Entaille ronde : $1^{mm}3$ *de diamètre essayé au mouton-pendule de 25 kgm.*

Résilience : $1^{kgm}10$.

Angle de rupture : $180°$.

Aspect : *grain.*

ANALYSE CHIMIQUE

Carbone	$0,135$
Silicium	$0,02$
Manganèse	$0,67$
Phosphore	$0,108$
Soufre	$0,030$
Chrome	*Traces*
Nickel	*Traces*

([1]) Voir ce croquis fig. 7.

EXAMEN MICROSCOPIQUE

Grains de ferrite grossiers. Perlite rassemblée en plages peu nombreuses, mais développées ; pas d'éléments étrangers.

Après un recuit postérieur à la rupture

On a repris un barreau de choc après avoir soumis la pièce à un recuit de 900° avec refroidissement à l'air.

La résilience n'est pas modifiée sensiblement.

4° Conclusions.

L'essai de traction indiquait un métal normal, mais l'essai de choc sur barreaux entaillés fait ressortir une résilience extrêmement faible, attribuable, vraisemblablement, à la teneur élevée en phosphore du métal.

La pièce qui s'est rompue d'une façon anormale était donc anormale au point de vue de la résilience.

Finalement, les propositions de la commission des essais de choc, présidée par M. Charpy, furent les suivantes :

1° Réunir les résultats des essais comparatifs effectués sur barreaux de flexion entaillés de dimensions différentes, en vue d'établir une formule ou un tableau de comparaison. Maintenir provisoirement le principe des deux barreaux géométriquement semblables;

2° Réunir les descriptions des divers appareils existants utilisables pour les essais de choc, avec des indications sur leur mode de graduation et de vérification et, si possible, des résultats d'essais comparatifs ;

3° Réunir une collection d'observations relatives à des pièces de machines ou de construction ayant donné lieu à des anomalies ou à des remarques particulières en service, et ayant fait l'objet d'essais par choc sur barreaux entaillés.

Cette proposition nous semble d'une importance capitale.

L'analyse micrographique effectuée dans des endroits convenablement choisis, combinée avec des essais sur barreaux entaillés judicieusement, pourra révéler l'origine de la faiblesse. On reliera ainsi la structure moléculaire avec la fragilité.

Les documents centralisés constitueront une ressource précieuse. Ils permettront d'expliquer les accidents et donneront les moyens d'y parer.

Résolutions du Congrès

A la suite de la discussion qui s'est ouverte à New-York concernant la *fragilité,* la résolution suivante a été prise :

« Le Congrès se rallie aux propositions de la commission ; d'autre part, eu égard à l'utilité des essais de choc sur barreaux entaillés dans le triage des métaux employés à des usages spéciaux, il demande que la commission présente au prochain Congrès des propositions fermes sur la hauteur de chute, le poids de la chabotte, les procédés de tarage, la forme des supports de l'éprouvette et la définition de l'entaille des petites éprouvettes. »

§ 4. TRAVAUX POSTÉRIEURS AU CONGRÈS DE NEW-YORK. — En vue de contribuer à la solution des questions posées par le Congrès de New-York au sujet des essais de choc sur barreaux entaillés, MM. Charpy et Cornu ont entrepris une série d'expériences dans lesquelles ils cherchent à évaluer l'influence des diverses grandeurs qui interviennent dans ces essais.

Ils ont présenté, le 28 juin 1913, à l'Association internationale pour l'essai des matériaux (membres français et belges), une communication sur une méthode de tarage des appareils de choc, méthode permettant de déterminer la précision et la sensibilité d'un appareil destiné à mesurer le travail dans un appareil de choc.

Le 28 février 1914, ils ont présenté deux autres communications relatives, la première, à la régularité réalisable dans la préparation de barreaux d'égale résilience ; la deuxième, à l'influence de la vitesse dans les essais de choc.

De la première, il résulte que pour avoir des résultats réguliers, il faut éliminer les couches superficielles, après traitement thermique ; cette élimination étant moins importante avec les aciers spéciaux qu'avec les autres aciers.

De plus, les auteurs constatent que l'essai de résilience est d'une extrême sensibilité pour révéler les traitements thermiques.

Les moindres variations que ne révèlent ni l'essai de traction, ni l'essai à la bille, sont révélées par l'essai de fragilité.

De la deuxième communication, il résulte que l'influence de la vitesse au choc est pratiquement négligeable, quand on se tient dans les limites réalisables avec des appareils de laboratoire, soit pour des durées qui varient de quelques centièmes à quelques millièmes de seconde.

Enfin, le 27 juin 1914, MM. Charpy et Cornu ont communiqué les résultats de leurs dernières expériences, d'où il résulte que le type d'appareil est indifférent, pourvu que les appareils soient très bien construits. Également indifférentes la vitesse et la chabotte.

Il faut définir nettement les dimensions des barreaux employés, les dimensions et la forme des entailles.

Les conclusions de MM. Charpy et Cornu sont d'ailleurs les suivantes ([1]) :

« Nous avons été amenés, au cours de cette étude, à rechercher une précision qui n'aurait évidemment aucune raison d'être dans la pratique ; il suffit, en effet, la plupart du temps, de savoir si un métal est fragile ou non, et la connaissance de sa résilience, à 1 ou 2 p. 100 près, importe peu.

([1]) *Nouvelles expériences sur les Essais de choc et détermination de la résilience,* par Georges CHARPY et A. CORNU THÉNARD, publiées par Dunod et Pinat (1918).

« Mais il était utile de réaliser, au moins une fois, des groupes de déterminations bien régulières, pour pouvoir trancher, avec une exactitude aussi grande que possible, toute une série de questions pendantes depuis une dizaine d'années : telles sont l'influence, sur l'essai de choc, de la vitesse d'impact, du poids du mouton, etc...

« D'une façon générale, nous croyons avoir montré clairement que la mesure de la résilience est susceptible d'une précision analogue à celle qu'on obtient avec les essais courants des laboratoires métallurgiques, traction, dureté, etc., et après avoir réalisé cette précision, nous avons vu s'évanouir les légendes sur lesquelles on s'appuyait pour essayer d'imposer certains détails opératoires impossibles à justifier techniquement.

« Nous avons montré également que les essais de choc sur entaille ne présentent pas de corrélation directe avec les autres essais usuels, et qu'ils sont infiniment plus sensibles à l'influence de certaines particularités du travail des métaux ; si, comme cela paraît dès maintenant infiniment probable, sinon tout à fait démontré, ces influences agissent également sur la façon dont se comporte l'acier dans ses différentes applications, il n'est certainement pas permis de négliger les moyens d'investigations qui les décèlent.

« Disposant d'un matériel homogène, nous pouvions étudier avec sécurité, en ne rassemblant, pour chaque cas particulier, qu'un petit nombre de résultats bien groupés (généralement 5), l'influence des divers facteurs qui interviennent dans l'essai de choc. Nous avons ainsi réussi à tirer une série de conclusions qu'on peut succinctement exposer comme suit :

« 1° Les appareils au choc de différents modèles (moutons verticaux, moutons pendules et moutons rotatifs) et de différentes dimensions qui ont été employés par nous, donnent, pour la résilience, des résultats pratiquement identiques, à condition d'uniformiser, sur chacun d'eux, la distance des appuis et les rayons des arrondis en contact avec le barreau pendant l'essai. Nous avons adopté, pour ces arrondis, un rayon égal à celui de la portion cylindrique de l'entaille (type de Copenhague) pratiquée sur le barreau correspondant (soit $r = 2$ mm pour les barreaux de 30×30 et $0{,}66$ mm pour les barreaux de 10×10); nous avons reconnu, en outre, qu'il convenait de leur assurer un usinage et un entretien très soignés, pour éviter l'introduction de notables perturbations dans la régularité des expériences.

« Il n'est donc pas nécessaire, pour obtenir des résultats comparables, de fixer *a priori* un mouton type; il suffit de mettre en œuvre des appareils bien construits, bien gradués, et dont les différentes grandeurs soient comprises dans les limites usuelles. La concordance des graduations de deux machines quelconques et la comparabilité, dans le temps, d'une machine avec elle-même, peuvent être chiffrées numériquement par une expérience de tarage, se réduisant à un simple essai de flexion sans entaille et dont la réalisation, dans de bonnes conditions de régularité, est facile.

« 2° La valeur numérique de la résilience ne peut être énoncée que si l'on indique en même temps la forme et les dimensions du barreau et de l'entaille. On ne connaît pas encore de loi qui permette de déduire, l'une de l'autre, les résiliences mesurées, pour un même métal, sur des barreaux de dimensions différentes.

« Comme nous l'indiquions au commencement de cet article, nous nous sommes volontairement bornés, dans ce travail, à l'examen d'un certain nombre de points, dont le Congrès de New-York a confié l'étude aux membres de la Commission 26. Nous n'avons ainsi considéré que les appareils courants, dont les caractéristiques se maintiennent entre des limites très rapprochées et nous n'avons cherché qu'à définir, avec précision, les conditions dans lesquelles il faut se placer pour obtenir des essais réguliers et comparables entre eux; c'était, de toute évidence, la première étape à franchir, avant de pousser plus avant dans l'étude de la question. Nous n'avons donc pas envisagé le problème sous la forme théorique la plus générale, bien que nous connaissions le puissant intérêt de

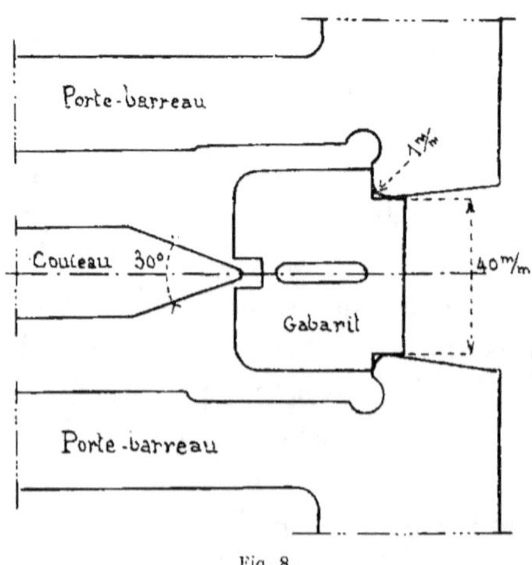

Fig. 8.

cette recherche; mais notre travail avait un but purement pratique, à l'exclusion, tout au moins provisoirement, de tout objet spéculatif. »

Enfin dans le rapport précité de la Commission permanente de standardisation française relatif à l'unification des cahiers des charges des produits métallurgiques, on relève les précisions suivantes relatives aux conditions d'essais :

« Le type de l'appareil d'essais employé n'a pas besoin d'être fixé pourvu que le principe de la mesure et l'exactitude de la graduation aient été préalablement vérifiés.

« Toutefois, les conditions suivantes devront être réalisées dans l'essai.

« Le barreau reposera sur des appuis distants de 40 mm sur lesquels il devra être appliqué bien exactement avant de recevoir le choc. Les arrondis de ces appuis auront un rayon de 1 mm. Un dégagement conforme au croquis ci-contre (fig. 8) permettra de réduire le frottement des extrémités et d'éviter le coincement du barreau.

« Le couteau fixé au mouton aura une section triangulaire, l'angle au sommet étant de 30° au maximum; l'arrondi de l'arrête d'impact aura un rayon de 1 mm.

« Il est indispensable de vérifier très fréquemment avec un gabarit spécial l'écartement des appuis et de s'assurer que le couteau fixé au mouton est exactement au milieu de cette distance.

« La position du barreau sur les supports doit être aussi très soigneusement vérifiée à chaque essai avec un gabarit spécial tenant compte de la position de l'entaille.

« La vitesse de choc ne doit pas être inférieure à 5,50 m par seconde.

« Sauf indications spéciales, la température doit être comprise entre 15° et 20°. L'influence de la température est beaucoup plus accentuée que dans les autres modes d'essais. »

Le prochain Congrès aura, comme on le voit, d'importantes résolutions à prendre.

§ 5. Conclusions. — L'exposé qui précède nous amène aux conclusions pratiques suivantes :

1° Ne pas imposer d'appareil de choc à la condition que toutes les conditions indiquées soient respectées.

A titre de contrôle, imposer dans les cahiers des charges un appareil étalon d'un laboratoire officiel auquel, le cas échéant, on pourra se référer, comme vérification périodique ou inopinée de l'appareil employé, étant entendu que l'appareil étalon remplit toutes les conditions fixées.

Tous les appareils employés devront d'ailleurs se prêter à un tarage facile.

2° Puisqu'il n'y a pas de coefficient établi pour passer d'une éprouvette à l'autre, il faut, définir avec soin le type d'éprouvette adopté.

Il ne faut pas perdre de vue que dans le choix de l'entaille, il y a lieu de tenir compte de la facilité d'usinage qui a son importance, surtout quand il s'agit d'essayer un grand nombre d'éprouvettes. Les essais *individuels* de l'Aéronautique conduisent à cette multiplicité d'essais.

D'ailleurs, toute la documentation nécessaire à la rédaction des cahiers des charges et à l'élaboration d'un tableau standard des aciers spéciaux destinés à l'Aéronautique a été établie en ce qui concerne la « résilience », en adoptant l'éprouvette $10 \times 10 \times 55$ (type Charpy) avec entaille de 2 mm de profondeur (type Mesnager).

CHAPITRE IV

ESSAIS SPÉCIAUX

Nous rangeons sous la rubrique « Essais spéciaux » un certain nombre d'essais ayant un caractère particulier et figurant dans les cahiers des charges à titre d'addition ou d'annexe.

Ces essais ont pour effet de contrôler d'une façon spéciale la résistance du métal pour le genre de travail auquel il sera soumis dans son emploi.

§ 1. Essais de pliage. — Ces essais sont exécutés sur des barrettes dont les dimensions sont à fixer dans chaque cas particulier.

Notons qu'il faut éviter les efforts dynamiques et exercer des efforts statiques, sans quoi les résultats sont faussés.

S'il s'agit d'une tige cylindrique, d'un acier pour boulons par exemple, on peut se servir d'un étau, en encastrant la barre sur un tiers de sa longueur. Au moyen d'un tube creux qu'on engage dans la partie libre on fait levier et l'on exerce lentement à la main les pliages prescrits, alternativement dans un sens et dans l'autre.

Les mâchoires de l'étau sont munies de garnitures en cuivre, présentant des arrondis d'un rayon égal au diamètre de l'éprouvette d'essai.

Ces essais sont utilisés pour les boulons d'une certaine longueur et pour les fils de haubannage dits « fils à piano » des avions.

Les essais de pliage peuvent avoir lieu à la fois sur le métal avant usinage et le métal à l'état d'emploi.

Les premiers révéleront les qualités de la matière première.

Nous verrons au titre VI les traitements thermiques nécessaires suivant la nuance du métal.

Les seconds indiqueront l'influence du travail ou des traitements subis ultérieurement par ces aciers.

Pour les essais de pliage, le nombre de pliage et les angles de pliage devront être une fonction judicieuse du diamètre de la pièce, ces quantités étant réduites quand le diamètre de la pièce augmente.

Le nombre et l'interprétation de ces essais sont fixés dans chaque cahier des charges.

§ 2. Essais de compression. — Ces essais, qui ont pour but de faire connaître la résistance à la rupture par compression, sont exécutés avec des presses à manomètre ou sur des machines de traction munies d'un appareil de réversion. Pour les aciers la résistance à la compression arrive à être double de celle à la traction, et pour les fontes quadruple.

§ 3. Essais de flexion statique. — Cet essai est particulièrement utilisé pour les fontes.

L'ancien appareil Monge est de moins en moins employé.

La technique de l'essai de flexion statique pour les fontes peut être la suivante (¹) :

« La fonte de chaque lot sera qualifiée au point de vue mécanique par l'essai de flexion sur barrettes cylindriques de 25 mm de diamètre et de 550 mm de longueur qui seront coulées en même temps que les pièces du lot.

(¹) Extrait du Projet de Cahier des charges des fontes destinées à l'Aéronautique.

Chaque éprouvette sera coulée avec une masselotte ayant au moins le même poids.

La coulée de ces barrettes sera faite en source et sans reprise, dans un moule en sable étuvé placé verticalement.

Chaque éprouvette ne sera démoulée qu'après complet refroidissement (après deux heures de repos environ).

On essaiera l'éprouvette avec sa peau de moulage, après avoir convenablement nettoyé sa surface et ébarbé les joints du moule.

Pour l'exécution de l'essai de flexion, l'éprouvette sera placée sur deux appuis cylindriques de 25 mm de rayon, dont les axes sont situés à 500 mm l'un de l'autre et elle sera soumise en son milieu et jusqu'à rupture, à des charges lentement progressives, appliquées au moyen d'un couteau cylindrique de 25 mm de rayon. Le plan formé par les deux génératrices de l'éprouvette qui correspondent au plan de jonction des deux parties du moule sera disposé normalement à l'axe des efforts.

Connaissant la charge P correspondant à la rupture de la barrette, on évaluera l'effort R par mm² de la fibre la plus tendue de cette éprouvette par la formule de la résistance des matériaux

$$R = \frac{8\,P\,L}{\pi\,d^3} \qquad (1)$$

dans laquelle

> P est la charge de rupture ci-dessus, exprimée en kilogrammes.
> L, l'écartement des appuis, exprimé en millimètres.
> d, le diamètre de la section de la barrette, exprimé en millimètres.

$$\pi = 3,14\ldots$$

---

(1) Elle devient R = 0,0815 P pour cette portée de 500 mm et pour une éprouvette ayant exactement 25 mm de diamètre.

Pendant l'essai, on mesure non seulement la charge P, mais aussi la flèche F prise par l'éprouvette au droit du couteau médian. Cette flèche sera mesurée à un quart de millimètre près lors de la rupture.

Pour les fontes les essais devront fournir au minimum les résultats suivants :

Fonte pour cylindres, chemises et pistons :

$$R = 40 \text{ kg}$$
$$F = 6 \text{ mm}$$

Fontes pour segments et autres pièces pour lesquelles il n'en est pas spécifié autrement :

$$R = 35 \text{ kg}$$
$$F = 5 \text{ mm}$$

§ 4. ESSAIS DE TORSION. — Utilisés particulièrement pour les ressorts à boudin.

§ 5. ESSAIS DE POINÇONNAGE ET DE CISAILLEMENT. — Il n'y a pas de relation entre la résistance à la traction et la résistance au poinçonnage ou au cisaillement.

Les essais seront surtout des essais comparatifs.

Pour les essais de poinçonnage on peut utiliser l'élasticimètre Frémont qui permet de construire des diagrammes de poinçonnage et de cisaillement, en fonction des efforts exercés et des résultats obtenus.

§ 6. ESSAIS D'EMBOUTISSAGE. — Les essais d'emboutissage sont particulièrement pratiqués sur les tôles.

La figure 9 représente l'appareil Persoz, modifié au laboratoire de Chalais-Meudon.

Cet appareil se compose d'une tige graduée, munie à l'une de ses extrémités d'un plateau et à l'autre d'une bille de

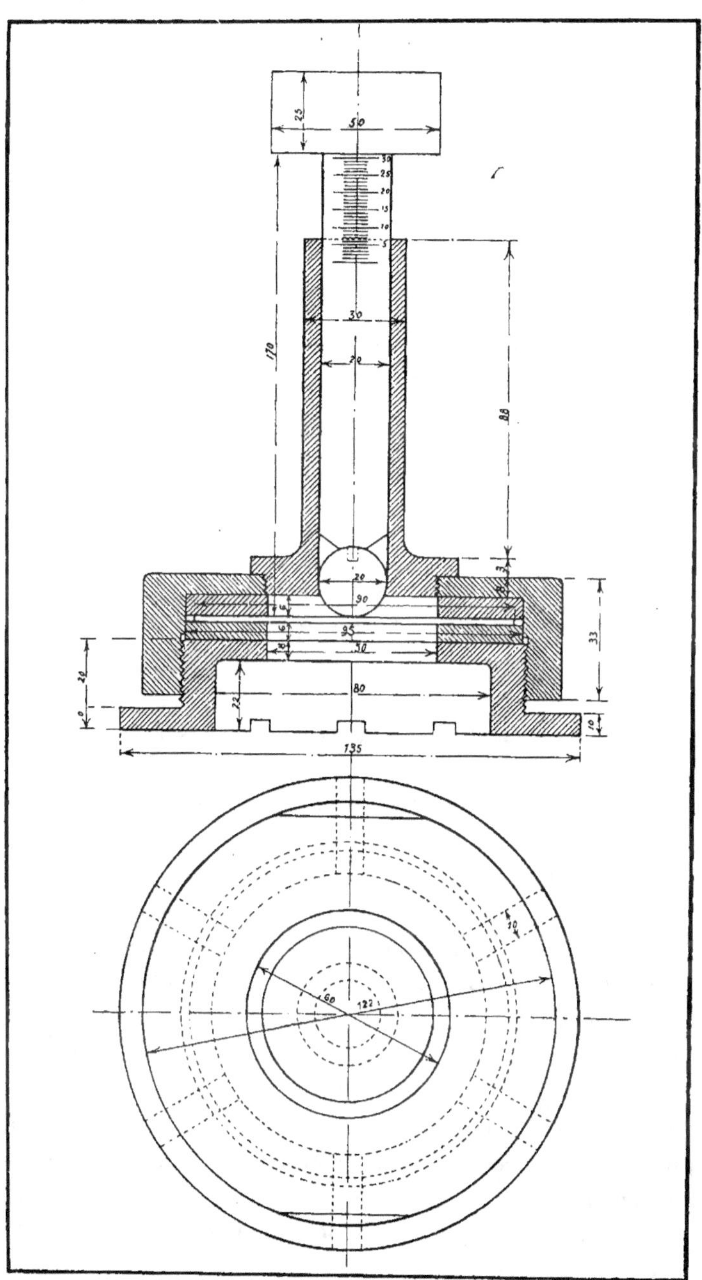

Fig. 9.

20 mm de diamètre. Cette bille vient reposer sur une rondelle de 90 mm de diamètre, prélevée dans la tôle à essayer, qui est serrée entre deux rondelles striées et alésées à 50 mm.

En soumettant l'ensemble de l'appareil à un effort de compression entre les deux plateaux d'une machine d'essai, on peut appliquer au centre de la rondelle des charges croissantes et sans choc, par l'intermédiaire de la bille.

Cette compression est poussée jusqu'à la rupture de la calotte qui se forme dans la tôle, sous la pression de la bille.

On peut ainsi mesurer la charge de rupture et la flèche prise par la tôle au moment de la rupture.

L'appareil permet de mesurer les flèches avec une erreur de 2 à 3 dixièmes de millimètre au maximum.

Pour les tôles d'acier la calotte ne doit pas se rompre avant que la déformation dans le sens de l'application de la charge mesurée dans la concavité formée atteigne 12 mm.

§ 7. ESSAIS AU SON. — Les essais au son servent à révéler les « tapures ».

Les études de la Commission chargée d'examiner les conditions de l'essai au son des obus ont permis en particulier de dégager les conclusions générales suivantes :

L'essai au son effectué comparativement sur une série d'obus est un moyen précieux et efficace pour signaler les projectiles présentant des tapures qui, sans cela, échapperaient à l'observation courante.

Des trois caractéristiques, *hauteur*, *timbre* et *durée du son*, c'est la durée qui constitue l'élément d'appréciation le plus sûr pour signaler les tapures; ce choix offre, de plus, le grand avantage de ne nécessiter aucune éducation musicale de la part de l'opérateur.

Quand il s'agit d'une méthode de comparaison, toutes les

conditions de l'essai devront être maintenues pratiquement identiques.

D'une manière générale on peut donc dire que les pièces sont sonnées en série en les plaçant sur des supports semblables et en les frappant de la même façon :

Celles qui rendent un son court ou mat seront examinées avec soin dans le but de rechercher les tapures.

§ 8. ESSAIS DE SABLAGE. — Ils sont très précieux pour mettre en évidence les tapures, en particulier pour les pièces trouvées suspectes par l'essai au son. De plus sur la coupe d'une barre ou d'un lopin, ils peuvent également faire paraître la retassure et les porosités.

Pour les effectuer, on commence par laisser séjourner les pièces dans le pétrole pendant une ou deux heures, de manière à ce que ce liquide pénètre par capillarité dans toutes les fissures éventuelles.

On sable ensuite aussitôt après cette opération; en examinant les pièces on voit se dessiner sur la surface mate et dépolie les fissures par suite du ressuage du pétrole. On facilite ce phénomène en ébranlant les pièces par chocs au marteau.

Dans le cas d'imprégnation par un liquide plus visqueux que le pétrole (huile) le ressuage est plus lent et il est bon de compléter l'examen précédent par un autre effectué quelques heures après.

§ 9. ESSAIS RADIOMÉTALLOGRAPHIQUES. — Nous devons citer les essais « radiométallographiques » qui sont déjà entrés en application et qui permettent, grâce à des dispositifs spéciaux, de déceler dans l'intérieur du métal les défauts qu'il cache : criques, hétérogénéité, soufflures.

Le progrès de cette méthode consistera à produire des

rayons permettant de pénétrer assez avant dans les pièces métalliques.

L'acier semble être pénétré dans les dispositifs actuels, sous une épaisseur de 45 à 5o mm.

Le plomb est très peu transparent aux rayons X.

5 mm de plomb ne sont pas traversés.

On utilise cette propriété pour protéger l'opérateur contre les rayons X.

CHAPITRE V

ESSAIS DE DURÉE

—————

§ 1. Fatigue des métaux. — L'usure prématurée, la rupture brusque des métaux, en un mot la diminution de durée sont dues à des causes multiples, souvent difficiles à discerner et dont la recherche a particulièrement préoccupé, dans ces dernières années, un grand nombre d'ingénieurs et de métallurgistes.

Une revue scientifique, *La Technique moderne,* a fait en 1910 une enquête sur « la fatigue des métaux ».

Elle posait aux métallurgistes ces quatre questions :

1° Est-il réellement établi que les métaux subissent à la longue une altération ou « fatigue » qui modifie notablement leur résistance ?

2° Connaît-on les circonstances de cette transformation ? Peut-on les éviter ?

3° Y a-t-il un moyen de reconnaître l'état d'avancement de cette altération et d'éviter ainsi les dangers qui peuvent en résulter ?

4° Quelles conséquences y a-t-il à tirer de l'existence de ces phénomènes au point de vue de la sécurité des mécanismes et des constructions métalliques ?

L'intérêt de cette enquête ne saurait échapper à personne :

Mettre en lumière les lois qui président à l'altération des matériaux. Connaître le développement de cette fatigue, en indiquer les remèdes, prévoir les ruptures, en un mot parer aux accidents, constituent un programme de recherches des plus captivants.

Il nous a paru intéressant de donner les résultats positifs de l'enquête.

De ses expériences, que nous décrirons plus loin, Wöhler avait déduit les lois suivantes :

1° Lorsque, pour une pièce, les efforts varient dans le même sens, la tension pour laquelle il y a rupture n'est jamais inférieure à la limite d'élasticité, elle varie suivant les valeurs relatives des charges maxima et minima pour un même nombre de répétitions n des efforts ; les charges maxima et minima étant constantes, le nombre de répétitions n des efforts, que peut supporter la matière, dépend des valeurs de ces charges ;

2° Si les efforts changent de sens, la charge maximum peut ne pas dépasser la moitié de la limite d'élasticité.

M. *Mesnager* pense que des tensions supérieures à la limite d'élasticité sont nécessaires pour produire une altération.

M. *Breuil,* après avoir rappelé que les dimensions des pièces doivent être calculées en tenant compte de toutes les sollicitations auxquelles ces pièces sont soumises, attire l'attention sur ce fait que l'on déforme souvent d'une façon permanente les métaux, alors que l'on *croit* ne pas avoir dépassé la limite d'élasticité. Les appareils usuels n'ont pas la sensibilité suffisante pour mettre en évidence les premières déformations permanentes.

« Le microscope est, d'après M. Breuil, l'instrument le plus apte à déceler le degré de déformation des métaux; mais il faut savoir s'en servir et interpréter les résultats. »

On peut, ajoute l'auteur, détruire l'effet de la désorganisation qui n'est en somme qu'un effet d'*écrouissage* interne du métal, par un traitement thermique qui redonne la plasticité nécessaire à la pâte généralement cristalline de ce métal.

M. *Schüle,* de l'École polytechnique de Zurich, conseille de rebuter impitoyablement les aciers à soufflures et à scories qui sont très dangereux sous l'effet d'efforts alternatifs, et destinés à se rompre, à la suite de déformations permanentes très probables dans ce cas.

Le commandant du génie *Dô* pense que dans un métal étiré, il existe *une déformation permanente* inappréciable aux instruments de mesure, mais qui doit avoir pour effet de créer en certains points un manque de cohésion.

De plus les vibrations anormales sont à craindre.

L'auteur cite les hélices métalliques des aérostats du type Lebaudy-Julliot qui doivent souffrir beaucoup d'un embrayage trop rapide.

Les vibrations intenses qui se produisent à ce moment doivent fatiguer beaucoup le métal qui passe du repos à une vitesse de rotation considérable.

Le commandant Dô pense que les phénomènes de résonance et de conductibilité électrique pourraient déceler l'altération.

« Actuellement, ajoute-t-il, pour se préserver au maximum des accidents, il faudrait rebuter impitoyablement tout mécanisme ayant fonctionné pendant une durée à déterminer dans chaque cas. Les essais et les expériences que l'on pourrait alors faire sur ces mécanismes hors d'usage renseigneraient, sans doute, sur l'allure du phénomène et permettraient peut-être d'en trouver l'origine. »

M. *Rejtö,* de Budapesth, montre que dans le travail des métaux il y a glissement des molécules.

« La pièce ne peut regagner ses propriétés initiales que par « recuisson ».

« Pour que la rupture ne survienne pas immédiatement, au moment où la déformation est devenue malléable, il faut, cela va sans dire, que la matière possède un degré élevé de malléabilité. Dans ce cas, il est possible d'augmenter la durée d'une construction en la *recuisant*.

« Il faut faire la plus grande attention, en recuisant la pièce, à *la température* et à *la durée de la cuisson.* »

L'auteur recommande d'employer des matériaux ayant à la fois dureté, résilience et malléabilité pour que les ruptures ne surviennent pas immédiatement.

Une structure à grains fins, partout uniforme, est indispensable, la cohésion entre les grains contigus étant plus grande, ce qui entraîne un accroissement dans la ténacité.

MM. *Breuil* et *Cellerier* citent l'exemple typique d'un rail *fissuré* à la suite d'un écrouissage, tout superficiel, de quelques dixièmes de millimètre d'épaisseur décelé par le microscope.

« Les fissures, à peine visibles à l'œil nu, se propageaient dans le métal, comme des vrilles imperceptibles, cloisonnant parfois d'une manière curieuse les parties du métal qui progressivement s'écrouissait à l'usage. »

M. *Guillet* appelle de son côté l'attention sur le danger que présente l'emploi des produits écrouis et surtout de ceux écrouis à froid.

« L'élasticité, la résistance aux attaques extérieures des produits écrouis à froid sont diminuées, sans parler du mal contagieux décrit par Cohen et qui peut expliquer bien des ruptures.

« *On doit donc se méfier des produits écrouis à froid, et avant leur utilisation on leur fera subir un recuit pour les ramener à l'état normal.*

« Je pense, dit-il, que bien des ruptures sont dues à l'emploi des métaux ayant subi de mauvais traitements thermiques et que l'on ne saurait trop recommander de ne pas utiliser pour les pièces qui produisent un grand travail *des métaux bruts de forge et de matriçage.* »

Est-il rationnel d'employer un métal étiré à froid, donc essentiellement écroui, sans lui faire subir un recuit préalable ?

Le directeur de la *Technique moderne* avait bien voulu nous demander une contribution personnelle à cet intéressant travail.

Nous avions donné quelques mois auparavant, dans ce journal, pour un cas particulier, une réponse anticipée aux questions posées.

En effet, dans notre étude sur les alliages de cuivre et de zinc, nous avons démontré les méfaits de l'écrouissage qui exerce ses ravages sur ces alliages au point de les désagréger et les fissurer.

Pour assurer leur conservation, un certain revenu, dont nous avons fixé la température minimum, est absolument nécessaire.

De plus, dans certains cas, les *déformations permanentes* font leur apparition bien au-dessous de la charge qui correspond à la limite *apparente* d'élasticité.

Au moyen d'appareillages précis à deux microscopes montés sur une machine de traction de l'atelier de Puteaux, nous nous sommes rendu compte que, pour certains métaux et pour certains traitements thermiques, des déformations permanentes très faibles prenaient parfois naissance sous une charge voisine de la moitié de la charge de limite élastique apparente.

Peut-être avec des moyens d'investigation plus sensibles verrait-on s'abaisser encore la limite élastique réelle. Et alors avec une déformation permanente préexistante, aussi minime soit-elle, des ruptures sont à craindre avec un taux de travail relativement restreint.

Écrouissage, mauvais traitement thermique, déformations

permanentes inattendues, sont pour nous des causes fréquentes d'accidents et ruptures prématurées.

M. *Charpy* a dit le dernier mot relativement à la fatigue des métaux.

Il a résumé les conclusions de l'enquête et estimé les réponses suivantes comme se rapprochant le plus de la vérité :

1° L'altération reste négligeable si les efforts ne dépassent pas une certaine valeur qui correspond à la limite élastique du métal;

2° L'altération est due à un écrouissage local et progressif;

3° On ne peut suivre quantitativement l'altération du métal, mais dans la plupart des cas l'examen minutieux de la forme et de la surface de la pièce doit permettre de constater si elle a commencé à subir une altération;

Enfin 4° on peut admettre que la proportion de ruptures accidentelles de pièces peut devenir pratiquement nulle si, sans introduire aucun principe nouveau, on apporte encore plus de soin dans la détermination des formes et dimensions des pièces, si l'on n'utilise que des matières dont la qualité a été soigneusement vérifiée dans toutes les parties et si on évite toute altération de ces matières, au cours de la mise en œuvre.

§ 2. ESSAIS DE DURÉE. — Les essais de durée ont pour but d'étudier la résistance des métaux aux efforts variés, répétés, alternatifs et vibratoires.

L'expérience a démontré que lorsqu'un corps est soumis à des efforts répétés ou à des efforts variés, à des accélérations produisant des tractions ou compressions relatives, il se produisait des déformations permanentes et des ruptures sous des charges moindres que dans le cas de traction lente et progressive.

On démontre, par exemple, que lorsqu'il y a accélération,

l'allongement maximum qui se produit dans ces conditions, que nous appellerons *l'allongement dynamique,* est double de *l'allongement statique.*

De ce fait, en cas d'accélération, la valeur maximum de la charge *sans taux de sécurité* est la moitié de la limite élastique.

Or, dans certains organes, comme les bielles de moteurs, les variations d'effort produisent toujours des accélérations.

Au sujet des essais de durée nous citerons :

1° Les expériences de Wöhler ;

2° Les essais des métaux par l'étude d'amortissement des mouvements vibratoires de M. Boudouard.

Expériences de Wöhler. — Elles se rattachent aux divers modes de déformation.

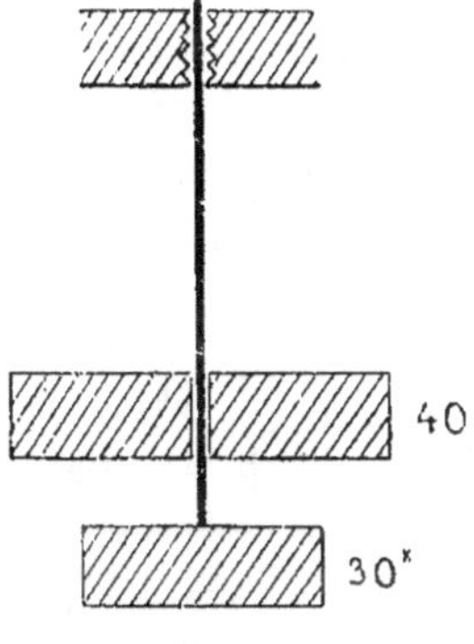

Fig. 10.

Par exemple un fil de 1 mm² de section était soumis successivement à des tractions de 70 kg, 30 kg, etc. durant chacune 1 dixième de seconde.

Résumons les résultats :

1° *Cas de l'effort minimum constant.* — Plus l'effort maximum est faible, plus le nombre de répétitions pour obtenir la rupture est grand. Exemple :

EFFORT MINIMUM	EFFORT MAXIMUM	NOMBRE DE RÉPÉTITIONS
20 kg	+ 22 kg	> 48.000.000
30	+ 30	= 860.000
30	+ 40	= 170.000

2° *Cas de l'effort maximum constant.* — Plus l'effort minimum est grand, plus le nombre de répétitions pour obtenir la rupture est grand. Exemple :

EFFORT MINIMUM	EFFORT MAXIMUM	NOMBRE DE RÉPÉTITIONS
12 kg	73 kg	= 60.000
36	73	= 400.000
48	73	> 9.000.000

3° *Cas de l'effort minimum et maximum variables.* — Si l'on fait varier l'effort minimum et l'effort maximum, on constate que l'effort maximum au-dessous duquel il n'y a jamais rupture est d'autant plus élevé que l'effort minimum est plus grand.

Charge limite maximum. — Pour les fers et les aciers expérimentés par Wöhler, la charge maximum est représentée par la relation

$$R' = \frac{\Delta}{2} + \sqrt{R\,(R - n\,\Delta)}$$

R = Résistance à la rupture.
Δ = Différence entre la charge maximum et la charge minimum.
n = Coefficient qui dépend du métal (1,42 pour le fer, 1,66 pour l'acier demi-dur).

Pour les essais de flexions alternatives, on a trouvé que *l'endurance varie à peu près comme la résilience.*

D'après les expériences de Wöhler on peut avoir des valeurs de R′ inférieures à la limite élastique.

Mais, est-on sûr de n'avoir pas dépassé la limite élastique, étant données les vibrations qui se produisent?

Or, la moindre déformation permanente amène la rupture.

L'étude de l'influence des vibrations nous conduit aux expériences de M. Boudouard.

Expériences de M. Boudouard (¹). — Un métal, nous dit l'auteur, n'est pas parfaitement élastique, et lorsque l'effort ayant provoqué une déformation disparaît, il y a retour de la pièce vers ses dimensions initiales par suite des phénomènes successifs d'élasticité et de viscosité; mais il subsiste toujours une déformation permanente, extraordinairement faible, mais pas rigoureusement nulle. Ces déformations résiduelles sont d'une grandeur absolument négligeable vis-à-vis des déformations élastiques, mais leur répétition, en totalisant ces phénomènes parasites, peut arriver à produire une altération profonde du métal et même sa rupture. La viscosité d'un métal se manifeste par l'amortissement des mouvements vibratoires, dont la mesure devra permettre de suivre l'altération du métal avant que la rupture, résultante des efforts alternatifs, se soit produite.

Méthode et procédé expérimental. — M. Boudouard a appliqué la méthode de l'amortissement des mouvements vibratoires imaginée par M. Guillet, secrétaire de la Faculté des Sciences de l'Université de Paris.

Au lieu d'employer le diapason de M. Guillet il a fait vibrer des tiges de métal de 1 centimètre de largeur sur 5 dixièmes

---

(¹) Mémoire publié dans le *Bulletin de la Société d'encouragement pour l'industrie nationale* de décembre 1910.

de millimètre d'épaisseur, encastrées par une de leurs extrémités dans un étau solidement fixé à une table faisant corps elle-même avec les murs du bâtiment. Cette installation était montée au Collège de France.

Le courant était fourni par quatre accumulateurs.

Les vibrations étaient entretenues par un électro-aimant.

Un interrupteur placé dans le circuit permettait de cesser l'excitation de l'électro-aimant au moment où l'on voulait étudier l'amortissement du mouvement vibratoire du métal expérimenté.

Métaux étudiés.

1° Fer puddlé (recuit à 950° et refroidi à l'air);

2° Acier extra-doux (recuit à 950° et refroidi à l'air);

3° Acier à 0,3 de carbone
- recuit à 900° puis refroidi à l'air;
- trempé;

4° Acier à 0,6 de carbone
- recuit à 850° puis à 700° et refroidi à l'air;
- trempé, chauffé à 850° et refroidi à l'eau froide à 15°;

5° Acier à 1 de carbone
- recuit à 850° puis à 650° et refroidi à l'air;
- trempé, chauffé à 850° et trempé dans l'eau froide à 15°;
- trempé et revenu, chauffé à 850°, trempé dans l'huile à 15° et revenu à 350° à l'abri de l'air.

Résultats. — 1° Après des durées variables tous les barreaux se sont rompus;

2° Le nombre de vibrations nécessaires varie en raison inverse de la teneur en carbone pour les aciers demi-durs et durs étudiés.

Le tableau suivant montre les durées respectives de chaque barre avant rupture.

TABLEAU

NATURE DU BARREAU	DURÉE	NOMBRE DE VIBRATIONS
Fer puddlé.	18ʰ 45	1.995.000
Acier extra-doux.	11 15	1.215.000
Acier demi-dur (0,3 C). . .	13 15	1.431.000
Acier dur (0,6 C).	1 25	153.000
Acier extra-dur (1,0 C). . .	3 25	690.000

On peut conclure que pour la résistance aux mouvements vibratoires, il ne faut pas avoir recours à des aciers à haute teneur en carbone. Il faut choisir les nuances douces ([1]);

3° La trempe a une grande influence sur la résistance au mouvement vibratoire pour les aciers à teneur moyenne et haute teneur en carbone.

Le tableau suivant montre l'effet de la trempe sèche sur les aciers au carbone.

NATURE DU BARREAU	DURÉE	NOMBRE DE VIBRATIONS
Acier demi-dur trempé. . .	14 heures	1.512.000
Acier dur trempé sec. . . .	1ʰ 25	153.000
Acier extra-dur trempé . .	5 minutes	9.000

Si l'acier peu chargé en carbone (0,3) ne s'est pas montré désavantageusement influencé par une trempe sans revenu, il n'en est pas de même des aciers durs et aciers extra-durs.

D'ailleurs, comme nous le verrons plus loin, toute trempe sèche est à proscrire dès que l'acier a une teneur en carbone supérieure à 0,3, la fragilité étant l'inévitable conséquence de ce mode opératoire.

Ce mode expérimental d'essai des métaux n'est pas encore entré dans la pratique journalière.

Il exige une installation spéciale assez délicate.

([1]) Ce résultat est à retenir *au point de vue de l'emploi de l'acier en aéronautique,* où le moteur communique aux aciers une constante vibration.

Mais nous considérons qu'il y aurait un intérêt réel, au point de vue de l'aéronautique, à continuer les recherches dans cette voie.

Cette méthode serait probablement de nature à donner l'explication de certains phénomènes de désagrégation et permettrait de sélectionner les métaux et les alliages employés pour les aérostats et les avions.

Il nous semble que l'on pourrait avoir ainsi une mesure approximative des réductions de durée occasionnées par l'écrouissage ou par l'instabilité moléculaire due à des traitements thermiques irrationnels.

Essais de Fremont. — Dans la séance de l'Académie des Sciences du 7 janvier 1919, M. Fremont a fait un exposé relatif aux « efforts alternés » subis par les pièces.

Nous donnons ci-après le compte rendu *in extenso* de sa communication parue au *Journal officiel* du 13 janvier 1919.

« M. Ch. Fremont, le très savant directeur du laboratoire de mécanique de l'École des Mines, soumet à l'Académie, par l'entremise de M. Lecornu, un très intéressant travail : *Sur la Rupture prématurée des pièces d'acier soumises à des efforts répétés.*

« On sait depuis longtemps que certaines pièces métalliques recevant des secousses en service, telles que les essieux de voitures, les chaînes de grues, etc., se fissurent après un certain temps d'usage et finissent par se rompre alors que la fissure, en progressant lentement, a parfois atteint plus de la moitié de la section initiale.

« La croyance générale la plus ancienne attribue la cause de cette fissure progressive à une altération graduelle de la structure interne du métal produite par les vibrations.

« Pour se renseigner à ce sujet, une commission royale anglaise fit en 1847 des expériences pratiques. Le savant

Eaton Hodgkinson imagina d'effectuer des flexions répétées un grand nombre de fois : une canne tournante agissant au milieu d'une barre métallique déformait celle-ci progressivement puis la laissait revenir librement en arrière.

« Plus tard, en 1859, l'Allemand Wöhler s'inspirant, sans le dire, des recherches imaginées par Eaton Hodgkinson, fit à son tour des expériences d'efforts réitérés pour élucider les causes de rupture d'essieux de chemin de fer après une faible durée de service.

« Ces essais, appelés essais de durée, d'endurance, etc., consistent à faire supporter aux éprouvettes du métal à essayer, un effort relativement peu élevé et souvent répété.

« Dans l'appareil employé par Wöhler, l'un des points de la pièce recevait, d'un mécanisme approprié, un mouvement dans un sens et revenait ensuite librement à sa position initiale ; un ressort attaché à un autre point de la pièce était destiné à mesurer la charge variable.

« Les résultats des essais de durée effectués par Wöhler indiquèrent que :

« 1° La fatigue des métaux est proportionnelle à l'écart entre les efforts extrêmes ;

« 2° Des efforts en sens opposés s'ajoutent pour produire la fatigue du métal ;

« 3° La rupture peut être amenée par la répétition de charges alternées, toutes inférieures à la limite d'élasticité du métal employé.

« Wöhler et d'autres Allemands qui ont continué ces expériences (Spangenberg, Weyrauch, Winkler, Gerber, Launhardt, Bauschinger, Martens, etc.) ont conclu à l'existence d'une nouvelle donnée à introduire dans les calculs de résistance des matériaux, et qu'ils ont appelée résistance en service.

« Or, dans toutes ces expériences de résistance des métaux

soumis à des efforts alternés, ces Allemands ont admis pour leurs calculs que la fibre la plus fatiguée équilibrait un effort statique qu'elle avait à supporter à chaque alternance.

« En réalité, il n'est pas permis d'appliquer les formules de la statique à des problèmes d'un caractère aussi nettement dynamique : il aurait fallu tenir compte des forces d'inertie.

« Il y a là une véritable erreur de principe.

« *M. Fremont croit, qu'en réalité, une pièce peut résister indéfiniment aux efforts alternatifs quand, en aucun point, la limite d'élasticité ne se trouve atteinte, et que, dans le cas contraire, c'est le travail non restitué qui, en s'accumulant finit par produire la déformation permanente.* C'est la seule façon de comprendre que les efforts de sens opposés ajoutent leurs effets.

« Pour qu'une pièce, subissant des alternances, ne soit pas détériorée, il faut en somme que la quantité de travail supportée par cette pièce soit absorbée élastiquement et que l'effort maximum instantané, produit pendant la distribution de cette quantité de travail dans le volume du métal de la fibre fatiguée, n'atteigne nulle part la limite d'élasticité.

« C'est en se basant sur cette théorie qu'il a pu faire diminuer très sensiblement le nombre de ruptures d'essieux de chemins de fer, notamment d'essieux coudés de locomotives, *non pas en augmentant le volume de ces pièces, mais au contraire en enlevant du métal dans certaines parties judicieusement choisies, de manière à augmenter l'élasticité de l'essieu et à lui permettre ainsi d'amortir une plus grande quantité de travail dynamique.*

« L'hétérogénéité du métal, et, surtout, la présence d'inclusions, sont des causes de détériorations précoces sous les efforts dynamiques.

« Pour se renseigner sur la distribution plus ou moins régulière des premières déformations locales, il faut examiner, au besoin au microscope, la surface des pièces préalablement polies ; les déformations permanentes apparaissent sous la forme de lignes de Piobert.

« M. Fremont appelle lignes de Piobert les lignes superficielles, qui ont été jusqu'ici appelées lignes de Lüders, du nom de l'Allemand qu'on croyait être le premier à les avoir signalées en 1854 ; bien antérieurement, le capitaine d'artillerie Piobert, effectuant des essais de tir à l'école de Metz, en 1836, avait constaté l'apparition de ces lignes. »

Ces considérations sont très importantes pour l'aéronautique.

De très nombreuses pièces en service sont soumises à des efforts alternés.

Si nous prenons comme exemple les vilebrequins, nous voyons que ces arbres sont soumis à de brusques variations de vitesse, variations tantôt positives, tantôt négatives, et nous avons constaté comme M. Fremont que l'augmentation de la masse ne remédiait pas aux ruptures pouvant se produire du fait de ces accélérations.

Le remède se trouve dans une meilleure répartition de ces masses, dans un allégement en un point judicieusement choisi, dans l'adoption d'un métal possédant avec une limite élastique élevée (70 kg minimum) une résilience suffisante (10 kg maximum) et une absence aussi complète que possible de tensions résiduelles (Voir titre XV, *Étude méthodique d'un acier spécial*).

MACROGRAPHIE ET MICROGRAPHIE

CHAPITRE I

STRUCTURES DES ACIERS

Avant d'aborder la macrographie et la micrographie des aciers il est indispensable de définir les différentes structures présentées par ces aciers au cours de leur élaboration.

1° *Structure primaire ou macrostructure* ([1]). — Elle correspond aux dendrites (feuilles de fougères) provenant de la solidification progressive du lingot. L'hétérogénéité chimique de la solution solide fer-carbone permet cette apparition sous l'action des réactifs.

Cette macrostructure est modifiée par tous les travaux mécaniques de forgeage et est peu sensible aux traitements thermiques subséquents.

2° *Structure secondaire ou microstructure.* — La solution solide d'autre part s'organise en grains dont les contours ou joints forment un réseau de solidification, ce qui constitue une

---

([1]) Voir « La macrostructure de l'acier examinée au moyen du réactif cuivrique Stead Le Chatelier », par A. PORTEVIN et BERNARD (Publications de la *Revue de Métallurgie*, Dunod et Pinat, éditeurs, 1918).

nouvelle organisation d'origine cristalline sensible aux travaux mécaniques de forgeage et aux traitements thermiques subséquents.

Ces deux organisations se confondent et se différencient partiellement ou subsistent conjointement.

Elles sont formées avant qu'au refroidissement l'acier ait atteint le point A_3. C'est donc en présence de ces deux organisations que l'acier au refroidissement franchira la zone de transformation et la zone des revenus.

Dès le franchissement du point A_3 au refroidissement l'élément *proeutectoïde* (ferrite ou cémentite) se sépare de la solution solide, s'isole dans les joints des grains ou se sépare à l'intérieur de chaque grain en s'orientant cristallographiquement.

Dans le premier cas, on a la structure cellulaire.

Dans le deuxième cas, on a la structure de Widmanstætten.

Cette structure secondaire demande en général pour être vue dans ses détails l'emploi du microscope. C'est la microstructure de l'acier.

3° *Aspect micrographique.* — Enfin au point A_1, la perlite se forme naissant de la solution solide à 0,9 de carbone partout où elle se trouve (c'est-à-dire dans les espaces cellulaires ou intercellulaires) et formant des amas répartis.

Ce sont les *grains de perlite* qu'il ne faut pas confondre avec les grains de la structure secondaire.

Cette dernière est pour ainsi dire le cadre de ce tableau d'ensemble que nous appellerons *aspect micrographique*.

La micrographie et la macrographie se complètent mutuellement. Elles permettent l'étude approfondie d'un acier et révèlent son histoire.

Il faut avant tout retenir que la macrostructure ou structure primaire, qui prend naissance à température élevée, n'est pas intéressée par les traitements thermiques *recuit, trempe, revenu* dont les températures encadrent en s'en rapprochant les températures extrêmes de la zone de transformation ([1]).

Au contraire, la microstructure ou structure secondaire est intéressée par les traitements thermiques.

La modification que ces derniers lui occasionnent est une des raisons de leur emploi.

Toutes les structures sont intéressées par les traitements mécaniques de forgeage.

([1]) Toutefois, M. Portevin a constaté que des recuits très prolongés d'une durée d'environ six jours effaçaient la macrostructure.

Mais ce ne sont pas là des durées de recuits industriels. Ils n'intéressent pas la pratique journalière.

CHAPITRE II

EXAMEN MACROGRAPHIQUE

L'examen *macrographique* a pour but de mettre en évidence la macrostructure.

Il exige un polissage préalable de la surface métallique destiné à la débarrasser des matières grasses, suivi d'une attaque par un réactif et d'un examen à l'œil nu ou à faible grossissement.

Les détails de l'opération sont les suivants :

La surface polie est plongée dans le réactif ou imbibée de ce dernier au moyen d'un pinceau.

Le réactif le plus employé est l'acide sulfurique à 20 p. 100 et surtout le réactif *Stead Le Chatelier* ([1]).

Avec ce dernier le dépôt de cuivre recouvre toute la surface polie. On attend que le dessin visible au début se soit atténué.

On lave, on sèche, on essuie et on fait apparaître l'image en enlevant l'excès de cuivre par frottement avec un chiffon enduit d'une pâte à polir.

([1]) Les formules de réactif données par M. Le Chatelier sont les suivantes :

	1	2
Alcool méthylique	100 cm³	
— éthylique	»	100 cm³
Eau	18	10
H Cl concentré	2	2
Cu Cl² 2 H² O	1	1
Mg Cl² 6 H² O	4	»
Acide picrique	»	0,5

On peut également procéder au décuivrage par l'immersion dans l'ammoniaque additionné ou non d'eau oxygénée.

Applications. — *a*) Étude de la macrostructure de la coupe d'un lingot d'acier pour voir la répartition des édifices dendritiques.

b) Étude du forgeage d'un lingot.

Les dendrites finissent par être réduites à un faisceau parallèle au sens du laminage. Appréciation possible du corroyage.

c) Recherche du mode de forgeage employé pour une pièce et conclusions relatives aux résistances de cette pièce dans diverses directions (Voir au titre XV ce qui est relatif au découpage en plateau et au forgeage des vilebrequins).

Cette investigation fait connaître si la pièce a été moulée ou forgée.

CHAPITRE III

ANALYSE MICROGRAPHIQUE

L'analyse micrographique constitue un procédé de contrôle intéressant et permettant à l'expérimentateur quelque peu exercé de tirer des conclusions précieuses sur les points suivants :

Nuance et constitution moléculaire du métal;

Bonne ou mauvaise exécution des traitements thermiques (recuit, trempe, revenu);

Renseignements sur l'écrouissage, la surchauffe, la qualité de la cémentation.

Ces résultats s'obtiennent par inspection au microscope d'échantillons, attaqués par un réactif après un polissage.

Les *constituants* des aciers sont ainsi mis en évidence.

Nous allons rapidement indiquer ces constituants en tenant compte des travaux du dernier Congrès de Métallurgie (New-York, 1912).

Ces constituants sont les *métarals,* à savoir :

La ferrite, la martensite, la cémentite, l'austénite, le graphite.

Et les *agrégats,* savoir :

La perlite, l'osmondite, la troostite, la sorbite.

Nous allons les présenter dans un ordre qui en permettra la compréhension plus facile, sans tenir compte de cette distinction en métarals et agrégats.

Examinons l'échantillon (planche I, phot. 1) obtenu après attaque à l'acide picrique.

Nous avons des parties noires sur un fond blanc.

Ferrite. — Le fond blanc c'est la *ferrite,* ou fer α libre, tendre, relativement peu résistante et fortement magnétique.

Dans le fer, il n'y a que de la ferrite disposée en polyèdres.

Perlite. Eutectique. — Puis au fur et à mesure que la nuance de l'acier durcit, apparaissent les parties noires qui constituent la *perlite.*

La perlite est un eutectoïde fer-carbone constitué de masses alternées de ferrite et de cémentite.

C'est un conglomérat d'environ 6 parties de ferrite et 1 partie de cémentite. Pure, elle contient 0,90 p. 100 de carbone et 99,10 p. 100 de fer. Au microscope, elle a un aspect lamellaire, formé de lignes blanches (cémentite) se détachant sur fond plus obscur (ferrite). Ce fond plus obscur tient à ce que la ferrite, plus tendre, s'est creusée plus que la cémentite. Ce mélange de ferrite et de cémentite est un *mélange eutectique.*

Cémentite. — La cémentite est un tricarbure de fer Fe^3C.

C'est le constituant le plus dur de l'acier. Il raie le verre et le feldspath et non le quartz.

De 0 à 0,9 p. 100 de carbone, les aciers sont constitués par des îlots de perlite sur un fond de ferrite.

Ces îlots augmentent constamment et, à 0,9 p. 100 de carbone, ils ont envahi toute la masse.

L'acier à 0,9 p. 100 de carbone, qui est uniquement composé de perlite, est dit acier *eutectoïde.*

Les aciers au-dessous de 0,9 p. 100 sont dits *hypoeutectoïdes,* et les aciers au-dessus de 0,9 p. 100 sont dits *hypereutectoïdes.*

Les aciers hypereutectoïdes sont constitués par de la perlite et de la cémentite libre (Voir planche I, fig. 3).

Graphite. — Quand la teneur en carbone augmente, on arrive aux fontes qui peuvent contenir du carbone libre ou graphite. Ce graphite est probablement du carbone pur analogue au graphite naturel.

Austénite. — L'austénite est la solution solide de fer et de carbone telle qu'elle existe au-dessus des points de transformation ou telle qu'elle est conservée aux basses températures avec une transformation modérée, par refroidissement rapide ou par la présence d'éléments retardateurs (Mn, Ni, etc.), comme dans l'acier au manganèse à 12 p. 100 et l'acier au nickel à 25 p. 100.

Martensite. — Quand on examine au microscope la texture d'un acier trempé, on voit paraître de fines aiguilles rectilignes qui semblent orientées suivant trois directions faisant entre elles un angle de 60° (Voir planche I, fig. 2).

C'est la *martensite*, qui serait une solution solide comme l'austénite, sauf que le fer serait partie à l'état β, d'où la dureté, et partie à l'état α, d'où son magnétisme.

Troostite. Sorbite. Osmondite. — Entre la martensite (constituant des aciers trempés) et la perlite (constituant des aciers recuits) se trouve un certain nombre de constituants intermédiaires (troostite, sorbite).

La *troostite* apparaît soit en réchauffant un peu au-dessous de 400° de l'acier trempé, c'est-à-dire martensitique, soit en refroidissant à une allure intermédiaire de l'acier dans la zone de transformation.

De petites pièces trempées à l'huile ou à l'eau, à une température du milieu de la zone de transformation, ou le cœur de grosses pièces trempées à l'eau au-dessus de la zone de transformation, donnent la troostite.

CONSTITUANTS DES ACIERS AU CARBONE

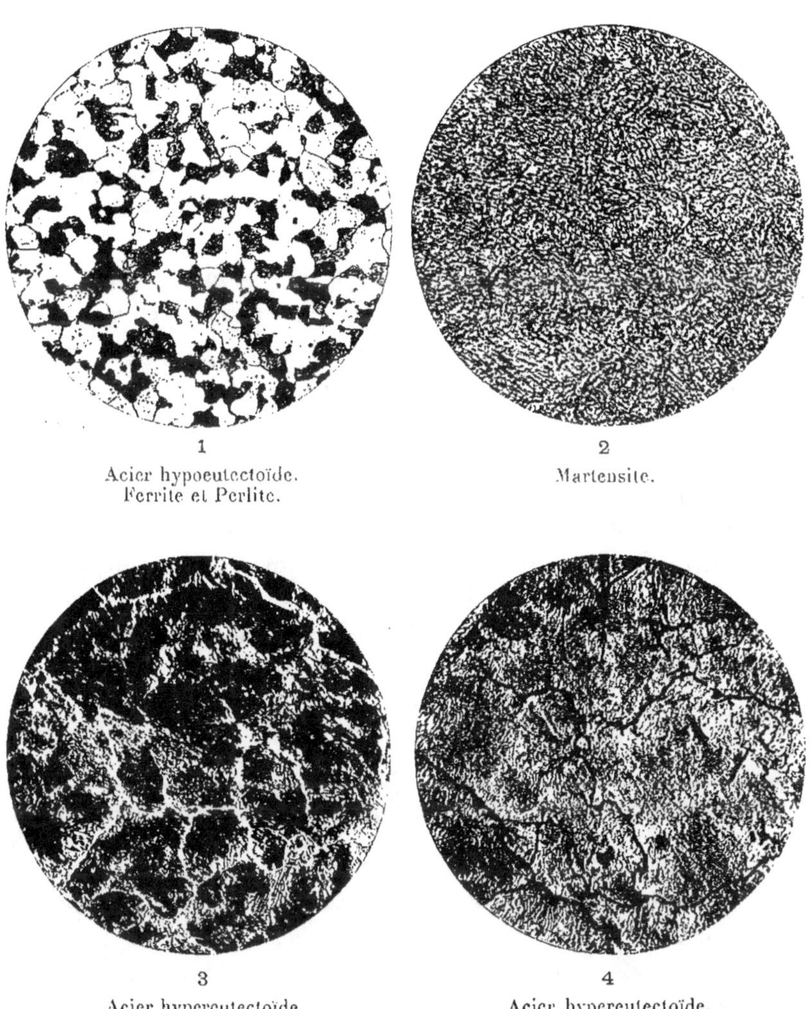

1

Acier hypoeutectoïde.
Ferrite et Perlite.

2

Martensite.

3

Acier hypereutectoïde.
Attaque à l'acide picrique.

4

Acier hypereutectoïde.
Attaque au picrate de soude.
Cémentite colorée en noir.

PLANCHE I

La troostite est habituellement associée à la martensite, tandis que le constituant sorbite l'est à la perlite. Elle se présente sous forme de grosses taches noires.

La sorbite est la texture ordinaire des aciers trempés et revenus (entre 400 et 650°).

La sorbite peut encore être obtenue par une trempe au point a_1.

Quoique légèrement moins ductile que l'acier perlitique, pour une teneur donnée en carbone, la résilience et la limite élastique de l'acier sorbitique sont si grandes qu'on peut obtenir une combinaison plus élevée de ces propriétés dans les aciers sorbitiques que dans les aciers perlitiques en choisissant une teneur en carbone légèrement plus faible que celle employée pour un acier perlitique. De là l'emploi des aciers sorbitiques, c'est-à-dire trempés d'abord puis revenus avec précaution pour les pièces métalliques exigeant la meilleure qualité.

L'aspect sorbitique dénote une belle résilience.

M. Le Châtelier avait proposé, au Congrès de Copenhague, de réunir la sorbite et la troostite sous le nom d'*osmondite*. Mais au Congrès de New-York, la sorbite et la troostite ont reconquis leur place, et l'osmondite est considérée comme un élément intermédiaire entre la troostite et la sorbite.

Contrôle par la micrographie

1° *Nuance de l'acier*. — En examinant la gamme des aciers au carbone que nous donnons au titre X, nous voyons que le dosage du carbone est facile, particulièrement dans la zone comprise entre les aciers extra-doux et les aciers eutectiques, c'est-à-dire dans la zone plus particulièrement utilisée;

2° *Constitution moléculaire du métal*. — La micrographie

décèle les scories et la répartition des constituants qui renseigne sur l'*homogénéité* ;

3° Mode d'exécution des traitements thermiques. Recuits. — On voit si le métal est brut de coulée.

La perlite est alors répartie en grosses masses irrégulières.

On contrôle l'exécution des recuits consécutifs à cet état rudimentaire par la finesse et la régularisation de la texture.

Trempe et revenu : L'aspect martensitique est nettement décelé par le microscope. Il n'est pas facile de déterminer au microscope la température de revenu, les constituants de transition dont nous avons parlé étant plus délicats à saisir.

Surchauffe : La surchauffe est nettement mise en évidence par le microscope (Voir titre VII, chap. I).

Écrouissage : L'écrouissage, quand il atteint un certain degré, se reconnaît également par l'orientation nouvelle des constituants (Voir titre VII, chap. II).

Cémentation : La micrographie rend de très grands services dans la cémentation pour mettre en évidence l'état de la surface cémentée.

Elle permet de voir si l'on n'a pas cémenté trop profondément et si la cémentite n'a pas fait son apparition vers la périphérie, ce qui est un indice de fragilité (Voir phot., planche II).

En résumé, l'analyse micrographique met dans bien des cas sur la voie des erreurs commises.

Ses indications sont souvent précieuses dans la recherche des causes ayant amené des détériorations rapides ou des ruptures de pièces ou d'organes.

C'est un moyen d'investigation qui ne saurait être négligé.

Technique de la micrographie

Polissage : L'échantillon est d'abord limé à la lime douce, puis poli avec du papier émeri posé à plat sur une feuille de verre. On utilise d'abord du papier émeri oo. On efface les traits produits par celui-ci avec du ooo.

On termine par de la potée d'émeri ooo ooo, chaque polissage étant exécuté perpendiculairement au précédent.

Le polissage est terminé sur une meule en feutre ou en drap tournant entre 800 tours et 1.000 tours à la minute sur laquelle on injecte, pendant l'opération, de l'eau distillée contenant en suspension de l'alumine.

Cette préparation, dont le principe est dû à M. Le Châtelier, s'effectue de la manière suivante :

On broie au mortier de l'alumine provenant de l'alun ammoniacal calciné, jusqu'à ce qu'elle soit réduite en une poudre impalpable. On met 15 gr de cette poudre dans un litre d'eau, on laisse déposer un quart d'heure et on siphonne en laissant sur le dépôt une légère couche d'eau. Ce dépôt est trop grossier pour être utilisé. On le sèche ; il servira après avoir été broyé de nouveau.

On laisse déposer le produit de ce siphonage pendant quatre heures. On siphonne alors, en laissant une légère couche d'eau sur le dépôt.

C'est ce dépôt, appelé *alumine de quatre heures,* qui servira à faire environ 4 litres de liquide propre au polissage des pièces d'acier.

On peut obtenir une alumine très fine pouvant servir pour le finissage par le procédé suivant (¹) :

Il consiste à secouer de l'aluminium en présence du mer-

(¹) Robin, *Revue de Métallurgie,* octobre 1908.

cure et à recueillir l'alumine qui croît sur ce métal sous forme de houppes blanches qui grandissent à vue d'œil.

On découpe dans une feuille d'aluminium laminé mince, dont la surface présente un poli naturel, des bandelettes d'environ 5 mm de largeur. On place un faisceau de ces lames dans un flacon bien bouché contenant quelques centimètres cubes de mercure. Après avoir agité vivement pendant deux minutes, on place les bandes d'aluminium dans un cristallisoir. On voit une germination se produire sur l'aluminium qui se recouvre de houppes blanches. L'opération est d'autant plus productive que le temps est plus humide.

Attaque. — *Acide picrique*. — Solution alcoolique à 5 p. 100. Permet de différencier la perlite, la troostite et la sorbite. Durée d'attaque : cinq à quarante secondes.

Attaque Benedicks

Acide métranitrobenzine sulfonique . .   4 gr.
Alcool à 95°   100

Semble fouiller davantage que l'attaque précédente.

Picrate de soude

Soude caustique. . . . .   25 gr environ
Acide picrique. . . . .   2 gr environ
Eau . . . .   100 gr.

Ce réactif permet de distinguer la ferrite de la cémentite, toutes deux blanches.

Le *picrate de soude* colore la cémentite en noir et respecte la ferrite (Voir planche I, fig. 4).

Appareil. — L'appareil généralement employé est le microscope H. Le Châtelier qui permet la photographie de l'échantillon.

Nous n'entrerons pas dans sa description.

DEUXIÈME PARTIE

FORGEAGE

LINGOT D'ACIER

Il nous a paru utile de remonter au lingot d'acier, puisque ᐸles investigations et contrôles doivent commencer à la coulée.

Nous ne nous étendrons pas d'ailleurs sur la technique qui régit l'élaboration en usine productrice, nous contentant seulement d'examiner le lingot, qu'il provienne d'acier au creuset, d'acier au four électrique ou d'acier au four Martin, uniquement au point de vue des défauts originels ayant une influence préjudiciable s'ils n'ont pas été éliminés, sur l'utilisation ultérieure de l'acier.

Nous ferons l'analyse sommaire de ces défauts, renvoyant pour plus amples détails aux nombreux traités qui présentent la question d'une façon complète.

Défauts du lingot

Ségrégation. — Notons d'abord que le phénomène de la liquation amène l'accumulation dans les régions des lingots qui sont restées liquides les dernières des impuretés telles que le Soufre et le Phosphore.

C'est le phénomène de *ségrégation.* C'est donc un défaut *chimique* du lingot.

Il peut avoir une influence sur les défauts physiques. Les

impuretés, Soufre et Phosphore, et les inclusions réduisent

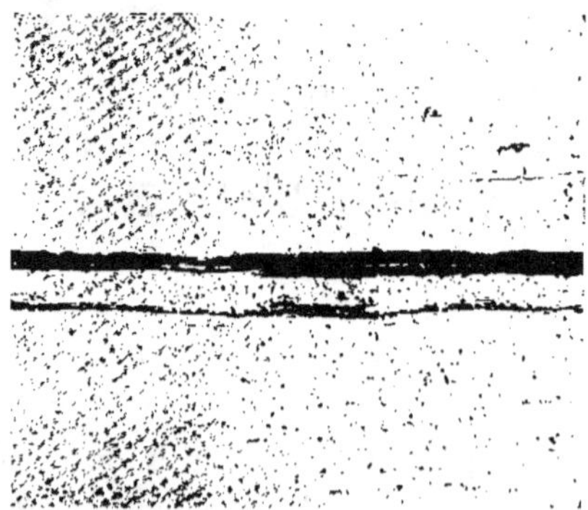

Fig. 11. — Micrographie (sans attaque, grossissement 3o)
de la surface d'une pièce traversée par une « ligne ». C'est une fissure très fine.

l'allongement de rupture. Les tapures et déchirures de forge sont facilitées.

D'autre part les ségrégations locales donnent à l'étirage des

Fig. 12. — Micrographie (sans attaque, grossissement 3o)
de la surface d'une pièce traversée par une « nuance ».
C'est un alignement d'inclusions (*ghost lines*).

alignements d'inclusions (*ghost lines*) qui constituent les *nuances* ou *veines*.

Tandis qu'après étirage la *ligne* constitue un défaut longitudinal continu créé par les soufflures, comme nous le verrons page 85, la *nuance* constitue un défaut longitudinal discontinu (Voir fig. 11 et fig. 12).

En dehors de la ségrégation, défaut chimique, les défauts d'ordre physique se classent comme suit :

1° Les défauts naturels, à savoir :

a) la retassure

et *b*) les soufflures;

2° Les défauts accidentels, à savoir :

a) les criques,

b) les tapures,

c) gouttes froides.

1° Défauts naturels

a) Retassure. — Elle provient du retrait que subit l'acier pendant son refroidissement.

La solidification part de l'extérieur vers l'intérieur.

C'est donc dans l'intérieur que se formera l'entonnoir de retassement ou retassure.

C'est également à la partie supérieure du lingot qu'elle se formera; les masses liquides descendant pour combler les vides qui se forment vers le bas nourrissent le pied du lingot.

Résumons les moyens propres à procurer :

1° La localisation de la retassure,

2° La suppression de la retassure,

3° L'élimination de la retassure.

1° *Localisation de la retassure.* — Le résultat est obtenu en maintenant chaude le plus longtemps possible la partie supérieure du lingot.

Moyens employés. — *Emploi de lingotières* ayant leur plus grande section en haut.

L'aspect des numéros 1, 2 et 3, figure 13, explique le phénomène.

Les numéros 4 et 5 le mettent en évidence.

Vitesse de coulée ralentie. — Si la vitesse de coulée était égale à la vitesse de propagation de la solidification, le problème serait résolu.

Réchauffage par un procédé quelconque de la partie supérieure du lingot et en particulier emploi d'une *masselotte* ou moule en sable porté probablement au rouge avant d'être assemblé avec la lingotière, afin de retarder le refroidissement de l'acier dans la partie supérieure.

2° *Suppression de la retassure.* — S'obtient par un procédé physique consistant à comprimer extérieurement le lingot (Procédé Harmet, procédé Withworth).

3° *Élimination de la retassure.* — S'obtient par un *chutage* suffisant pour en faire disparaître toute trace.

Recherche de la retassure. — Si le chutage a été insuffisant, le laminage du lingot a aplati les cavités dont les parois ne se soudent pas. Il y a des trous de retassure dans les pièces (Voir fig. 13, nᵒˢ 6 et 7).

1° L'étirage des dendrites donne lieu à une texture fibreuse qui après cassure de l'échantillon peut révéler la retassure par comparaison avec la texture cristalline environnante ;

2° La retassure étant voisine de la partie intéressée par la ségrégation, on peut rechercher cette dernière par le procédé du papier acidulé qui met en évidence, après application sur la surface à étudier, la localisation du S et du P. Si on trouve une région de ségrégation, l'investigation se portera spécialement dans cette région ;

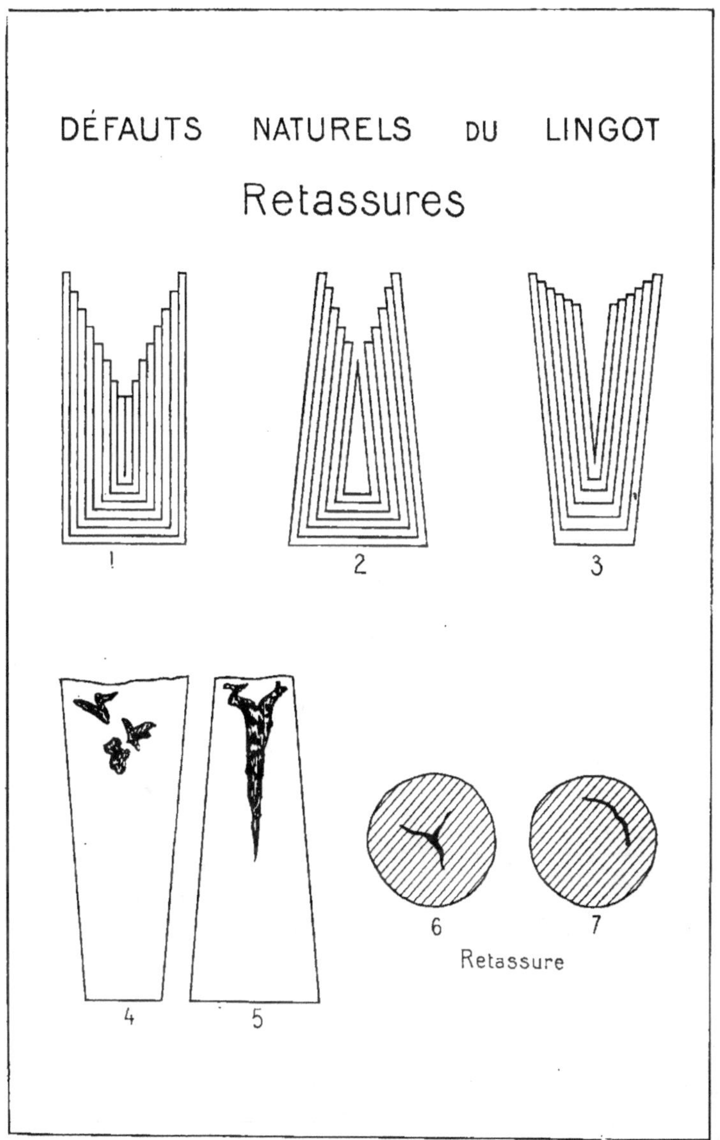

Fig. 13.

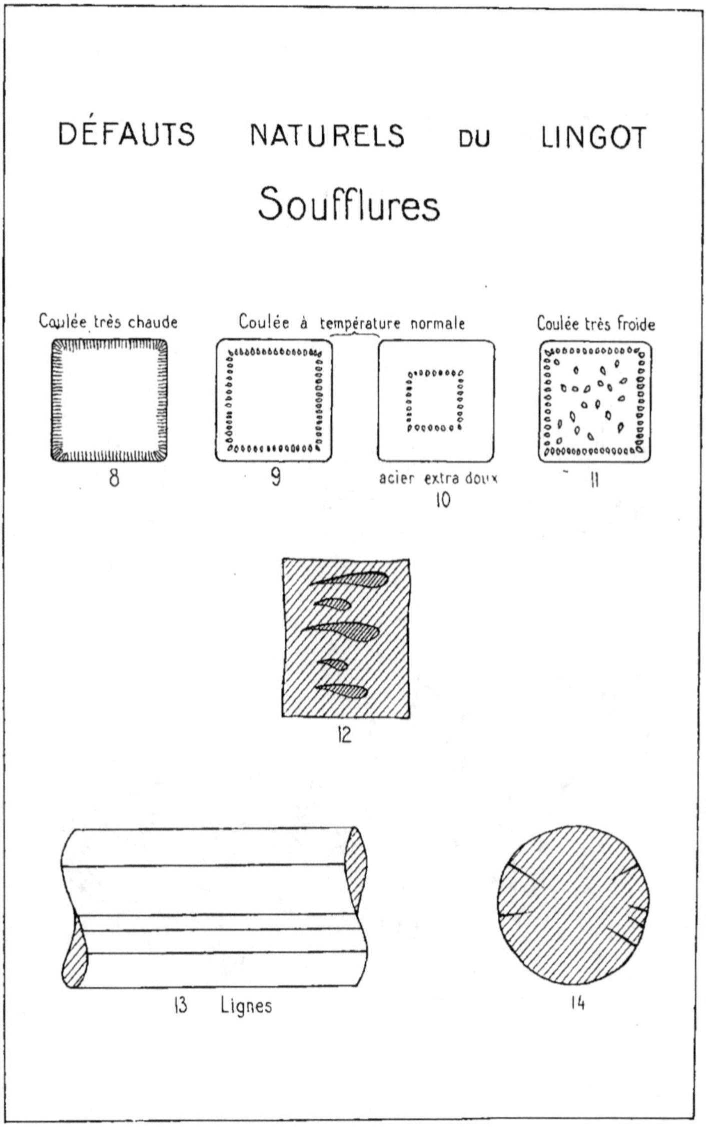
DÉFAUTS NATURELS DU LINGOT
Soufflures
Coulée très chaude
Coulée à température normale
Coulée très froide
8
9
acier extra doux
10
11
12
13 Lignes
14

Fig. 14.

3° Le sablage après pétrolage pourra mettre en évidence une retassure, par exemple dans les bras de vilebrequins découpés en plateau.

b) Soufflures. — On nomme ainsi de petites cavités ou poches remplies de gaz (hydrogène et azote), occupant généralement, soit le cœur, soit la zone périphérique du lingot (Voir n°^{os} 8, 9, 10 et 11, fig. 14).

Les soufflures affectent généralement l'aspect d'ampoules à

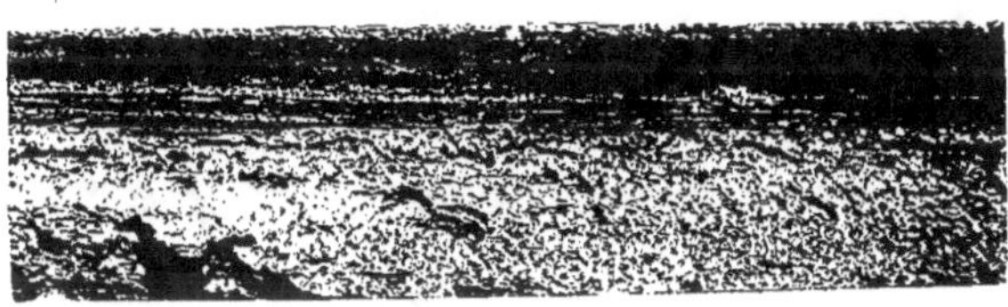

Fig. 15. — Cassure d'un acier suivant une « ligne ». La présence de la ligne se reconnaît sur la surface de rupture par l'aspect des parois de la ligne qui diffère du reste de la cassure.

pointe effilée dirigée perpendiculairement vers la face du lingot la plus rapprochée (Voir n° 12, fig. 14).

On peut en quelque sorte régler la position des soufflures d'après la température de coulée.

On peut dire que les soufflures se rapprocheront d'autant plus de la surface que le *métal sera plus dur* et que la coulée *sera plus chaude*.

Elles sont diminuées par l'addition de silicium et d'aluminium à la coulée.

Recherche des soufflures. — Les soufflures ne disparaissent pas au forgeage.

L'étirage du lingot par forgeage ou laminage les allonge. Les parois latérales se rapprochent *sans se souder*. On a ainsi des *lignes* longues (Voir n°^{os} 13 et 14, fig. 14 et fig. 15).

Les soufflures de peau (coulées très chaudes) débouchent à

la surface et les parois s'oxydent et après laminage on a des lignes *superficielles*.

Fig. 16. — Rondelle tronçonnée dans une barre
présentant des lignes et corrodée dans un bain de décapage.

Ces lignes superficielles peuvent être mises en évidence par le décapage (fig. 16).

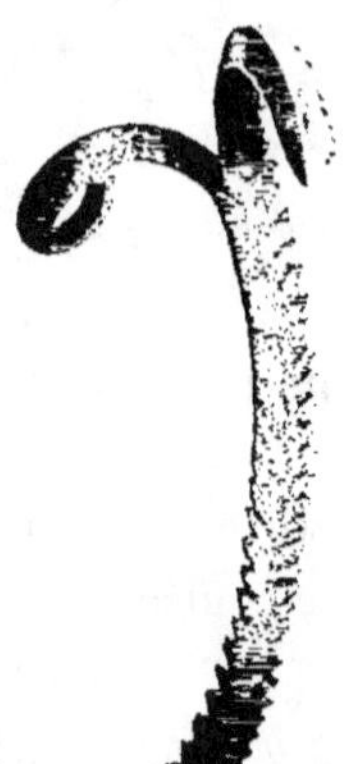

Fig. 17. — Copeau fourchu résultant du burinage d'une ligne
qui le divise sur une partie de sa longueur.

Les lignes internes sont révélées à l'usinage de la pièce dont le copeau se brise au tournage (fig. 17).

2° Défauts accidentels

a) CRIQUES. — Les criques sont des déchirures longitudinales ou transversales de la peau du lingot. Elles proviennent du retrait, qui pendant la première période de refroidissement

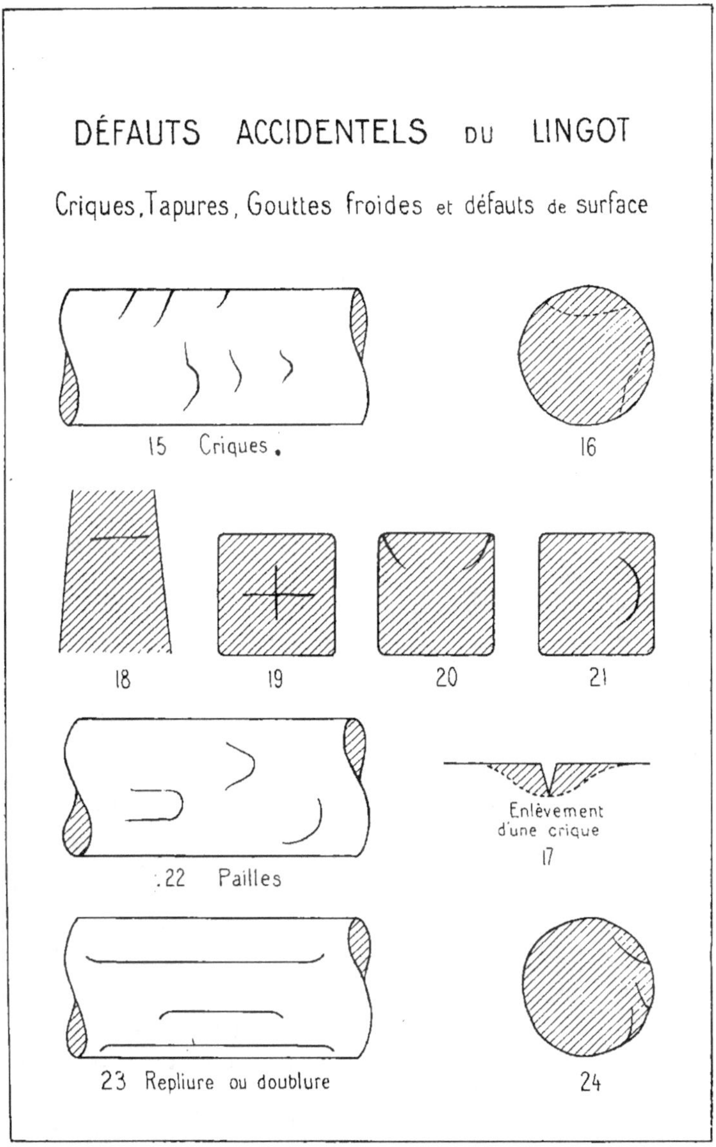
DÉFAUTS ACCIDENTELS DU LINGOT
Criques, Tapures, Gouttes froides et défauts de surface
15 Criques.
16
18
19
20
21
22 Pailles
Enlèvement d'une crique
17
23 Repliure ou doublure
24

Fig. 18.

met l'extérieur en tension et occasionne des ruptures (Voir nᵒˢ 15 et 16, fig. 18).

Elles disparaissent par burinage (Voir nᵒ 17, fig. 18).

b) Tapures. — Les tapures sont des déchirures internes prenant naissance soit lors du refroidissement du lingot, soit lors du réchauffage trop brusque du lingot ou des billettes (Voir nᵒˢ 18, 19, 20, 21, fig. 18).

Les tapures sont des défauts très graves.

Les causes prédominantes des tapures sont :

1° Le faible allongement de rupture de l'acier (aciers très carburés par exemple);

2° L'hétérogénéité physique (répartition inégale des masses);

3° L'hétérogénéité chimique ;

4° Une conduite thermique défectueuse à l'échauffement et au refroidissement.

Elles se produisent également ultérieurement lors des traitements thermiques des produits transformés, à savoir lors de la trempe en fin de refroidissement, lors du revenu pendant la première période de réchauffage si on n'observe pas les règles de montée de l'échelle thermique.

Recherche des tapures. — L'essai au son est très indiqué quand on a un lot de pièces semblables (La durée du son est la caractéristique acoustique de comparaison).

c) Gouttes froides. — Elles naissent d'une chute de trop grande hauteur de l'acier liquide dans la lingotière. Le liquide rejaillit alors vers les parois en gouttelettes qui se solidifient rapidement, s'oxydent à la surface et retombent dans la masse.

Elles ne se soudent pas au reste du métal et en général on les trouve près de la surface.

Ajoutons à ces défauts les *incrustations de sable* provenant de l'entraînement du sable de mauvaise qualité garnissant la poche de coulée.

Enfin, les *rides* de la peau du lingot provenant de l'ascen-

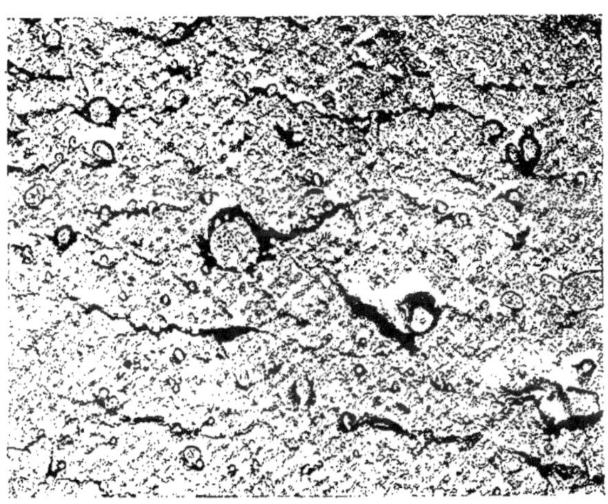

Fig. 19. — Gouttes froides et rides sur la surface d'un lingot.

sion par saccades du métal liquide contre les parois de la lingotière (Voir fig. 19).

Ces défauts superficiels par laminage ou forgeage donnent naissance aux *pailles* qu'on enlève par *burinage* (Voir fig. 18, n° 22).

TITRE IV

FORGEAGE ET LAMINAGE

Les lingots affranchis par chutage de la retassure et par burinage des défauts superficiels sont forgés ou laminés, amenés à l'état de blooms, billettes, barres ou de pièces de forme.

But du forgeage. — 1° Améliorer les qualités du métal ;
2° Donner approximativement à la pièce la forme désirée.

Engins employés. — Marteaux-pilons, presses ou laminoirs.

Traitements thermiques. — (Voir titre VI, chap. II, III et IV.)

Résultats du travail de forgeage. Corroyage. — Le forgeage au pilon, à la presse ou au laminoir a pour but d'agir mécaniquement sur la grosse cristallisation due au refroidissement du lingot d'acier ; il brise ce réseau de première consolidation.

C'est l'amélioration de la texture primaire que seul il a le pouvoir de réaliser.

Il donne par surcroît les formes désirées à la pièce de forge, travail de façonnage qui produit en même temps le malaxage des cristaux.

Le forgeage *à cœur* consiste à intéresser le centre de la pièce aussi bien que la périphérie à ce travail de pétrissage, de sorte que le réseau de ferrite central soit bien disloqué et réparti dans la masse de perlite.

C'est là une technique de forgeage qui a donné naissance à de nombreuses discussions, à savoir :

Avantages respectifs du pilon, de la presse, du laminoir.

Relations entre la puissance de ces engins et la grosseur du lingot.

Quel que soit l'appareil de forgeage choisi, quelle que soit la grosseur primitive du lingot de départ, le travail de forgeage, en dehors de la dislocation des cellules de première consolidation, aboutit généralement à une modification des dimensions.

On arrive ainsi à la notion de *corroyage* de la pièce.

Coefficient de corroyage. — Le *coefficient de corroyage* peut être défini d'une façon générale par le *rapport des distances de deux molécules avant et après forgeage* (lieutenant Pouilloux). Un corroyage ainsi défini n'est pas mesurable d'une façon aisée. Aussi, pratiquement, appelle-t-on *coefficient de corroyage* le rapport entre la section droite du lingot initial et celle de la pièce brute de forge.

Si le métal subit un simple étirage, le coefficient de corroyage est également défini par le rapport entre la longueur finale et la longueur initiale.

Coefficient de corroyage $= 2$ si la longueur du lingot a été doublée.

A-t-on intérêt, dans un but d'amélioration croissante de la qualité du métal, à exiger des coefficients de corroyage très élevés ?

Il est bien certain que, pour s'imposer des corroyages considérables nécessitant des suppléments de dépenses par suite de la multiplication des chauffes, il faut trouver comme compensation des améliorations indiscutables.

Or, des expériences récentes de M. Charpy (¹), portant sur des pièces soumises à des corroyages variant de 1,7 à 6,1, ont mis en évidence les points suivants :

« On peut considérer comme établi que le corroyage de l'acier ne modifie pas sensiblement la résistance à la traction et l'allongement proportionnel, soit *en long,* soit *en travers ;* par contre, le corroyage améliore la striction, la résistance au choc et la résilience dans le *sens long* et réduit fortement les mêmes grandeurs dans le sens *travers.*

« L'influence bienfaisante accordée au corroyage repose donc uniquement sur ce fait que, dans la plupart des cas, on considère seulement des essais en long.

« Il faudrait, pour savoir dans quel cas le corroyage peut être utile, apprécier l'importance relative des déformations suivant le sens long, le sens travers ou suivant divers azimuts. »

En faisant varier l'orientation des axes des éprouvettes d'essai (traction-résilience) par rapport à la direction générale des fibres du métal, on peut se fixer sur la valeur des caractéristiques du métal en fonction de cette orientation.

C'est ainsi que M. Charpy, dans l'étude précitée, relate l'expérience suivante :

Un lingot d'acier demi-dur avait subi un corroyage de 13. Des éprouvettes de résilience (10 × 10 × 55, entaille Charpy à mi-hauteur) ont été prélevées. L'angle de l'entaille avec la direction du laminage était respectivement :

$$0° — 20° — 45° — 90°$$

Les résiliences correspondantes, après trempe et recuit du barreau, furent 1,30, 1,50, 3,40 et 13,50. L'amélioration de la

---

(¹) CHARPY, *Le Corroyage de l'acier, son influence sur les propriétés du métal* (*Revue de Métallurgie,* septembre, octobre 1918).

Lieutenant POUILLOUX de l'Inspection des forges de Lyon et de l'Inspection technique des produits métallurgiques de l'aviation, *Influence sur la qualité de l'acier, procédé de forgeage et du coefficient de corroyage dans la fabrication des canons.*

résilience dans la longueur avait donc compromis la valeur
de la résilience dans le sens travers.

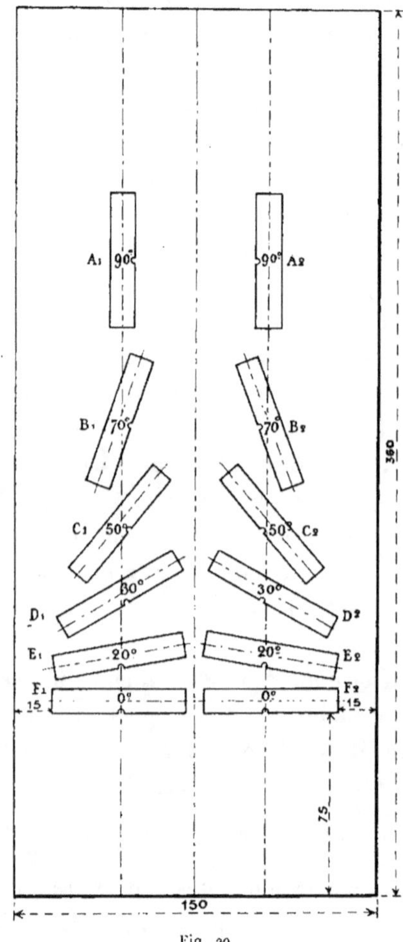

Fig. 20.

Nous avons effectué d'autre part les expériences suivantes :

1° *Corroyage de 2.* — Un lingot cylindrique d'acier nickel-
chrome (type 32) avait subi un simple corroyage de 2, il avait

été trempé à 800° et revenu à 650°. Un plateau parallèle à l'axe avait été découpé au centre de ce lingot.

Dans ce plateau, des éprouvettes de résilience ($10 \times 10 \times 55$, entaille Mesnager) avaient été prélevées comme l'indique la figure 20.

L'angle de l'entaille avec la direction du laminage était respectivement :

$$90° — 70° — 50° — 30° — 20° — 0°$$

En appelant n la résilience en long, c'est-à-dire celle pour laquelle l'angle de l'entaille avec la direction du laminage est 90°, on a eu successivement les résultats suivants :

$$n$$
$$0,9\ n$$
$$0,7\ n$$
$$0,6\ n$$
$$0,5\ n$$
$$0,6\ n$$

La résilience dans le travers complet était sensiblement réduite de moitié.

2° *Corroyage de 8.* — Un autre lingot nickel-chrome (type 32) avait subi un corroyage de 8.

Dans les mêmes conditions d'expérience et pour les mêmes angles de l'entaille avec la direction du laminage, on a respectivement les résultats suivants :

$$n$$
$$0,9\ n$$
$$0,6\ n$$
$$0,4\ n$$
$$0,3\ n$$
$$0,2\ n$$

La résilience dans le travers était réduite au cinquième de la résilience en long.

Dans les deux cas, la valeur de *n* était sensiblement de 12 kilogrammètres. Les résiliences dans le travers varient donc en sens inverse de la valeur du corroyage.

C'est donc l'étude des sollicitations auxquelles sera soumise la pièce qui doit donner les directives sur la manière d'orienter le corroyage.

C'est ce qu'exprime M. Charpy dans les conclusions de son étude :

« Le constructeur, qui sait comment il a voulu faire travailler la pièce qu'il a dessinée, doit traduire sa conception en déterminant les régions dans lesquelles seront prélevés des barreaux répondant à des conditions déterminées.

« Ces barreaux devront être pris dans diverses directions, si cela correspond au travail de la pièce ; le métallurgiste doit, pour réaliser les conditions ainsi fixées, choisir, dans chaque cas, le type de lingot à employer et la nature des déformations à lui faire subir. »

En résumé, le corroyage est incontestablement nécessaire, puisqu'il a un rôle indispensable à remplir. Il n'y a pas d'intérêt, il peut même être nuisible, de chercher à lui donner une trop grande valeur.

En tout cas, un coefficient de corroyage de 2 semble généralement suffisant, s'il est combiné avec une bonne orientation de forgeage.

Avantage des petits lingots. — De plus, ce coefficient relativement faible permet de partir d'un petit lingot, c'est-à-dire d'un lingot qui semble le point de départ d'une fabrication de choix.

Le lingot de *dimension minimum* pour la pièce de forge recherchée est celui qui possède la cristallisation la moins grossière au centre, étant donné que son refroidissement a été plus rapide que celui d'un gros lingot. Il a d'ailleurs été

constaté qu'un lingot peu volumineux (750 kg par exemple)
contient aussi peu que possible de scories et défauts divers
qu'on rencontre inévitablement dans un lingot de plusieurs
tonnes.

D'ailleurs, il faut bien noter qu'une faible section de lingot
est avantageuse.

A poids égal, il y a intérêt à fabriquer un lingot aussi long
que possible, quitte à aplatir ce dernier par forgeage, ce qui
lui donne des propriétés appréciables dans le sens *travers* et
réalise une isotropie qui peut être avantageuse.

La recherche d'un corroyage supérieur destiné à détruire
plus complètement le réseau de première solidification condui-
sant à l'emploi d'un lingot à cristallisation plus grossière, ne
semble donc pas, pour toutes ces raisons, un processus recommandable.

Ajoutons que le pétrissage moléculaire du lingot initial
peut s'exercer, suivant le résultat cherché, dans plusieurs
directions, si une certaine isotropie est désirable.

En tout cas, il est bon de noter qu'une liaison entre le
producteur et le constructeur ou l'inventeur est très utile
pour donner à la pièce de forge les qualités originelles qui
assureront son avenir.

Défauts de la pièce forgée

En dehors des trous de *retassure*, des *lignes de soufflure*
(superficielles ou profondes), des *pailles* provenant des défauts
de surface du lingot signalées au titre précédent, qui affectent
le produit transformé, les défauts suivants sont à signaler sur
la pièce forgée :

a) Crique ou déchirure de forge. — Le forgeage allonge,
à une température déterminée, certaines régions de la pièce.

1. — Déchirure de forge dans un acier brûlé.
On voit le grain grossier du métal dans la déchirure.

2. — Criques de forgeage
sur une barre.

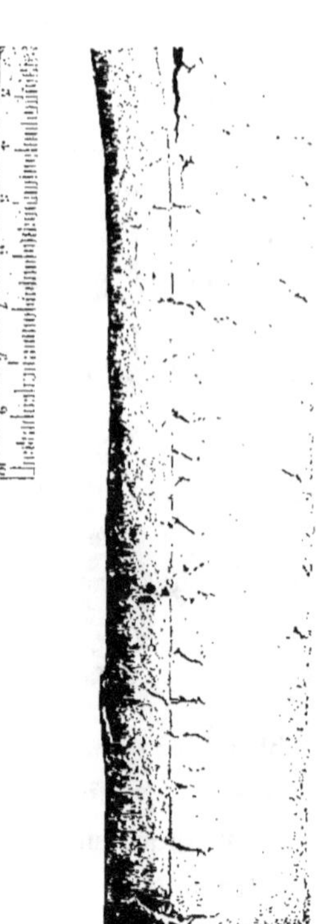

3. — Hauban fuselé dont les criques de laminage (métal
rouverain) se sont ouvertes lors de l'aplatissement par
laminage à froid.

PLANCHE II

Si l'allongement imposé est supérieur à l'allongement maximum correspondant à la température du métal, il y a une rupture ou déchirure. *C'est la crique de forgeage.*

Lorsqu'on forge à température très élevée, au voisinage du point de fusion, l'acier est à gros grains et sans allongement et les criques sont facilitées. Il y a rupture et oxydation des grains. La déchirure est perpendiculaire au sens de l'allongement de forge (Voir n°s 1, 2 et 3 de la pl. II).

En somme, la crique de forgeage naît d'une exagération dans la température de forgeage ou dans le travail imposé localement à une température quelconque (emploi d'un instrument de forgeage trop puissant), ces causes étant séparées ou réunies.

Elle provient également de la présence exagérée de soufre dans les aciers (aciers rouverains).

b) REPLIURE OU DOUBLURE. — Résulte souvent d'un burinage mal fait ou d'une pinçure entre cylindres (n°s 23 et 24, fig. 18).

Il se produit une saillie qui est repliée sur la masse du métal et s'y enfonce.

C'est un défaut longitudinal pénétrant *obliquement* dans le métal.

TITRE V

MATRIÇAGE ET ESTAMPAGE

Le matriçage et l'estampage constituent souvent le deuxième stade du forgeage.

Ces modes opératoires s'imposent pour l'aviation, au double point de vue de la qualité du *produit obtenu* et de l'*économie de métal.*

On emploie souvent indifféremment les mots « matriçage » et « estampage ».

La définition qui semble prévaloir est la suivante :

L'estampage signifie le « travail au mouton ».

Le matriçage signifie le « travail au pilon ou à la presse en utilisant les matrices ».

Ébauche. — Dans la plupart des cas il est utile de préparer le métal par un forgeage préalable, de façon à lui permettre d'épouser plus aisément la forme de la matrice.

La suite des opérations est donc généralement la suivante :

Petites pièces. — Estampage sur barres s'il s'agit de pièces de dimensions très réduites,
ou ébauchage au mouton (pièces d'armes).

Après cet ébauchage, premier estampage à température élevée suivi d'ébavurage et souvent d'une seconde chauffe à température plus basse pour obtenir plus de rigueur dans les cotes.

A la suite de cette chauffe, deuxième estampage.

Grosses pièces. — Ébauchage soit au gros pilon, soit au gros mouton à dégorger ou avec matrice ébaucheuse, suivi de 1 ou 2 estampages au mouton.

En général l'ébauchage est réservé au pilon et l'estampage au mouton.

Emploi de la presse. — La presse a une action progressive ne compromettant pas l'action de la matrice. Elle transmet mieux que le mouton la pression au cœur du métal. Elle assure le corroyage plus à cœur.

Nusbaumer (¹) a travaillé au mouton de 5oo kg de l'acier doux jusqu'à une température suffisamment basse pour qu'il n'y ait plus d'écrasement et à la presse hydraulique dans les mêmes conditions de température finale.

Les résultats sont les suivants :

Bloc estampé.

Dureté superficielle 125
Dureté au centre 95

Bloc travaillé à la presse.

Dureté superficielle 152
Dureté au centre 152

Défauts des pièces matricées ou estampées

Il faut au préalable s'assurer que le lopin est exempt de tous les défauts dus au lingot ou au forgeage. Ces défauts ne font que s'accentuer par matriçage (Voir pl. III, n° 1).

Moyens de s'assurer du défaut du lopin. — 1° Sablage après pétrolage.

(¹) Voir *Estampage et son état actuel en Angleterre et sur le continent*, NUSBAUMER (*Revue de Métallurgie*, mars 1914).

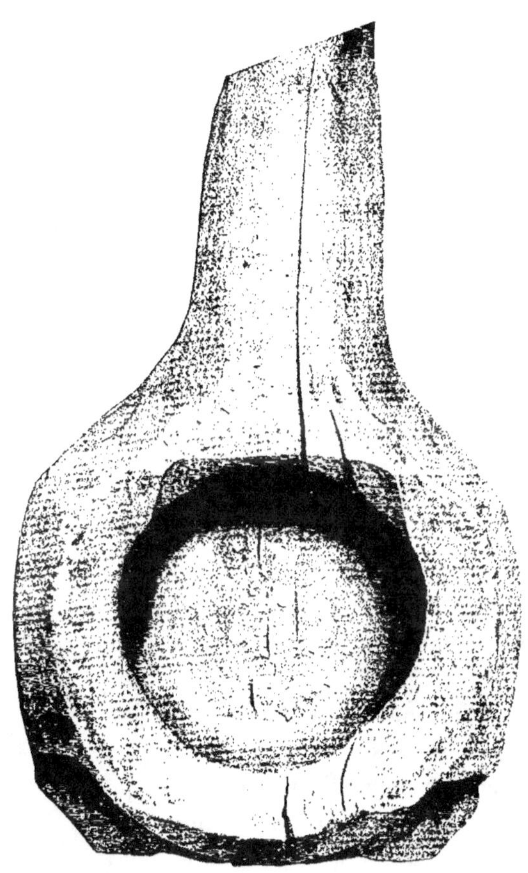

1. — Tête de bielle brute de forge
présentant des lignes ouvertes par le forgeage.

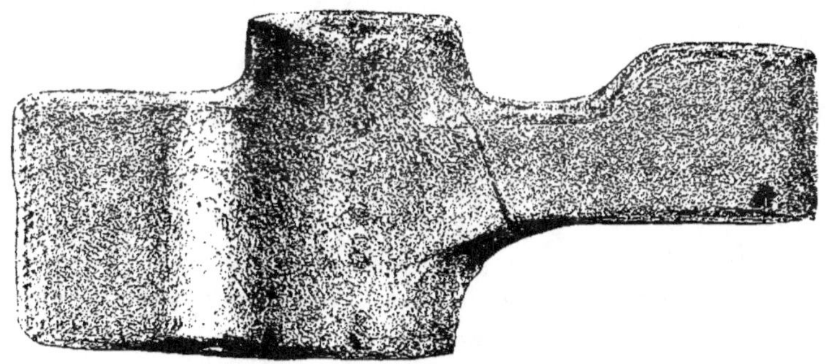

2. — Culbuteur présentant une repliure ou reprise au matriçage
par suite d'une mauvaise conception de l'ébauche de forge.

PLANCHE III

Cet essai mettra en évidence les défauts physiques superficiels.

2° Refoulement à chaud du lopin suivant l'axe de la barre, de façon à obtenir une réduction de longueur de 20 à 25 p. 100.

Les défauts longitudinaux et obliques s'ouvrent, s'exagèrent (Voir pl. IV, n° 1).

Ils doivent être éliminés par burinage ou meulage (Voir pl. V, n° 2, l'exemple d'un burinage incomplet).

Défauts inhérents au matriçage. — L'estampage ou matriçage, en dehors des criques ou déchirures de forge naissant d'une exagération du travail, peut produire des *repliures* ou *reprises*.

Ces défauts se produisent lorsqu'une partie de métal superficiel mise en saillie au cours du travail se trouve réappliquée sur le métal chaud, dans lequel elle s'incruste (Voir pl. V, n° 2, et pl. III, n° 2).

Ils se produisent encore lorsque les lèvres d'un pli de métal sont mises en contact.

Le n° 2 de la planche IV montre des reprises résultant du déréglage de la matrice qui sont entraînées dans la bavure par la matière plastique qui file dans le joint.

Exemples d'application du matriçage et de l'estampage pour des pièces de moteur d'aviation

1° BIELLE DE MOTEUR FIXE D'AVIATION. — (Voir n°s 1 à 10 de la figure 21.)

a) *Visite et sélection des lopins.*

N° 1. — Lopin. Poids, 9,800 kg.

N° 2. — Lopin refoulé de façon à déceler les criques. Rebut des lopins présentant des criques profondes.

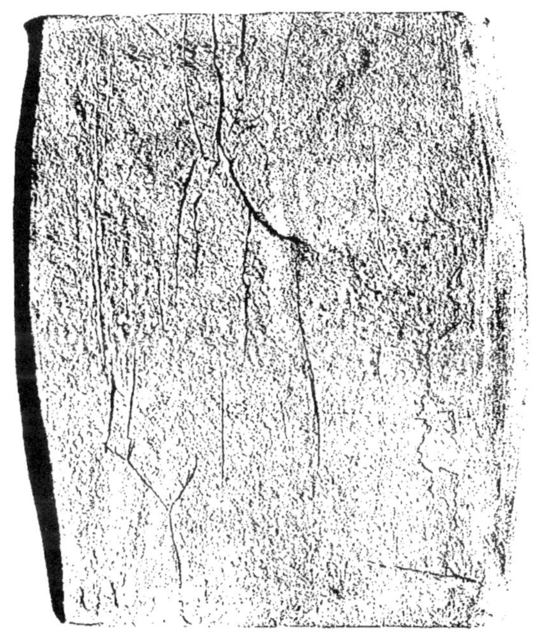

1. — Défauts d'un lopin (pailles et lignes)
mis en évidence par aplatissement préalable à la forge.

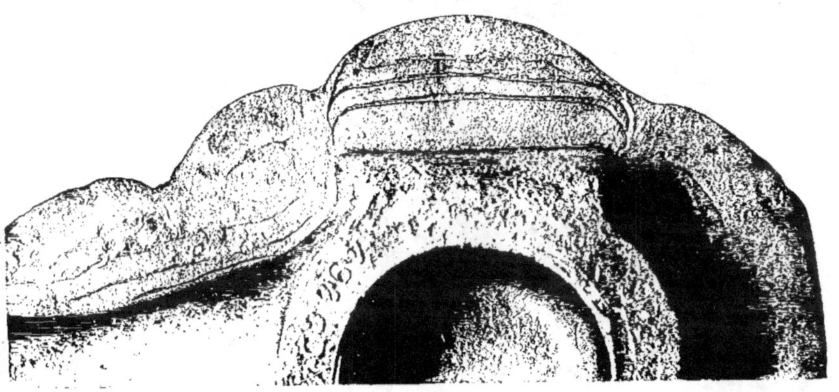

2. — Demi-tête de bielle
montrant sur la bavure l'écoulement du métal par vagues successives à chaque coup de mouton.

PLANCHE IV

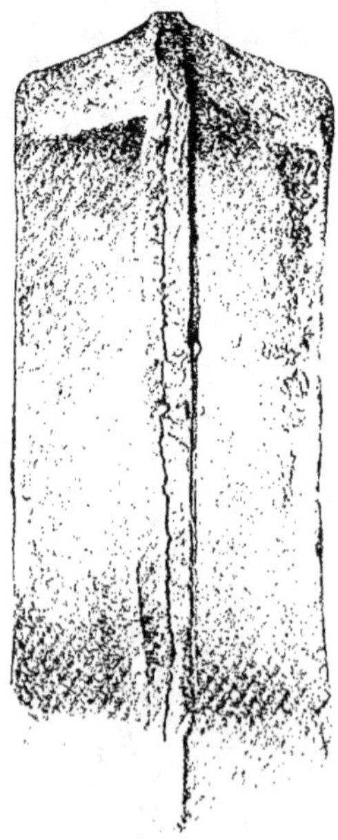

1. — Bielle de moteur rotatif présentant une fissure
résultant d'une repliure au joint de la matrice.

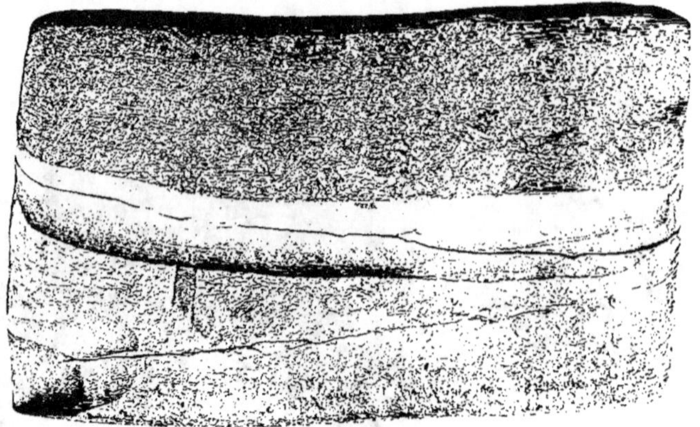

2. — Défauts incomplètement burinés d'un lopin (lignes)
révélés par aplatissement préalable à la forge.

PLANCHE V

N° 3. — Lopin dont on a meulé les criques peu profondes.

b) *Préparation par forgeage du lopin à l'estampage.*
N°s 4, 5, 6, 7 et 8. — Opérations successives de forgeage constituant l'ébauchage.

c) *Estampage.*
N° 9. — Pièce avec bavure.
N° 10. — Pièce ébavurée. Poids, 7,880 kg.

2° Bielle de moteur rotatif d'aviation. — (Voir n°s 1 à 11 de la figure 22.)

a) *Visite et sélection des lopins.*
N° 1. — Lopin. Poids, 2,900 kg.
N° 2. — Bout refoulé de façon à déceler les criques.
Rebut des lopins présentant des criques peu profondes.
N° 3. — Lopin dont on a meulé les criques peu profondes.

b) *Préparation par forgeage du lopin à l'estampage.*
N°s 4, 5, 6, 7, 8 et 9. — Opérations successives de forgeage constituant l'ébauchage.

c) *Estampage.*
N° 10. — Pièce avec bavure.
N° 11. — Pièce ébavurée. Poids, 1,875 kg.

3° Pignon double de commande de pompe de moteur d'aviation. — (Voir n°s 1 à 9 de la figure 23.)

a) *Visite et sélection des lopins.*
N° 1. — Lopin. Poids, 3,600 kg.
N° 2. — Bout refoulé de façon à déceler les criques.
Rebut des lopins présentant des criques profondes.

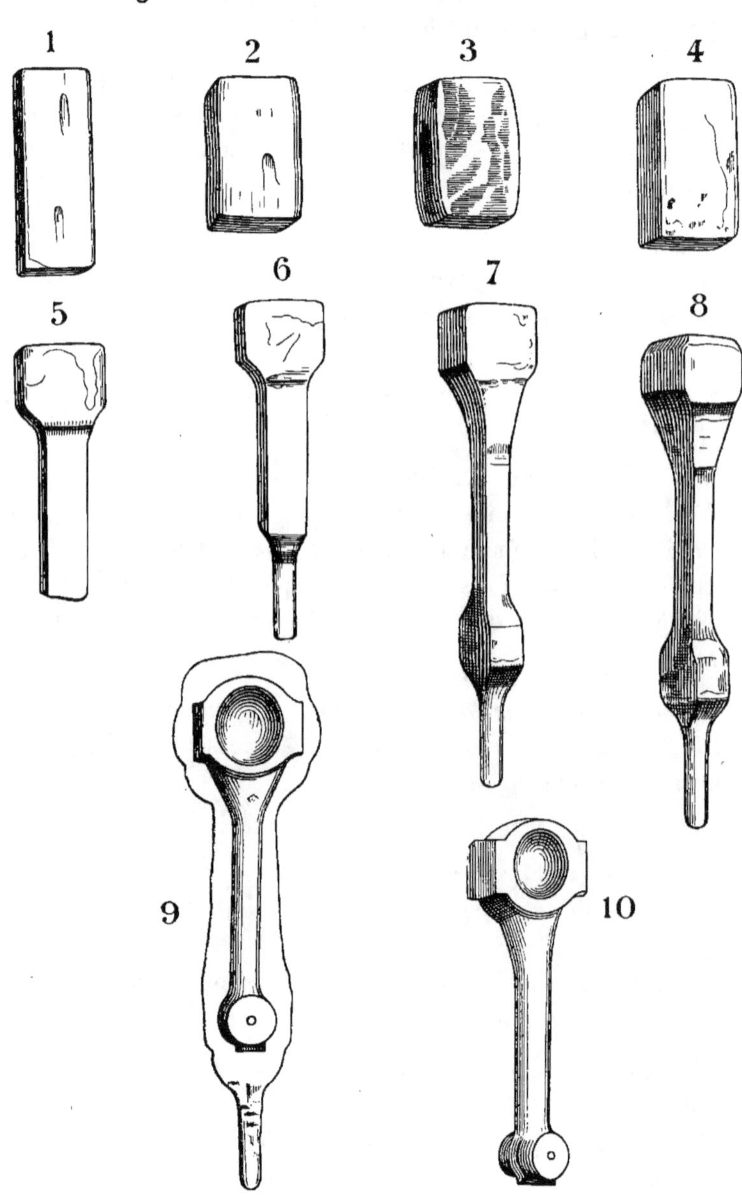

Fig. 21.

Bielle du moteur rotatif d'Aviation

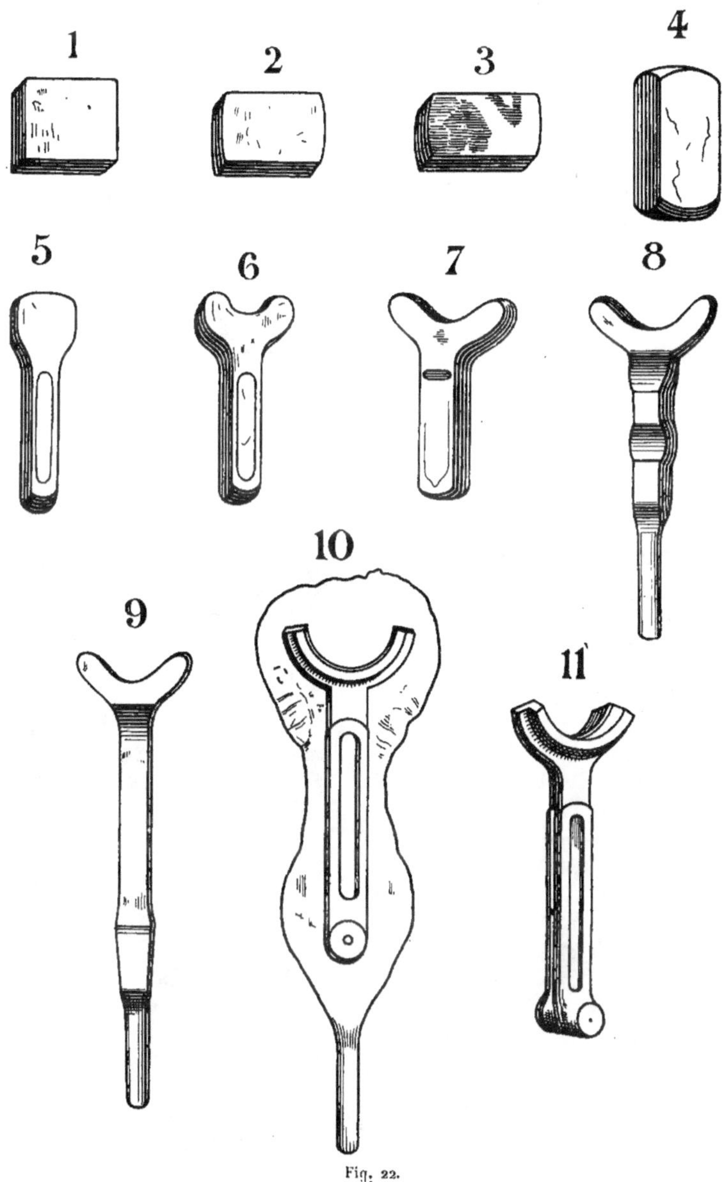

Fig. 22.

Pignon double de commande de pompe,
Moteur fixe d'Aviation

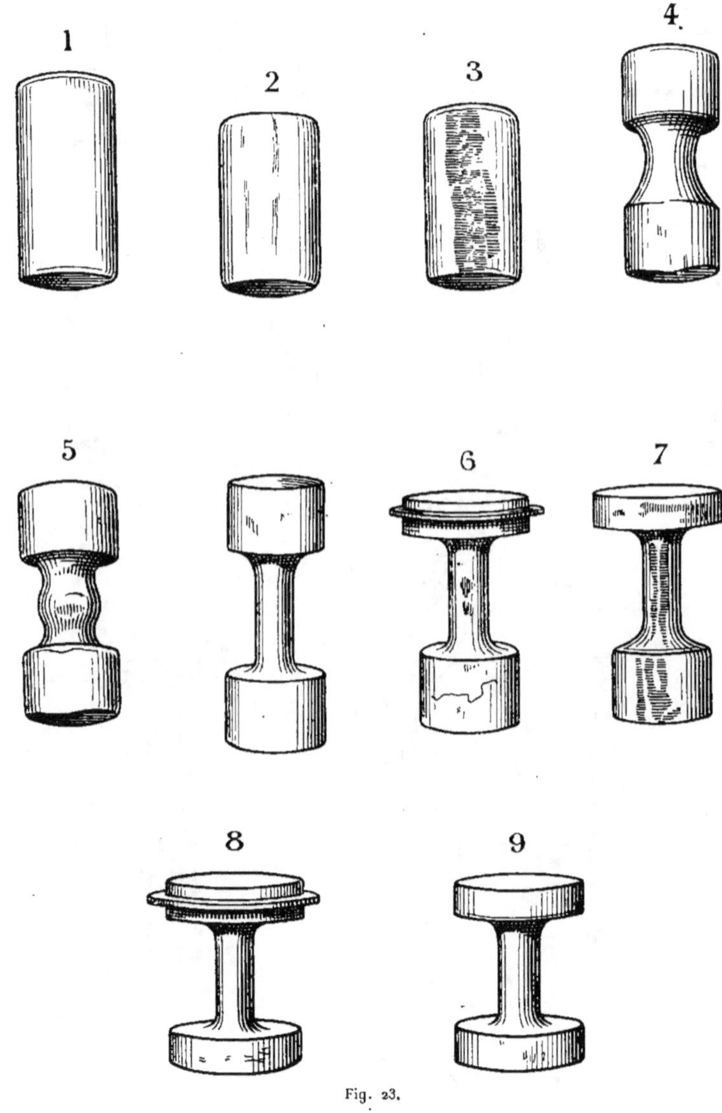

Fig. 23.

N° 3. — Lopins dont on a meulé les criques peu profondes.

b) *Préparation par forgeage du lopin à l'estampage.*
N°s 4, 5 et 5 *bis*. — Opérations successives de forgeage constituant l'ébauchage.

c) *Estampage.*
N°s 6 et 7. — Premier estampage.
N° 8. — Deuxième estampage.
N° 9. — Pièces ébavurées. Poids, 3,300 kg.
On pourrait multiplier les exemples.
Un autre sera donné au titre XV relatif aux vilebrequins d'aviation.

Avantages du matriçage et de l'estampage

Lorsqu'un lopin débarrassé de ses défauts est bien préparé par un travail préparatoire de forgeage à l'estampage ou aux estampages successifs, on obtient une pièce présentant les avantages suivants :
1° Pas de rupture des fibres créées par le laminage du bloom, de la billette ou de la barre, rupture à laquelle tout découpage mécanique dans les demi-produits initiaux donne fatalement naissance.
Voir figures 24 et 25, étude macrographique d'une section de soupape estampée.
Comme autre exemple, voir titre XV, figures 1, 2, 3 et 4, étude macrographique d'une section d'élément de vilebrequin d'aviation matricé et d'un vilebrequin fabriqué par découpage en plateau.
Ces ruptures de fibres amènent généralement des cassures.

De nombreux accidents de ce genre ont malheureusement vérifié cette assertion.

Donc, au point de vue *qualitatif*, l'estampage ou matriçage présente un intérêt primordial.

Fig. 24.
Première phase de forgeage d'une soupape.

Fig. 25.
Deuxième phase de forgeage d'une soupape.

2° L'économie de métal résultant du matriçage est souvent très considérable.

L'économie de 100 p. 100 est de l'ordre courant.

Elle est très fréquemment dépassée.

Donc, au point de vue *quantitatif*, le matriçage s'impose.

Inconvénients du matriçage et de l'estampage

La conservation de l'outillage conduit fréquemment à surchauffer les pièces de façon à rendre le métal plus malléable.

La recherche du précis des côtés conduit d'autres fois à matricer et estamper à température assez basse et en conséquence à écrouir les pièces plus ou moins fortement.

Surchauffe et *écrouissage* sont des conséquences de ce mode de travail.

Nous verrons au titre VII (Perturbations. Causes. Remèdes) les moyens à employer pour parer à ces défauts.

CONCLUSION. — L'emploi du matriçage et de l'estampage doit être généralisé tout particulièrement dans l'Aéronautique.

L'économie et le surcroît de qualité qui sont ainsi réalisés

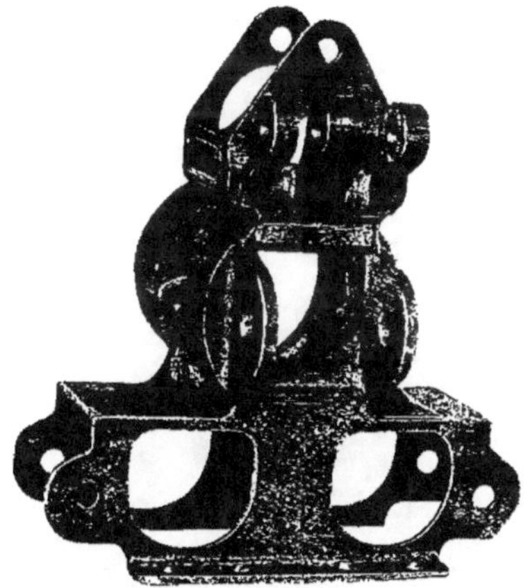

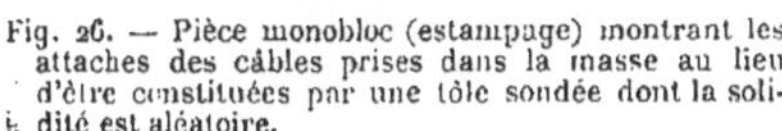

Fig. 26. — Pièce monobloc (estampage) montrant les attaches des câbles prises dans la masse au lieu d'être constituées par une tôle soudée dont la solidité est aléatoire.

Fig. 27. — Pièce fabriquée par assemblage de tôles soudées et montrant les amas de soudure.

constituent des arguments suffisants pour rendre obligatoire ce mode de travail toutes les fois qu'il est possible.

Nous donnons à titre d'exemple les photographies d'une ferrure d'avion conçue d'une part par la méthode d'estampage, d'autre part par la méthode d'assemblage à la soudure autogène.

Le gain de sécurité procuré par l'estampage se manifeste par l'absence de soudure autogène avec la suppression des graves inconvénients qu'entraîne cette dernière, l'adaptation de nervures de soutien et la prise dans la masse des différentes attaches.

Un gain de poids est également réalisé par une conception plus logique de la répartition de la matière et l'absence de paquets de soudure alourdissant la pièce d'une façon qui n'est pas négligeable.

TROISIÈME PARTIE

TRAITEMENTS THERMIQUES

RÈGLES ET PRINCIPES

CHAPITRE I

POINTS CRITIQUES DES ACIERS

---

§ 1. Théorie. — La compréhension et la pratique raisonnée du traitement thermique des aciers ne peuvent se faire que lorsqu'on est imbu des lois qui président à leurs transformations.

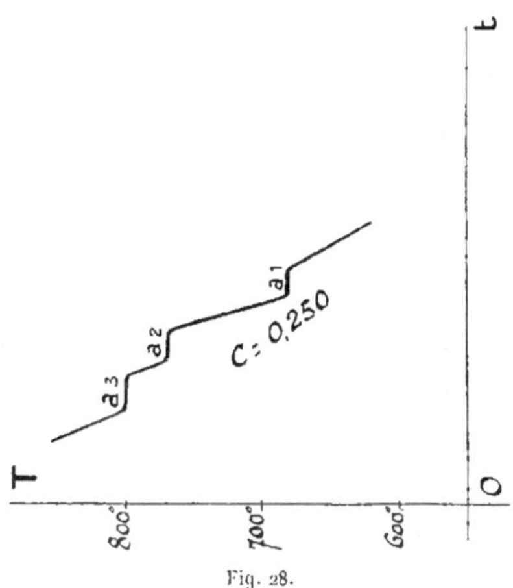

Fig. 28.

Le *diagramme de Roozeboom* les résume toutes. Aussi est-il essentiel de le connaître.

Cette rapide incursion dans le domaine théorique éclairera d'un jour tout particulier les opérations du *recuit*, de la *trempe* et du *revenu,* qui font l'objet des chapitres II, III, IV du présent titre.

Points critiques. — L'acier est une solution solide de *fer-carbone.*

Prenons une gamme d'échantillons d'aciers dont la teneur en carbone va en croissant.

Chauffons ces échantillons vers $950°$ et observons les refroidissements avec un galvanomètre.

Enregistrons la marche du phénomène en traçant la *courbe de refroidissement* (fig. 28) portant en ordonnées les températures T et en abscisses les temps t. Nous remarquons les paliers a_3, a_2 et a_1.

Ce sont les points critiques de Tchernoff ou *points de transformation.*

Si on trace une *courbe à l'échauffement,* nous observons les mêmes points critiques à une température légèrement plus élevée. C'est le dédoublement des points critiques. Les points critiques apparaissent donc, à la montée comme à la descente, avec un certain retard. C'est le phénomène normal d'*hystérésis.*

Diagramme de Roozeboom. — Si nous plaçons les points critiques au refroidissement sur un même diagramme en prenant comme abscisses les teneurs en carbone et en ordonnées les températures, nous avons le diagramme de Roozeboom (Voir fig. 29).

A B est le lieu des points a_1
D B est le lieu des points a_2
B C celui des points a_3, a_2
et enfin C E celui des points a_1

Le point C correspond à :

$$t = 680°$$
$$\text{carbone} = 0,850$$

ACIERS AU CARBONE
· DIAGRAMME DE ROOZEBOOM

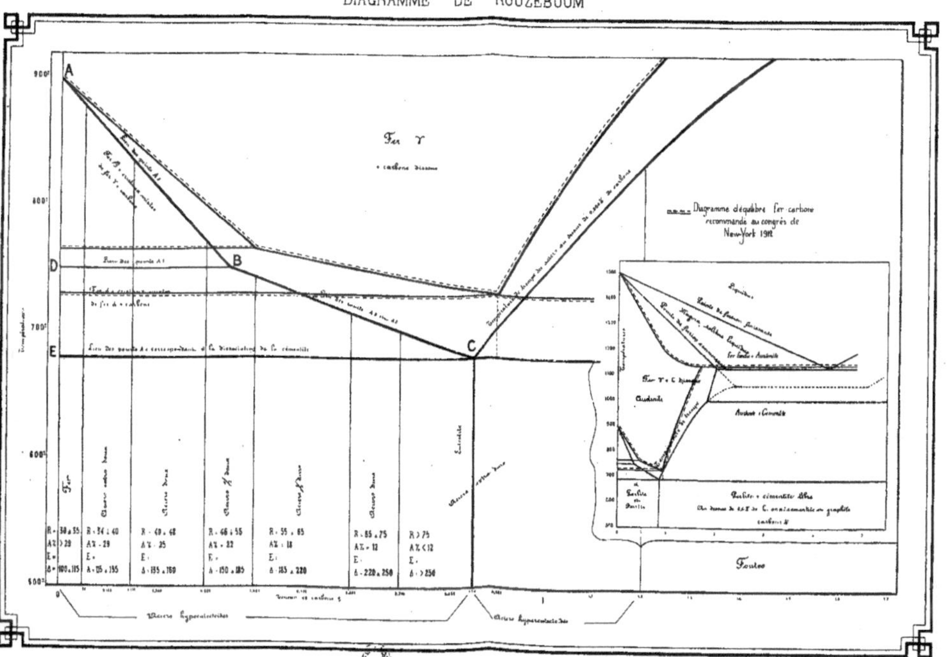

Fig. 29.

Le point B correspond à :

$$t = 75o$$
$$\text{carbone} = 0,35$$

Les points critiques d'un acier seront donc donnés par l'intersection de l'ordonnée du point correspondant au carbone de cet acier avec les lignes du diagramme.

États allotropiques du fer. — Il y a trois états dits :

$$\text{fer } \alpha, \text{ fer } \beta, \text{ fer } \gamma.$$

Ils se différencient comme il suit :

1° Fer α — magnétique — ne dissout pas le carbone ;
2° Fer β — non magnétique — ne dissout pas le carbone ;
3° Fer γ — non magnétique — dissout le carbone.

Les aciers contiennent le fer à l'état α, β et γ :

$$\text{de } 0° \text{ à } a_2, \text{ on a le fer } \alpha$$
$$\text{de } a_2 \text{ à } a_3, \text{ on a le fer } \beta$$
$$\text{au-dessus de } a_3, \text{ on a le fer } \gamma.$$

A l'échauffement, a_3 correspond au passage du fer de l'état β à l'état γ.

a_2 correspond à la disparition du magnétisme.

Recalescence. — Quant à a_1, il correspond au phénomène de la *recalescence,* qui a une importance capitale dans le traitement des aciers.

Le fer et le carbone se combinent pour former un carbure de fer.

$$Fe^3 C = \text{cémentite.}$$

C'est à la température du point a_1 que se produit la dissolution de la cémentite. Cette dissolution est précédée de la dissociation de la cémentite, en fer et en carbone, cette dissociation produisant le fer γ qui est nécessaire, comme nous l'avons vu, pour la dissolution du carbone.

Nous avons vu que la cémentite formait avec le fer α (ferrite) un eutectoïde, la *perlite :*

> De o à o,85o de carbone, l'acier est composé de ferrite + perlite.
>
> A o,85o de carbone, il y a la composition eutectoïde perlite.
>
> Au-dessus de o,85o de carbone, on a la composition perlite + cémentite.
>
> Les aciers de o à o,85o de carbone sont dits aciers hypoeutectoïdes.
>
> Les aciers renfermant o,85o de carbone sont dits aciers eutectoïdes.
>
> Enfin les aciers renfermant plus de o,85o de carbone sont dits aciers hypereutectoïdes.

Quand la teneur en carbone augmente, les *fontes* font leur apparition.

Le système cémentite-perlite des fontes blanches fait place au système graphitique des fontes grises.

Aciers spéciaux. — Les points critiques des aciers spéciaux donneront lieu pour chacun de ces aciers à une étude particulière.

Application de la loi des phases aux alliages fer-carbone

Nous rappellerons à ce sujet que la loi de Gibbs ou loi des Phases est représentée par la formule

$$V = n + p - \varphi$$

dans laquelle

V représente le nombre de variances du système en équilibre, c'est-à-dire le nombre de facteurs d'équilibre indépendants;

n représente le nombre de composés indépendants;

p représente le nombre des conditions extérieures avec lesquelles le système peut se mettre en équilibre (température, pression, force électrique, etc.);

φ le nombre de *phases*, c'est-à-dire le nombre de masses homogènes, obtenues avec le même groupe de substances constituantes, dans un état de composition correspondant à un état thermo-dynamique déterminé, abstraction faite de la grandeur et de la forme de ces masses.

Pour les aciers :

$n = 2$, à savoir fer pur et carbure de fer, $Fe^3 C$.

$p = 1 = $ température, la pression ne subissant pas de variation,

$$n + p = 3$$

Quant au nombre de phases φ, on peut les ramener à trois:

Phase ferrite ou phase α ;

Phase cémentite ;

Phase austénite ou solution solide des deux premières ou phase γ.

Ceci étant donné, considérons le diagramme de Roozeboom et cherchons le nombre de variances dans les différents systèmes pour le diagramme d'équilibre fer-cémentite à l'exclusion du diagramme fer graphite.

1° Le point figuratif de l'acier est au-dessus de la courbe des points A_3.

Une seule phase : la phase austénite ou γ.

$$V = 3 - 1 = 2 = \text{système bivariant.}$$

Les deux caractéristiques indépendantes sont :

La température ;

La composition de l'acier dont la connaissance fixe le point figuratif.

2° Le point figuratif de l'acier est entre la courbe des points A_3 et la ligne droite, lieu des points A_1.

Deux phases, à savoir :

La phase ferrite (partie du fer qui s'est dégagée au refroidissement de la solution solide) et la phase solution solide saturée de fer dont la teneur en carbone dépend de l'ordonnée du point figuratif entre les courbes A_3 et A_1.

L'abscisse du point de la courbe des points A_3 correspondant à cette ordonnée indique cette teneur.

$$V = 3 - 2 = 1 = \text{système monovariant.}$$

Une seule caractéristique le définit : la température.

3° Le point figuratif de l'acier est au-dessous de la ligne, lieu des points A_1.

Deux phases, à savoir :

Phase ferrite et phase cémentite (l'eutectique perlite étant un agrégat de ferrite et de cémentite).

$$V = 3 - 2 = 1 = \text{système monovariant.}$$

Une seule caractéristique le définit : la température.

§ 2. **Procédés expérimentaux pour la détermination des points critiques.** — 1° Suivre avec un couple thermo-électrique les variations de température en fonction du temps.

Construire la courbe $f(t, T)$.

C'est long et pénible. Les déviations sont peu accusées. *Procédé non employé.*

2° *Méthode d'Osmond.*

T (température) est mesuré avec un galvanomètre relié à un couple thermo-électrique.

t (temps) est mesuré avec un appareil chronométrique indiquant le temps mis par l'index du galvanomètre pour franchir une division.

T est porté en abscisses,

t en ordonnées.

Procédé sensible, mais exigeant une attention soutenue,
donc sujet à erreur.

Aussi a-t-on eu recours aux appareils enregistreurs.

Méthode de Roberts-Austen. — Cette méthode consiste à
comparer l'acier à étudier avec un métal n'ayant pas de points
critiques : le platine, le nickel ou un acier à haute teneur en
nickel n'ayant pas de points critiques au-dessus de la température ordinaire.

Les deux échantillons, placés l'un près de l'autre dans un

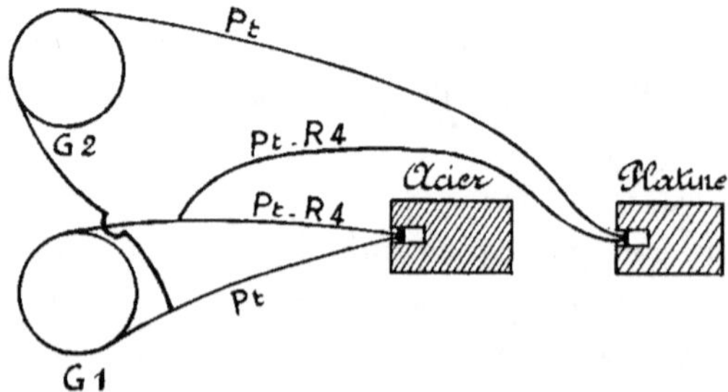

Fig. 30.

tube réfractaire, reçoivent chacun la soudure d'un couple relié
à un galvanomètre (fig. 30).

Le galvanomètre G_1, qui correspond au métal soumis aux
recherches, indique la température T du métal étudié.

Le galvanomètre G_2 indique la différence de température
entre les deux échantillons T — T'.

On reçoit sur une plaque sensible se déplaçant proportionnellement au temps les rayons lumineux réfléchis par les
miroirs des deux galvanomètres.

Le galvanomètre G_1 donne la courbe

$$f(t, T) = 0$$

Le galvanomètre G_2, la courbe

$$\varphi(t, T-T') = 0$$

En éliminant t, on a la courbe qui met en évidence les relations entre T et T—T', c'est-à-dire fait connaître les points critiques.

Cette méthode est très exacte.

Les erreurs de chauffage sont corrigées, puisqu'elles exercent leur influence sur les deux échantillons.

Méthode Saladin. — Avec M. Saladin, la plaque sensible ne se déplace plus. Il y a toujours deux galvanomètres. Un même rayon lumineux est réfléchi successivement par les miroirs des deux galvanomètres.

Entre ces deux miroirs se trouve un prisme transposeur qui transforme en déviations verticales les déviations horizontales imposées au rayon par le premier miroir (principe de Lissajous).

Le rayon lumineux impressionne une plaque photographique.

L'appareil en question est le *galvanomètre double Saladin-Le Châtelier*.

C'est avec cet appareil que nous avons déterminé toutes les courbes de points critiques qui sont données dans la suite.

Méthode dilatométrique. — Les dimensions des métaux se modifient avec la température (dilatation, contraction) suivant une loi connue exprimée le plus souvent par une formule à deux termes.

Les transformations allotropiques du fer et des aciers sont accompagnées d'une variation des dimensions.

Les courbes de dilatation ou de contraction accuseront donc ce phénomène particulier.

Elles les accuseront d'ailleurs, quelle que soit la vitesse de variation des températures, et permettront de connaître l'influence de cette vitesse sur la température d'apparition de ces transformations.

Un dilatomètre différentiel a été conçu et construit par M. P. Chevenard.

L'emploi de cet instrument pour l'étude des points de transformation donne des résultats précis et intéressants.

Principe du dilatomètre différentiel Chevenard (¹). — Le dilatomètre rapporte la dilatation du métal étudié à celle d'un métal étalon convenablement choisi.

Il trace une courbe dont l'ordonnée est la différence des dilatations des deux échantillons.

La température est rapportée à la dilatation de l'étalon qui parcourt l'axe des abscisses.

Le métal étalon et le métal dont on cherche les points de transformation ont la forme de cylindres de 4 mm de diamètre et sont respectivement renfermés dans des tubes en silice fondue de 250 mm de long et de 51 mm de diamètre fermés à une extrémité sur laquelle viennent buter les 2 cylindres métalliques (Voir fig. 31).

Les dilatations des échantillons sont transmises du côté de l'extrémité ouverte des deux tubes de silice fondue au moyen d'un système amplificateur par miroir.

Le dispositif est tel que l'image d'un point lumineux fixe dans le miroir décrit une courbe plane dont l'abscisse mesure, à une constante près, la *dilatation de l'échantillon* et l'ordonnée la *différence de dilatation* des deux échantillons.

Cette courbe s'inscrit sur une plaque photographique.

Les échantillons sont chauffés au moyen d'un four électrique.

L'échantillon étalon est constitué par un alliage nickel-chrome (10 p. 100 chrome) connu sous le nom de « Baros ».

(¹) Voir description complète de l'appareil CHEVENARD (*Revue de Métallurgie*, numéro septembre-octobre 1917. Dilatomètre différentiel enregistreur par P. Chevenard).

Le point de transformation du nickel est rejeté par le chrome notablement au-dessous de la température ambiante

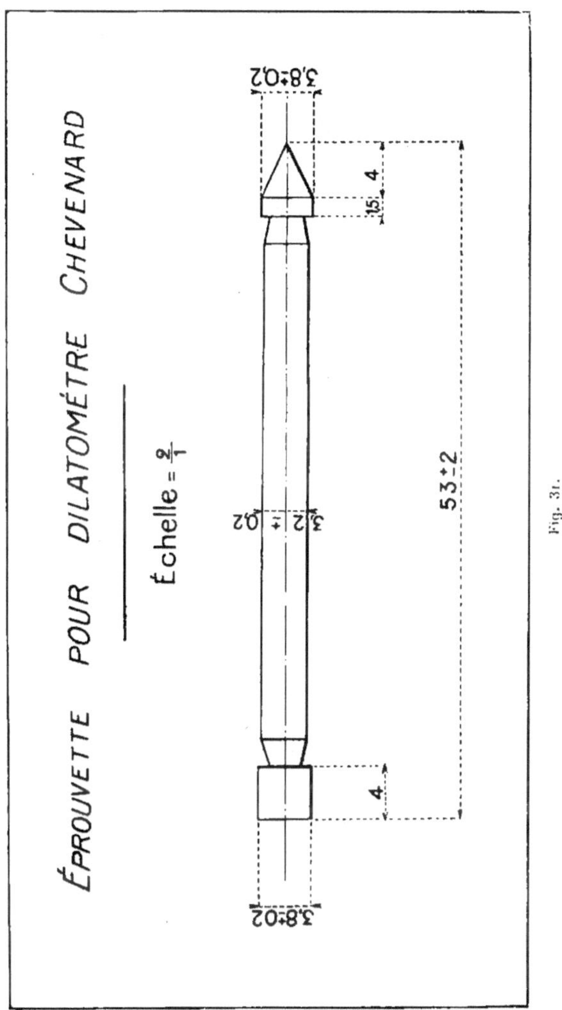

Fig. 31.

vers — 175°. Il en résulte une absence complète d'anomalie thermique.

L'étude de la dilatation de cet étalon a fait l'objet de la part de M. Chevenard d'une étude très précise dont les résultats ont été contrôlés par M. Guillaume, du bureau international des poids et mesures.

La recherche de points de transformation à l'échauffement et au refroidissement par cette méthode dilatométrique a été utilisée plusieurs fois au cours de ce travail.

Ces notions primordiales étant établies, nous allons aborder la question capitale des traitements thermiques : *recuit, trempe, revenu.*

CHAPITRE II

RECUIT (¹)

---

§ 1. **Définition et buts du recuit.** — *Le recuit est le traitement thermique consistant en un chauffage au-dessus du point de transformation suivi d'un refroidissement de vitesse inférieure à la vitesse critique de trempe.*

Il y a donc deux variables :

1° Écart de la température de chauffage au delà de la température du point de transformation;

2° Vitesse de refroidissement avec vitesse maximum comme limite supérieure.

Au delà de cette limite, il y aurait dédoublement des points critiques, c'est-à-dire trempe partielle, puis totale.

Suivant les résultats recherchés, on peut conventionnellement classifier les recuits comme il suit :

a) *Recuits d'adoucissement* (²), procurant la destruction du durcissement dû à la trempe ou l'atténuation de celui dû à l'écrouissage.

b) *Recuits de régénération* (³), permettant de procurer au métal la texture fine compromise par exemple par la surchauffe.

(¹) Correspond au terme anglais *Annealing*.
(²) Correspond au terme anglais *Softening*.
(³) Correspond au terme anglais *Refining*.

A cette terminologie que la pratique a consacrée nous jugeons utile d'ajouter une troisième sorte de recuits.

c) *Recuits de stabilisation*. — Ces recuits ont pour but d'obtenir l'équilibre moléculaire aussi parfait que possible, équilibre compromis par des écrouissages intensifs.

Notons bien que cette division est basée sur le but à atteindre sans impliquer par elle-même des différences essentielles dans les procédés techniques ou « modus operandi » employés.

C'est ainsi que les deux premiers recuits, *recuits d'adoucissement* et *recuits de régénération* se différenciant par leur terminologie peuvent comporter un mode opératoire identique.

D'ailleurs, en cherchant l'adoucissement, on peut obtenir la régénération par surcroît et inversement.

Des pièces de forge sont souvent à la fois surchauffées et écrouies.

Le recuit qui remédie à ces défectuosités peut être unique.

Il peut être à la fois adoucissant et régénérateur. Il est adoucissant s'il détruit ou atténue l'écrouissage. Il est régénérateur s'il donne une cristallisation fine au lieu de la grosse cristallisation du métal surchauffé.

Le troisième type de recuit en revanche est très spécial, Son but est unique.

Il s'applique seulement au cas où la destruction complète des tensions est recherchée.

Il ne constitue d'ailleurs jamais un traitement final, étant donnée la grosse cristallisation qu'il provoque, cristallisation qu'il y aura lieu de détruire ultérieurement par un traitement thermique adéquat, en vue d'éviter la fragilité.

Ces remarques étant faites, nous aurons l'occasion d'employer ces expressions toutes les fois qu'elles trouveront leur application au cours de cet exposé.

Nous répétons qu'elles sont spécialement destinées à indiquer d'une façon précise non la technique opératoire, mais le but poursuivi.

§ 2. GRAIN DE L'ACIER. — Laissons la parole au grand métallurgiste Tchernoff :

« Dans le travail de l'acier, on cherche toujours à obtenir le grain le plus fin possible, surtout si les objets fabriqués doivent avoir une grande ténacité (absence de fragilité) et une grande résistance. Je dis qu'il vaut mieux obtenir de l'acier à grain fin, parce que de nombreuses expériences ont démontré que plus un échantillon d'acier présente une texture cristalline, plus les cristaux sont gros et réguliers, et moins il présente de résistance à la rupture, moins il possède de ténacité ; aussi les personnes habituées au travail de l'acier en reconnaissent-elles les qualités à la cassure. Si le grain de la cassure est fin, on dit que l'acier est de bonne qualité et bien travaillé ; au contraire, s'il est gros, on dit que l'acier est mal travaillé et sans résistance. »

Théorie du grain de l'acier. — La *Revue de Métallurgie*, sous la signature de M. Portevin, a publié en juin 1913 un article intitulé : « Contribution à l'étude de l'influence du recuit sur la structure des alliages. »

Nous empruntons à cet article les passages suivants :

« Pour les grains de la solution solide fer-carbone », il correspond à chaque température une limite de grosseur du grain (Loi de Howe). Dans certains cas, d'après Stead, avec le fer doux, on peut pour ainsi dire grossir indéfiniment le grain (4 millions de fois). Si l'on examine au microscope après déformation la surface préalablement polie d'un métal ou d'un alliage, on observe que, dès qu'il y a déformation permanente, il apparaît une quantité de lignes fines qui sont parallèles dans un grain, mais en général variables de direction d'un grain à l'autre.

« La structure cristalline est ainsi mise en évidence sans attaque, car les limites de grain sont révélées par les changements brusques de direction de ces lignes.

« On a donné à ces lignes le nom de *slipbands*.

« Si l'on pousse la déformation, il apparaît dans un grain un deuxième système de slipbands parallèles entre elles et recouvrant les premières, puis un troisième d'orientation différente.

« La déformation se fait donc par le mécanisme du glissement de lamelles orientées suivant des systèmes de plans de glissement ou plans de translation, et les slipbands ne sont que l'apparition sur les surfaces polies des différences de niveau créées par les glissements.

« En résumé, un *grain* est un solide cristallin de forme extérieure quelconque ou pseudo-cristalline; dans tous les cas, pour un même grain, les propriétés *physiques* (dilatation, tension superficielle, pouvoir thermo-électrique, résistance électrique, etc.), *chimiques* (vitesse de réaction, de dissolution) et *mécaniques* (limite élastique, dureté) sont fonctions de la direction et identiques pour des directions parallèles. »

Après solidification, l'alliage se trouve partagé en grains n'ayant aucune forme extérieure géométrique régulière et dont chacun correspond à un individu possédant une orientation cristalline constante dans tout l'intérieur du grain.

Les *joints* des grains sont souvent extrèmement irréguliers et déchiquetés par suite de l'interpénétration des rameaux dendritiques (¹).

____

(¹) Voir, au sujet des édifices dendritiques, les beaux travaux du capitaine Belaïew de l'artillerie de la Garde russe (*Revue de Métallurgie*, IX, 321 et 647, 1912.)

Lois du grain de l'acier. — Elles peuvent se résumer comme il suit :

1° Quand la température d'un acier reste au-dessous du

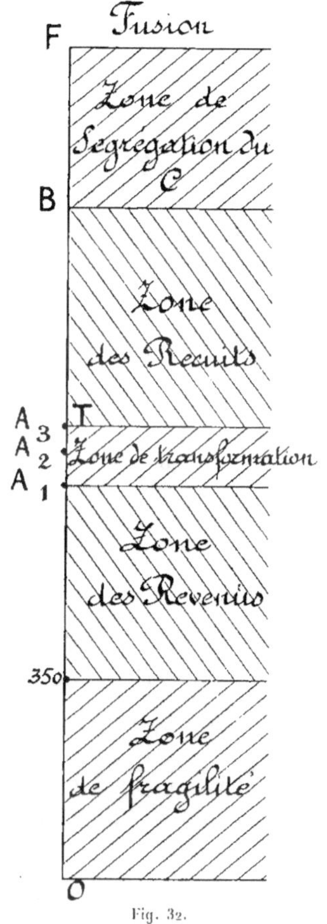

Fig. 32.

point de transformation supérieur a_3, le grain ne varie pas ([1]);

([1]) Voir toutefois la note renvoi (1) de la page 87 relative à la cristallisation des aciers doux et extra-doux.

2° Chaque température de recuit θ supérieure à a_3 est caractérisée par un grain qui a ses dimensions normales au bout d'un certain temps t

$$G = f(t, \theta)$$

G croissant avec θ ;

3° La grandeur de la température θ a d'autant plus d'influence que la teneur en carbone est plus grande ;

4° Tout grain acquis dans la zone thermique supérieure à a_3 ne peut diminuer que par un refroidissement *au-dessous du point de transformation* suivi d'un recuit à la température convenable.

Ex. : à 1.100° on a un grain G.

à 900° on a encore G si on n'est pas repassé par a_3.

Si, au contraire, on a suivi la marche suivante :

$$
\begin{array}{cc}
1.100° & \\
\downarrow & 900° \\
 & \uparrow \\
a_3 & a_3 \\
\downarrow & \vdash \\
400° &
\end{array}
$$

on obtient un grain $g < G$.

La recherche d'un grain fin ne doit pas être perdue de vue dans tout traitement thermique, en particulier dans le forgeage.

§ 3. Traitement thermique de forgeage. — Montons l'échelle thermique et notons les différents points que nous rencontrons (Voir fig. 32) :

1° De 100° à 350°, une *zone de fragilité* ayant son maximum vers 300° ;

2° De 350° à a_1, une zone que nous appellerons *zone des revenus* ;

3° a_1 à a_3, la *zone de transformation* ;

4° De a_3 à B, la *zone des recuits complets* ;

5° A la température B, commencement de ségrégation du carbone et ultérieurement *oxydation et brûlure;*

6° A la température F, *fusion.*

Conduite du forgeage. — Nous appellerons T *la température du point* a_3.

La *zone de forgeage* est définie par

$$T + 200 \text{ max.}$$
$$T - 50 \text{ min.}$$

a_3 variant avec les différents aciers, cette règle ne fait guère dépasser 900° pour les aciers assez fortement carburés et 1.000° pour les aciers peu carburés.

Conditions donnant le grain le plus fin :

$$T + 100 \text{ max.}$$
$$T - 25 \text{ min.}$$

C'est-à-dire forger peu au-dessus de a_3, et terminer légèrement au-dessous pour malaxer les cristaux, les affiner. Mais ne pas descendre trop au-dessous pour ne pas exagérer l'écrouissage.

Ces chiffres constituent des indications dont on a le plus grand intérêt à se rapprocher, en faisant la part des difficultés que l'on peut avoir à connaître et à apprécier d'une façon exacte la température T.

C'est l'idéal à rechercher et, *en aéronautique, nous l'avons dit, il doit être poursuivi.*

§ 4. **TRAITEMENT THERMIQUE APRÈS FORGEAGE.** — Le forgeage agit d'une façon inégale. Il produit du *durcissement,* des *tensions d'écrouissage,* un *grain grossier dû à la surchauffe.*

Pour remédier à ces défectuosités, on emploie l'un ou l'autre des deux procédés suivants :

1° *Recuit d'adoucissement* (destruction de la dureté, atténuation des tensions de l'écrouissage), permettant par surcroît d'obtenir la *régénération* (finesse du grain).

2° *Recuit de stabilisation,* rétablissant aussi complètement que possible l'équilibre moléculaire compromis, mais ne pouvant servir de traitement régénérateur. Il devra donc être suivi d'un traitement de régénération.

I. Recuit d'adoucissement.

Montée de l'échelle thermique. — De la température ordinaire à $T + 50$.

Nous traversons :

1° La *zone de fragilité* de $0°$ à $400°$;

2° La zone des revenus de $400°$ à a_1 ;

3° La zone de transformation de a_1 à $T + 50$.

Temps de traversée des zones : 1° $0°$ à $400°$. Montée très lente. Ce résultat est obtenu de deux façons :

1) Mettre la pièce dans un four froid et monter très lentement et très progressivement le four;

2) Chauffer lentement la pièce dans une enceinte spéciale et jusqu'à $400°$, et la porter ensuite dans le four de recuit. Durée pour pièces moyennes : une heure. En tout cas ne jamais mettre une pièce froide dans un four chauffé aux températures ordinaires de recuit;

2° $400°$ à a_1. — Peut être franchie vite, sans inconvénient;

3° a_1 à $T + 50$. — Séjourner à $T + 50$ le temps strictement nécessaire pour permettre à la transformation de s'opérer.

Durée variable, fonction de la grosseur de la pièce et de la teneur en carbone.

Il ne faut pas rester longtemps pour éviter une grosse cristallisation susceptible d'engendrer la fragilité.

Descente de l'échelle thermique

1° *Aciers au-dessous de 0,300 de carbone* (aciers extra-doux et doux).

Ces aciers gagnent à être *trempés à l'air*. On évite ainsi la grosse cristallisation qui se produit particulièrement

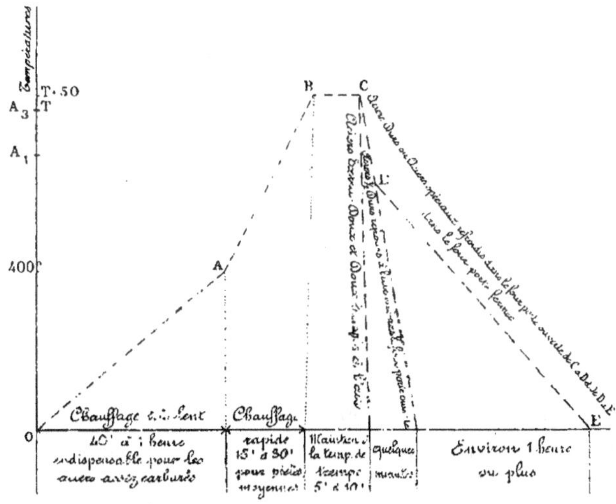

Fig. 33.

pour les aciers extra-doux refroidis très lentement. Ce dernier mode de refroidissement les rend très fragiles.

On utilise ainsi pour eux le *recuit à la volée ;*

2° *Aciers entre 0,300 de carbone et 0,600 de carbone* (aciers demi-doux et demi-durs). Ces aciers sont refroidis à l'air (0,300 de C à 0,500 de C) ou portes du four grandes ouvertes et en dehors de leur boîte de chauffage (0,500 à 600), de T + 50° à la température ordinaire ;

3° *Aciers au delà de 0,600 de carbone* (aciers durs, extra-durs, etc.). Après un refroidissement rapide de T + 50 à 500°

ou 600° (portes du four ouvertes) ces aciers sont refroidis lentement jusqu'à la température ordinaire (porte du four fermée).

Le diagramme (fig. 33) représente la marche du traitement thermique complet (chauffage et refroidissement) pour des pièces moyennes (bielles, arbres de moteurs, etc.).

Vérification micrographique

Ces règles doivent être appliquées à la lettre.

L'analyse micrographique permet de les confirmer d'une façon très nette.

Nous avons recherché, par ce procédé, la meilleure méthode de refroidissement de l'acier demi-dur.

A l'état naturel, la barre d'acier demi-dur utilisée avait les caractéristiques suivantes :

$$\Delta \text{ (perp}^t \text{ au laminage)} = 164$$

Les micrographies 1 et 2 de la planche VI représentent l'aspect du métal, la première suivant l'orientation du laminage, la deuxième perpendiculairement à cette orientation. La perlite répartie assez régulièrement est toutefois assez grossière, ce qui justifie l'utilité d'un recuit.

Trois modes ont été adoptés pour ce recuit, et les échantillons ont été micrographiés après chacun d'eux.

1° *Recuit à 800° et refroidi la nuit dans le four.* — Les micrographies 3 et 4 de la planche VI montrent une agglomération de la perlite qui devient très grossière et accuse son orientation de laminage. Il en résulte une diminution de la résilience.

2° *Recuit à 800° et refroidi lentement dans les cendres préalablement chauffées à 500°.* — Les micrographies 5 et 6 de la planche VII montrent une agglomération plus fine de la

INFLUENCE DU MODE DE REFROIDISSEMENT APRÈS RECUIT

ACIER DEMI-DUR

Naturel

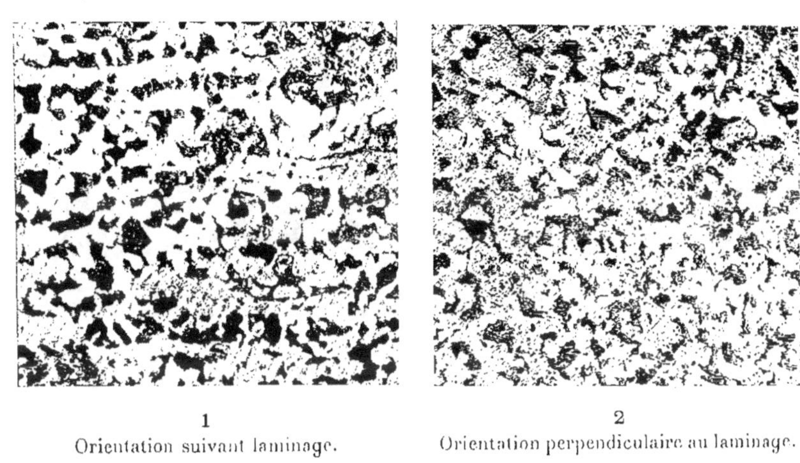

1

Orientation suivant laminage.

2

Orientation perpendiculaire au laminage.

Recuit à 800° et refroidi la nuit dans le four

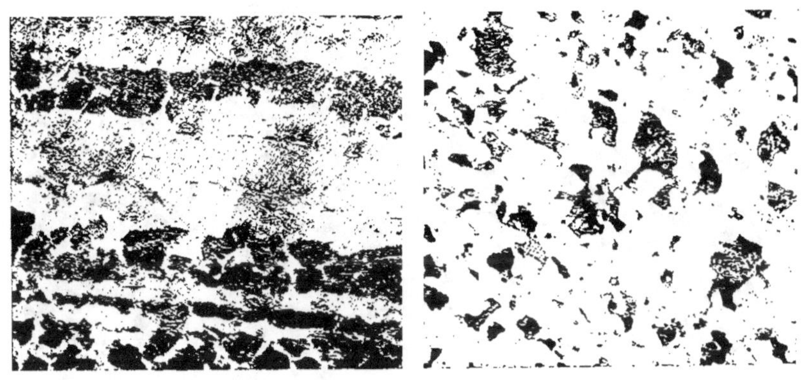

3

Orientation suivant laminage.

4

Orientation perpendiculaire au laminage.

PLANCHE VI

INFLUENCE DU MODE DE REFROIDISSEMENT APRÈS RECUIT

ACIER DEMI-DUR

Recuit à 800⁰ et refroidi lentement dans les cendres préalablement chauffées à 500°

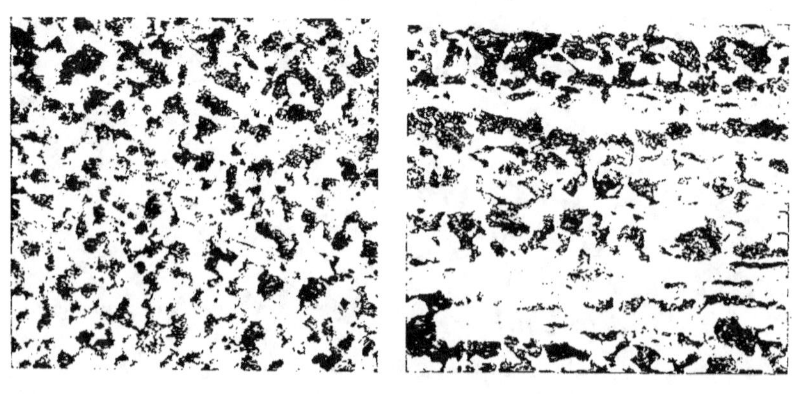

<table>
<tr><td align="center">5</td><td align="center">6</td></tr>
<tr><td align="center">Orientation suivant laminage.</td><td align="center">Orientation perpendiculaire au laminage.</td></tr>
</table>

Recuit à 800° et refroidi à l'air conformément aux règles énoncées

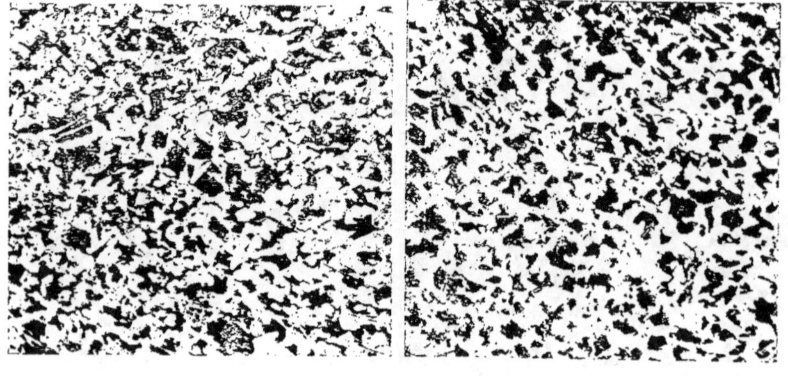

<table>
<tr><td align="center">7</td><td align="center">8</td></tr>
<tr><td align="center">Orientation suivant laminage.</td><td align="center">Orientation perpendiculaire au laminage.</td></tr>
</table>

PLANCHE VII

perlite, mais l'orientation du laminage est encore grossiè-rement accusée, et la perlite est très inégalement répartie. Le résultat est en somme défectueux.

3° Recuit à 800° et refroidi à l'air conformément aux règles énoncées. — Les micrographies 7 et 8 de la planche VII mettent en évidence une perlite bien plus fine, convenablement répartie, et une disparition presque totale de l'orientation. Le résultat est donc bon, et le mode de refroidissement adopté trouve ainsi sa justification.

4° Régénération de l'échantillon ayant donné lieu aux micrographies 3 et 4. — Un recuit de cet échantillon exécuté dans les conditions de l'expérience précédente ou une trempe suivie de recuit dans les mêmes conditions donne de nouveau lieu à une répartition égale et fine des constituants.

II. Recuit de stabilisation.

Le recuit de stabilisation peut avoir lieu à une température très nettement supérieure à celle du point a, $T + 200$ par exemple, c'est-à-dire à une température à laquelle le métal très malléable peut se détendre avec facilité, température à laquelle il a subi souvent des déformations.

Ce recuit est suivi d'un refroidissement très lent qui pour des pièces moyennes (bielles, arbres à cames de moteurs, etc...) peut être de l'ordre de vingt-quatre à trente-six heures au moins.

Ce traitement procure l'équilibre moléculaire aussi parfait que possible.

Il a l'inconvénient de donner au métal un grain grossier ayant comme conséquence la fragilité.

Un recuit de *régénération* analogue au recuit *d'adoucissement* précédemment indiqué s'impose donc pour obtenir la texture.

Il n'est pas indispensable si la pièce doit être trempée.

Il est néanmoins recommandable (voir titre XV, § C Influence des traitements thermiques successifs sur la résilience).

Cas particulier des aciers à transformations retardées

Pour le chauffage, rien de changé à ce qui a été dit : toujours chauffage en deux temps.

Une complication se produit pour le refroidissement. Il faut refroidir vivement jusqu'en dessous de a_1, mais a_1 au *refroidis-*

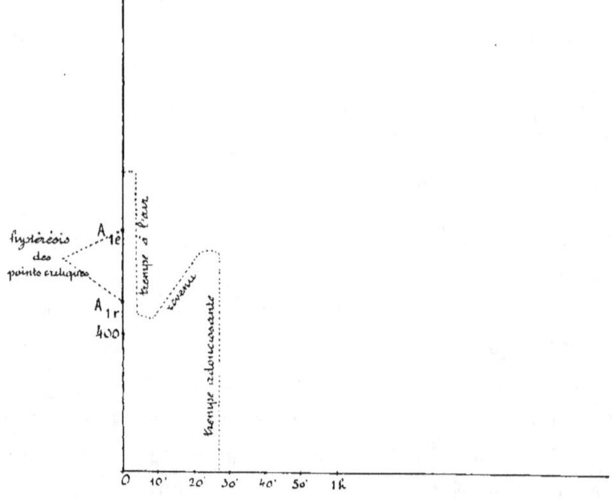

Fig. 34.

sement est quelquefois assez bas, vers 400° par exemple. Alors on refroidit vivement jusqu'à 400°, mais pas au-dessous, pour ne pas descendre en vitesse la zone fragile.

L'acier a commencé à prendre la trempe à l'air, par ce refroidissement de T + 50 à environ 400°, d'où nécessité de faire un revenu à une température inférieure à a_1 à l'*échauffe-*

ment suivi d'un refroidissement rapide jusqu'à la température ordinaire qui peut s'effectuer sans inconvénient avec un métal adouci.

C'est une sorte de *trempe adoucissante*.

Le diagramme, figure 34, montre la marche du refroidissement.

Nous ne saurions trop insister sur l'importance capitale qu'il faut attacher à des recuits correctement et rationnellement exécutés.

C'est par la violation de ces règles qu'on arrive à des ruptures dues à la fragilité occasionnées par la cristallisation du métal (boulons, pièces de moteurs, etc.).

Il ne faut donc pas oublier que la grosseur du grain $G = f(t, \theta)$ joue un rôle primordial. Il faut donc être maître des variables de cette fonction.

$$t \text{ et } \theta$$

à savoir : de l'une par un *chronomètre* et de l'autre par un *pyromètre*.

CHAPITRE III

TREMPE

— —

§ 1. Définition et but. — *La trempe* (¹) *est le traitement thermique consistant en un chauffage au-dessus du point de transformation suivi d'un refroidissement de vitesse supérieure à la vitesse critique de trempe.*

Elle comporte donc une rapidité minimum de refroidissement.

La trempe en général a pour but le durcissement du métal.

Elle peut être un élément de régénération (aciers surchauffés — cémentation).

§ 2. Conditions de la trempe. — La trempe doit être généralement précédée d'un recuit pour détruire les tensions de forgeage, recuit de *stabilisation*, recuit *d'adoucissement*, ou les deux à la fois.

Ces recuits font sentir leur effet pendant la période de refroidissement.

Ils ne peuvent donc être remplacés par le *chauffage de trempe*.

La trempe a pour but de maintenir « à froid » la structure que le métal possédait « à chaud ».

Les conditions suivantes sont requises :

1° Existence d'un point de transformation;

2° Chauffage au-dessus du point de transformation;

3° Vitesse de refroidissement.

(¹) Correspond au terme anglais *Hardening*.

1° *Existence des points de transformation.* — Cette condition est remplie avec les aciers au carbone.

Nous avons vu l'existence des points :

$$a_1 \text{ et } a_3$$

Au-dessus de a_3 nous avons :

$$\text{Carbone dissous} + \text{fer } \gamma$$

2° *Chauffage au-dessus du point de transformation. Température de trempe.* — En appelant T la température du point a_3 à l'échauffement, la température de trempe est industriellement définie par T + 50.

1° Si la température de trempe est $<$ T, le métal n'est pas trempé ou insuffisamment trempé.

2° Si la température dépasse trop T, par exemple est supérieure à T + 100, on a un Δ insuffisant et une résilience trop faible.

Le chef d'escadron Denis, dans une série d'expériences très intéressantes effectuées à l'atelier de constructions de Puteaux, a montré par de nombreux exemples l'intérêt qu'on avait à ne pas s'écarter de la température optimum de trempe ainsi définie.

Le diagramme de Roozeboom qui donne les températures des points a_3, nous fixe les températures de trempe pour les aciers au carbone, à savoir :

Aciers extra-doux	$850° + 50° = 900°$
Aciers demi-durs.	$750° + 50° = 800°$
Aciers durs	$725° + 50° = 775°$

Durée de chauffage à la température de trempe. — Il ne suffit pas de chauffer au-dessus du point de transformation, il faut encore maintenir l'acier à la température de chauffage pendant un temps suffisamment long pour que la cémentite puisse opérer sa dissolution (Mêmes règles que pour le recuit, titre VI, chapitre II, § 4).

Pour les bains de sels, Grenet donne le renseignement suivant : « Le temps de séjour dans le bain sera celui nécessaire pour que la pièce soit en équilibre de température avec le bain (équilibre estimé à l'œil), plus 10 secondes par millimètre de rapport entre le volume et la surface de la pièce (applicable aux pièces pas très grosses dont le rapport du volume à la surface est d'au plus 25 mm). »

Pour les grosses pièces, le temps peut être doublé ou triplé.

Le temps nécessaire pour obtenir cette dissolution est d'autant moins long que la température de chauffage est plus élevée.

3° *Vitesse de refroidissement.* — *Échelle des vitesses* — Le tableau suivant est destiné à donner des précisions aux termes vagues fréquemment employés pour qualifier la vitesse de refroidissement.

TEMPS mis pour opérer une chute de 100°.	APPRÉCIATION qualitative de la vitesse de refroidissement.
1 cinquième à 1 dixième de seconde . .	Ultra-rapide.
1 seconde	Très rapide.
10 secondes	Rapide.
1 minute	Accélérée.
5 minutes	Moyenne.
10 minutes	Assez lente.
30 minutes	Lente.
1 heure	Très lente.
3 heures	Excessivement lente.

Ceci étant adopté, les termes que nous emploierons gagneront en clarté et en signification.

Refroidissement lent. — Il produirait les transformations inverses.

Refroidissement rapide. — C'est le refroidissement de trempe *normal*. Il laisse subsister une transformation partielle de fer γ en fer α et on a finalement

$$\text{Carbone dissous} + \text{Fer } \gamma + \text{Fer } \alpha$$

C'est la *martensite.*

Refroidissement ultra-rapide. — Il laisse subsister

$$\text{Carbone dissous} + \text{Fer } \gamma$$

Les facteurs *vitesse de refroidissement* et *température de chauffe* jouent un rôle primordial dans le mécanisme de la trempe.

§ 3. INFLUENCES RÉCIPROQUES DE LA TEMPÉRATURE DE TREMPE ET DE LA VITESSE DE REFROIDISSEMENT SUR LE DÉDOUBLEMENT DES POINTS CRITIQUES. — M. Chevenard résume ainsi les résultats de ses expériences (1917) :

« Pour un acier, avec des conditions de refroidissement données, l'aspect de la transformation au refroidissement dépend de la température atteinte à la chauffe.

« Quand on élève graduellement cette température initiale, la transformation au refroidissement d'abord *unique* (600°-650°) s'abaisse progressivement; à partir d'une certaine température t, la transformation se *dédouble*, une partie étant rejetée aux basses températures (200° à 300°); puis la partie rejetée s'accroît au détriment de la partie qui subsiste à haute température et au delà d'une température t' *le rejet est complet.*

« Lorsqu'on fait croître la vitesse de refroidissement, les températures t et t' s'abaissent très rapidement et se rapprochent l'une de l'autre. Aux très grandes vitesses t se confond avec la fin de la transformation à l'échauffement. »

M. Broniewski [1] complète comme suit cette importante considération :

---

(1) *Introduction à l'Étude des Alliages* (Librairie Delagrave, 1918).

« Ainsi pour un acier eutectoïde à 0,86 % de carbone on trouve les conditions de trempe suivantes :

		DÉDOUBLEMENT de la transformation	
VITESSE à 750° Degrés par seconde		t	t'
450°		950°	1.000°
700°		770°	790°
1.200°		Fin de la transformation à l'échauffement 720°.	

« Lorsque la transformation est unique, l'acier n'est pas trempé, et sa structure est perlitique.

« Au dédoublement de la transformation, l'acier est formé par un mélange de martensite et de troostite. La trempe complète n'a lieu que lorsque toute la transformation est rejetée à basse température, et la structure est purement martensitique.

« Nous voyons aussi que la transformation normale de l'austénite en martensite ne s'effectue pendant la trempe qu'à une température relativement basse de 200° environ. L'austénite conservée par une trempe très dure, peut être intégralement changée en martensite par un refroidissement dans l'air liquide, comme l'a montré Osmond (1899). »

Les vitesses de refroidissement ultra-rapides ne sont pas admissibles pour la plupart des aciers spéciaux. Elles occasionneraient des « tapures ».

Les vitesses *rapides* ou *très rapides* sont à peu près seules utilisables.

D'autre part la température de chauffe avant trempe ne doit pas excéder T + 100 (maximum) si l'on veut éviter les inconvénients signalés au paragraphe précédent, de sorte que pratiquement les trempes industrielles laissent coexister une quantité plus ou moins grande de fer transformé, c'est-à-dire de fer α.

§ 4. BAINS DE TREMPE. — L'influence des bains de trempe dépend de la vitesse de refroidissement (chaleur spécifique, masse, conductibilité et température du bain de trempe).

La trempe est d'autant plus complète que la vitesse de refroidissement est plus grande, et nous ne sommes limités dans la rapidité de la vitesse que par la crainte des « tapures » provenant de la nuance du métal et de la forme des pièces.

La trempe à l'eau froide (15°) est très énergique, mais souvent dangereuse.

On est amené à chercher des bains provoquant des vitesses de refroidissement moins rapides.

Tels sont les bains d'huile, d'eau bouillante, de pétrole.

La trempe à l'huile à 15° est équivalente à une trempe faite dans les mêmes conditions de chauffage dans l'eau à 70°.

A noter que la trempe à l'huile suivie de revenu donne à l'acier la résistance à la traction égale, une limite élastique et une résilience inférieure à celle obtenue après trempe à l'eau et revenu identique.

A noter également qu'on peut chercher le bénéfice d'une vitesse de refroidissement « très rapide » en évitant les tapures, en opérant comme suit :

Tremper dans l'eau à 20° la pièce portée à T + 50. Sortir la pièce de l'eau avant le refroidissement complet, c'est-à-dire quand l'extérieur est environ à 300 ou 400°. L'intérieur réchauffera encore les couches externes. Le procédé devra être étudié de façon que la température moyenne finale soit inférieure à la température du revenu recherchée.

Enfin pour la technique de la trempe, M. H. Le Châtelier recommande de tremper les pièces dans une quantité d'eau froide, fonction de leur poids. Au début on aura une grande vitesse de refroidissement produisant un abaissement important de la température de transformation, vitesse qui ira en s'atténuant par suite de l'échauffement de l'eau précisément à un moment où le métal déjà refroidi et peu malléable peut craindre des tapures.

On peut employer suivant le résultat cherché un volume d'eau égal à celui de la pièce à tremper ou double de celui de cette pièce.

De toute façon il ne faut pas oublier que les pièces présentant de grandes inégalités d'épaisseur, compliquent le problème de la trempe, les parties minces étant froides avant que le réchauffage du bain de trempe exerce son influence, d'où risque de tapure (¹).

§ 5. TREMPE A L'AIR DES ACIERS EXTRA-DOUX. — Nous rappelons que ces aciers sont améliorés par la trempe à l'air à 875° environ.

R et E ne subissent pas de changement, mais A et ρ sont augmentés.

Cette remarque a une grande importance et une grande application pratique.

§ 6. ACIERS SPÉCIAUX. — Les aciers spéciaux sont divisés d'une façon générale en :

> *Aciers perlitiques,*
> *Aciers martensitiques,*
> *Aciers polyédriques.*

D'autres aciers sont à carbures doubles ou triples.

Nous donnerons leurs traitements thermiques ultérieurement au chapitre qui les concerne.

Mais faisons de suite les remarques suivantes :

1° *Aciers perlitiques.* — Se comportent, en général, comme les aciers ordinaires au carbone, au point de vue de la trempe,

---

(¹) Pour l'étude de la trempe des aciers nickel-chrome, voir titre XV.

sous les réserves que nous ferons pour chaque cas particulier. Ils ont un état doux et un état dur.

2° *Aciers martensitiques.* — Certains aciers spéciaux présentent une hystérésis considérable pour l'apparition des points critiques au refroidissement.

On peut même descendre avec les vitesses de refroidissement usuelles les plus réduites jusqu'à la température ordinaire, sans que cette apparition ait lieu.

L'acier reste martensitique.

Un état dur sans état doux empêche ces aciers d'être industriels.

3° *Aciers polyédriques.* — Ces aciers, nous le verrons, ne prennent pas la trempe. Ils ne comportent pas d'état dur.

4° *Aciers à carbures doubles ou triples.* — Exigent une température très élevée pour permettre d'obtenir la dissolution du carbure.

Ont des emplois très spéciaux (outils à coupe rapide).

Trempe à l'air. — Certains aciers spéciaux ont une hystérésis beaucoup plus grande que celle des aciers ordinaires au carbone, de sorte qu'après chauffage au-dessus du point de transformation, dans les conditions indiquées, un simple refroidissement à l'air donne la structure martensitique.

CHAPITRE IV

REVENU (¹)

---

§ 1. Définition et but. — *Le revenu est le traitement ther-mique exécuté après trempe consistant en un chauffage au-des-sous du point de transformation.*

La *rapidité du refroidissement* consécutif au revenu n'a pas d'influence sensible sur la dureté comme dans le cas du recuit ou de la trempe. Il importe cependant de la définir étant donnée la répercussion qu'exerce cette rapidité sur les tensions internes pour tous les aciers et sur la fragilité pour certains aciers.

Le revenu a toujours un but *d'adoucissement;* il ne peut jamais être utilisé pour la *régénération.*

§ 2. Influence du temps et de la température. — Le revenu dépend :

1° De la température de revenu ;
2° De la durée de chauffage à cette température.

Pour chaque température de revenu, on obtient un *revenu complet* au bout d'un certain temps.

Le temps nécessaire pour obtenir le revenu complet est d'autant plus grand que la température est plus basse.

§ 3. Influence du revenu sur les propriétés mécaniques. — Pour la plupart des types d'acier dont la trempe est indus-

---

(¹) Correspond au terme anglais *Tempering.*

trielle nous avons établi les diagrammes donnant les propriétés mécaniques en fonction des températures de revenu.

Ces diagrammes nous permettront de choisir le traitement thermique donnant les propriétés recherchées.

§ 4. DOUBLE TREMPE. — Cette opération consiste :

1° A chauffer à $T + 25°$ et tremper ;

2° A chauffer après trempe au-dessous de a, et tremper à l'air, l'huile ou l'eau.

Cette deuxième trempe permet d'arrêter net les effets du revenu dès qu'ils sont obtenus.

C'est en somme une trempe suivie d'un revenu précis.

En choisissant la température convenable de revenu, on a la *constitution sorbitique* (présence du constituant sorbite) préconisée par Richard et Stead en Amérique.

Remarque. — On peut obtenir deux R égaux en utilisant un *acier recuit* ayant comme caractéristiques

$$R, A_1 \text{ et } \rho_1$$

ou un *acier trempé* et revenu ayant comme caractéristiques

$$R, A_2 \text{ et } \rho_2.$$

Dans le second cas on obtient

$$A_2 > A_1$$
$$\rho_2 > \rho_1,$$

ce qui justifie l'emploi du traitement trempe-revenu.

§ 5. INFLUENCE DE LA VITESSE DE REFROIDISSEMENT APRÈS REVENU SUR LA FRAGILITÉ DES ACIERS NICKEL-CHROME. — La nécessité du refroidissement rapide après revenu amène à parler d'un phénomène particulier auquel il a été parfois donné le nom de *Krupp-Krankheit.*

Tout refroidissement lent succédant au chauffage pour revenu effectué à 600° rend l'acier Ni-Cr *plus fragile* que si ce refroidissement avait été effectué rapidement *sans pour cela altérer ses autres caractéristiques mécaniques.*

D'après M. Grenet, la résilience ne varie pas sensiblement lorsque la vitesse de refroidissement passe de 200° à la seconde à 200° à la minute, alors qu'elle diminue lorsque la vitesse de refroidissement passe de 200° à la minute *à 25° à l'heure.*

Un acier Ni-Cr (type n° 32) du tableau Standard annexé, qui, après trempe suivie d'un revenu à 600° arrêté brusquement, casse à nerf, voit sa cassure devenir à grains avec diminution de résilience si on le maintient un certain temps à 500°, soit en le réchauffant à cette température, soit en laissant séjourner à cette température lors du refroidissement qui suit le revenu à 600°.

Un acier ainsi amené à cassure à grains par chauffage à 500° redevient à cassure à nerf si on effectue un nouveau chauffage à 600° suivi d'un refroidissement rapide.

C'est entre 500° et 550° que se présenterait le phénomène d'après le Dr Brearley du Technical Department de l'Air Board.

Du travail du Dr Brearley on peut extraire les conclusions suivantes :

1° Un état fragile dangereux se présente à un degré plus ou moins grand pour tous les aciers chrome-nickel. *Il n'est pas révélé pour les essais ordinaires de traction,* mais se manifeste par l'essai sur barreaux entaillés ;

2° On peut éviter cette fragilité dangereuse par l'observation des règles suivantes :

a) Revenu au-dessus de 550° (de préférence au-dessus de 600°). Ceci implique l'emploi d'un acier de composition convenable pour donner les résultats demandés à l'essai de traction ;

b) Ne jamais permettre que l'acier refroidisse lentement ;

3° On peut guérir cette maladie par un nouveau revenu suivi d'un nouveau refroidissement rapide par trempe.

D'après M. Grenet, cet état maladif particulier ne se manifeste par aucune singularité physique ou micrographique.

L'essai sur barreaux entaillés acquiert une importance particulière pour les aciers nickel-chrome, puisque cet essai est le seul pouvant mettre en évidence cet état dangereux.

Vérification de ces phénomènes. — Les essais ont été faits à l'Inspection technique des produits métallurgiques de l'aviation ([1]) sur des aciers des catégories S 12 et S 18 de la nomenclature anglaise répondant aux caractéristiques suivantes :

Analyse chimique

1° S 12

C	0,34
Ni	3,16
Cr	0,57
Mn	0,72
Si	0,10
S	0,038
et P	0,032

2° S 18

C	0,25
Ni	4,20
Cr	1,20
Mn	0,84
Si	0,45
S	0,013
et P	traces

Ils ont été trempés et revenus à la même température de manière à obtenir sensiblement la même dureté :

3,8 à 3,9 de diamètre d'empreinte de bille,

([1]) Section A, lieutenant Portevin.

mais en arrêtant dans un cas le revenu par immersion dans
l'huile (état A) et en laissant, dans l'autre cas, l'acier se refroidir
avec le four de revenu (état B).

On a découpé des éprouvettes de choc qui ont été entaillées

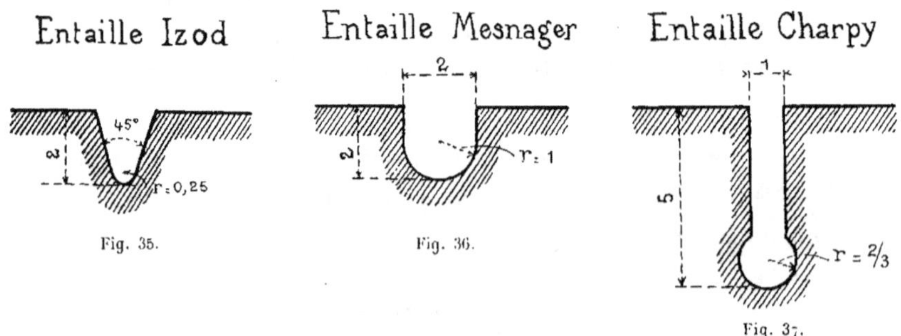

Fig. 35.　　　　Fig. 36.　　　　Fig. 37.

en leur milieu suivant les profils Izod, Mesnager et Charpy,
rappelés dans les figures 35, 36 et 37.

Les résultats rassemblés dans le tableau ci-après montrent
que le phénomène est mis en évidence par les trois entailles,
mais qu'avec l'entaille la plus aiguë des trois (Izod), l'écart des
travaux de rupture dans les deux états est le plus grand.

TABLEAU

	ACIER S 12				ACIER S 18			
	A		B		A		B	
	ÉTAT NON FRAGILE		ÉTAT FRAGILE		ÉTAT NON FRAGILE		ÉTAT FRAGILE	
	Travail de rupture	Angle de rupture	Travail de rupture	Angle de rupture	Travail de rupture	Angle de rupture	Travail de rupture	Angle de rupture
	kgm	degrés	kgm	degrés	kgm	degrés	kgm	degrés
Entaille Izod	12,7	21	1,9	4	10,6	21	2,6	7
— Mesnager . .	22,5	25	6,1	11	21,2	22	9,5	15
— Charpy . . .	20,8	22	7,6	12	19	17	8,2	13

	RAPPORT A/B des travaux de rupture à l'état non fragile A et fragile B		RAPPORT A/B des angles de rupture à l'état non fragile A et fragile B	
	ACIER S 12	ACIER S 18	ACIER S 12	ACIER S 18
Entaille Izod	6,6	4,0	5,2	3,0
— Mesnager . .	3,6	2,2	2,3	1,4
— Charpy . . .	2,7	2,3	1,6	1,3

Traitement préalable de l'acier. — D'après M. Grenet, l'influence néfaste du séjour prolongé à 500° se manifeste, quel qu'ait été le traitement préalable de l'acier nickel-chrome, dur ou demi-dur (recuit, trempe suivie ou non de revenu).

Cette altération se manifesterait indépendamment du passage de la texture à nerf en texture à grain.

En conséquence, l'arrêt du revenu par trempe ou, d'une façon générale, par refroidissement rapide est indispensable.

D'autre part, il expose à des tensions résiduelles qui ne sont pas négligeables. Cette alternative complique quelquefois les problèmes qui sont posés par l'utilisation des aciers nickel-chrome pour des pièces exigeant à la fois une absence de tension et une résilience importante (Voir 6ᵉ partie, titre XV, Étude méthodique d'un acier spécial, E).

CHAPITRE V

CÉMENTATION

---

§ 1. Définition de la cémentation. — *La cémentation est une opération qui consiste à chauffer les pièces d'acier à une température supérieure au point de transformation et dans un milieu carburant, de manière à accroître la teneur en carbone à la surface et sur une certaine épaisseur.*

Toute précision est donnée par l'indication de la température de cémentation, l'épaisseur de la couche carburée ou l'épaisseur de cémentation à obtenir.

Cette opération est toujours suivie d'une trempe ([1]).

La cémentation a donné lieu à de nombreuses études qui seront utilement consultées ([2]).

Nous exposerons succinctement l'objet de la cémentation en faisant connaître les aciers et les céments généralement employés.

Nous indiquerons les traitements thermiques nécessaires pour donner aux aciers cémentés toutes les qualités requises.

§ 2. Objet de la cémentation. — Obtenir pour les pièces une surface dure, résistante à l'usure, avec une âme non fragile.

On recherche ainsi une hétérogénéité du métal obtenue artificiellement par la cémentation.

([1]) L'ensemble des deux opérations, cémentation et trempe, est désignée en Angleterre sous le nom de : *Case Hardening*.

([2]) Giolitti, *La Cémentation de l'acier* (Traduction française Hermann, 1914).
Grenet, *Trempe, Recuit, Cémentation des aciers* (Béranger, 1918).

La carburation se fait au moyen du cément. Dans les céments solides, l'oxyde de carbone agit comme véhicule du carbone transporté du cément dans l'acier.

Le traitement thermique devra donner l'état final recherché.

§ 3. ACIERS EMPLOYÉS. — L'âme devant être résiliente après trempe, les aciers contiendront une faible teneur en carbone et en manganèse.

Les aciers de cémentation employés dans l'Aéronautique sont les aciers n°s 10, 21 et 31 du tableau Standard de l'aéronautique, c'est-à-dire des aciers au carbone, au nickel ou au nickel-chrome.

D'une façon générale, on recherche les teneurs maxima en carbone et manganèse suivantes :

$$C \; < 0,12$$
$$Mn < 0,50$$

avec des teneurs en soufre et phosphore inférieures à 0,04.

L'acier 31 est spécialement à recommander pour les pièces particulièrement soignées.

Le nickel et le chrome exercent leur influence par une augmentation de la finesse du grain.

Le nickel améliore la résilience, mais diminue un peu la dureté superficielle.

Le chrome vient corriger cette diminution de dureté.

§ 4. CÉMENTS UTILISÉS. — Les principaux sont les suivants :

Céments solides. — Charbon de bois.

Cément de Caron : 40 p. 100 de carbonate de baryum, 60 p. 100 de charbon de bois, qui donne d'excellents résultats.

Ferrocyanure (prussiate jaune) de potassium, qui peut se mélanger au charbon de bois, soit recouvrir par saupoudrage les pièces destinées à être légèrement cémentées.

BORD D'UNE PIÈCE D'ACIER CEMENTÉE

Planche VIII

Céments liquides. — Cyanure de potassium fondu (d'emploi dangereux à cause de sa toxicité).

Céments gazeux. — Gaz d'éclairage, vapeurs de pétrole ou d'hydrocarbures lourds mélangés ou non à des vapeurs ammoniacales.

Céments mixtes. — Passage direct d'un courant de CO^2 sur du charbon de bois porté au rouge.

§ 5. Résultats recherchés. — *Surface.* — Obtenir après rectification de la pièce consécutive au traitement thermique la couche superficielle la plus dure possible.

Ce résultat est obtenu quand cette couche, après rectification d'usinage, a la composition de l'eutectique (0,9 de carbone).

On peut donc légèrement dépasser la teneur en carbone 0,9 si la rectification doit faire disparaître la couche hypereutectoïde (Voir pl. VIII, page 159).

Il faut éviter la zone de cémentite de la couche hypereutectoïde qui est génératrice de fragilité et favorise les écaillages.

Profondeur. — L'épaisseur de la cémentation doit être fonction de la destination de la pièce.

La teneur en carbone de la couche superficielle est fonction de l'épaisseur de la cémentation, de sorte que l'obtention de la couche eutectique à la surface de la pièce conduit à une profondeur de cémentation à peu près constante.

Pour de faibles profondeurs de cémentation, on n'obtiendra pas la dureté superficielle maximum. On pourra toutefois pallier à cet inconvénient par l'emploi d'un cément un peu brusque.

Au point de vue profondeur, on arrive aux conclusions suivantes :

1° Faible profondeur : emploi du cément de Caron ;

2° Profondeur importante : emploi du charbon de bois ou du ferrocyanure de potassium.

Notons que d'après l'étude de Giolitti le cément mixte $CO + C$ permet de conserver la couche eutectique malgré l'accroissement de profondeur de la cémentation. Il est donc à recommander pour les profondeurs importantes de cémentation.

§ 6. TRAITEMENTS THERMIQUES. — 1° *Traitement thermique de cémentation.* — Le fer γ dissout seul le carbone.

Donc, pratiquement, l'acier destiné à être cémenté doit être chauffé à une température supérieure ou au moins égale à la température du point A_3.

Pour les aciers de cémentation cette température est de 850-900°.

D'autre part, la vitesse de cémentation croît rapidement avec l'élévation de température, de sorte qu'en cémentant à 950-1.000° la durée de cémentation est sensiblement réduite.

En adoptant cette température élevée on n'augmente pas la surchauffe puisque la diminution de durée compense l'élévation de température et, d'autre part, on augmente la production et l'on réduit les dépenses de combustibles.

Donc, adopter 950-1.000° comme température de cémentation.

Il est entendu que pour chaque acier et chaque cément on fera une étude préalable pour établir la pénétration de la cémentation en fonction de la durée de cémentation.

D'autre part, à chaque opération de cémentation des témoins introduits dans la boîte donneront les caractéristiques de la cémentation.

Des dépôts de cuivre électrolytique protégeront les parties des pièces qui ne doivent pas être cémentées (arbres à cames de moteur d'aviation).

2° *Traitement thermique après cémentation.* — Pour la trempe, on se trouve en présence de deux aciers de nuance différente :

1° L'âme en acier doux ou extra-doux ;

2° La périphérie en acier dur.

Or, l'âme de nuance douce a été généralement chauffée pendant un temps assez long. Son grain a grossi. Il faut détruire la surchauffe, en un mot la régénérer.

Comme nous le verrons au chapitre I (Surchauffe) du titre VII, cela s'obtient par un chauffage peu prolongé à 950° environ, suivi de trempe à l'eau ou à l'huile, qui donnera de la finesse au grain de l'âme.

Cette trempe à 950° a été beaucoup trop élevée pour la surface carburée qui n'obtient pas ainsi sa dureté et qui acquiert de la fragilité.

La température de trempe de cette surface est de 775-800° selon la profondeur de la cémentation (points critiques 750° à 775°).

C'est donc à l'une de ces températures qu'aura lieu la deuxième trempe, trempe qui sera sans effet sur l'âme qui a subi la première trempe puisqu'elle est exécutée à une température plus basse.

On obtient ainsi les qualités maxima pour l'âme et pour la surface.

Quelquefois, pour simplifier les traitements, on fait une trempe unique à 850°.

Inutile d'insister pour montrer que cette température moyenne ne donne que des résultats moyens qui ne suffisent pas quand on cherche le maximum de rendement qualitatif.

TITRE VII

PERTURBATIONS — CAUSES — REMÈDES

CHAPITRE I

SURCHAUFFE ET BRULURE

---

§ I. Définition de la surchauffe et de la brûlure. — Quand on chauffe le métal dans le voisinage du point B. (Voir fig. 32) et qu'on le maintient assez longtemps à cette température (¹), le grain devient gros.

Le métal est *surchauffé,* la grosseur du grain étant définie par la relation

$$G = f(t\,\theta)$$

dans laquelle θ est la température de chauffage et t la durée de maintien à cette température (Voir titre VI, chap. II).

Si le métal est chauffé dans le voisinage du point de fusion,

---

(¹) Notons que le temps de chauffage a une influence très grande sur les aciers extra-doux et doux. Une durée exagérée rend ces aciers très fragiles, même quand la température n'est pas très élevée.

Un maintien prolongé de ces aciers même à une température légèrement inférieure à A_3 et supérieur à A_1 (point figuratif au-dessous de la ligne AB du diagramme de Rozeboom) peut créer de la fragilité. Il y a d'autant plus de ferrite non dissoute en solution solide que *l'acier est plus doux.* C'est le développement des cristaux de cette ferrite qui occasionne cette fragilité pour les aciers doux et extra-doux. Dans ces mêmes conditions une semblable fragilité n'est pas à craindre pour les aciers de nuance mi-doux et au-dessus.

il se produit un dégagement intérieur du gaz amenant la séparation des éléments cristallisés. Le métal est brûlé.

Les traitements destinés à remédier à la surchauffe sont le *recuit de régénération* ou la *trempe de régénération* (aciers extra-doux de cémentation).

Les deux traitements peuvent être employés successivement, trempe suivie de recuit (aciers plus carburés que les aciers extra-doux).

§ 2. RÉGÉNÉRATION DES ACIERS SURCHAUFFÉS. — *1er procédé*. — Recuit à T + 5o, suivi d'un refroidissement rapide, s'il s'agit d'acier extra-doux ou doux, et à vitesse moyenne ou lente, s'il s'agit d'aciers à teneur supérieure en carbone.

2e procédé. — Trempe à T + 25, suivie de recuit à T + 5o. Ce procédé nous a souvent donné des résultats meilleurs. Il a l'inconvénient d'exiger une trempe qui peut déformer les pièces.

Mais il est à recommander quand c'est possible.

Voir les micrographies ci-jointes (pl. IX, X, XI) donnant l'aspect des aciers au carbone de différentes nuances, que nous avons soumis aux traitements suivants :

1° Surchauffé
2° Recuit   } pour la régénération.
3° Trempé et recuit

Citons les résultats suivants obtenus par Stead et Richard sur des aciers demi-durs et durs A et B ayant subi chacun les traitements suivants :

Traitement n° 1. — État naturel.
Traitement n° 2. — Surchauffé (1h 3o à 1.25o°).
Traitement n° 3. — Surchauffé comme précédemment, puis recuit à 875° pendant deux heures et refroidi à l'air.

RÉGÉNÉRATION DE L'ACIER DOUX SURCHAUFFÉ

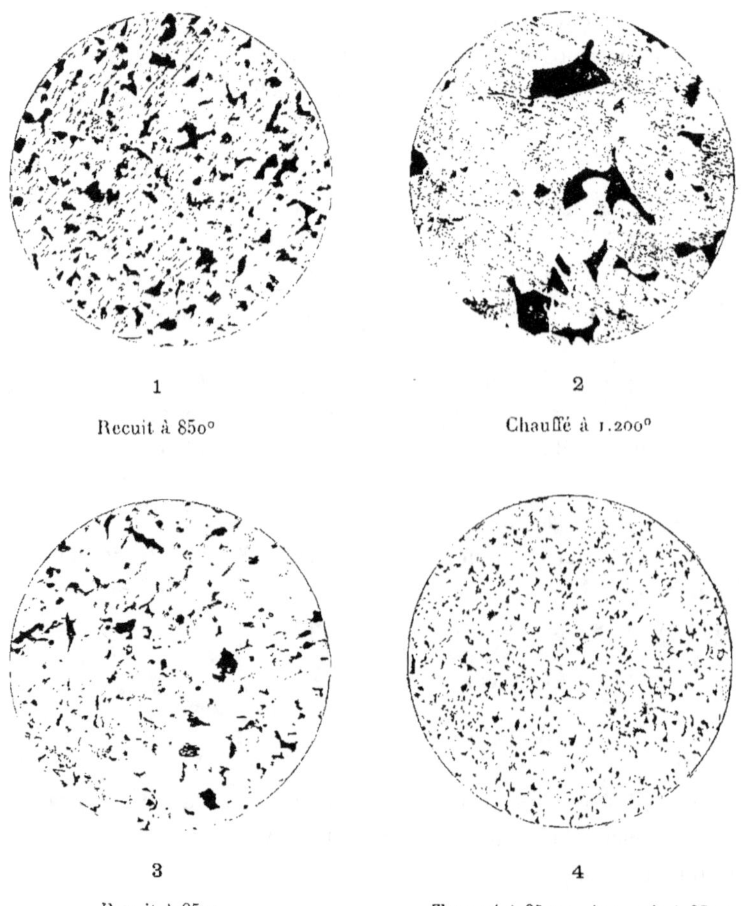

1

Recuit à 850°

2

Chauffé à 1.200°

3

Recuit à 850°
et refroidi rapidement

4

Trempé à 850° puis recuit à 850°
et refroidi rapidement

après chauffage à 1.200°.

Planche IX

RÉGÉNÉRATION DE L'ACIER DEMI-DUR SURCHAUFFÉ

5

Recuit à 820°

6

Chauffé à 1.500°

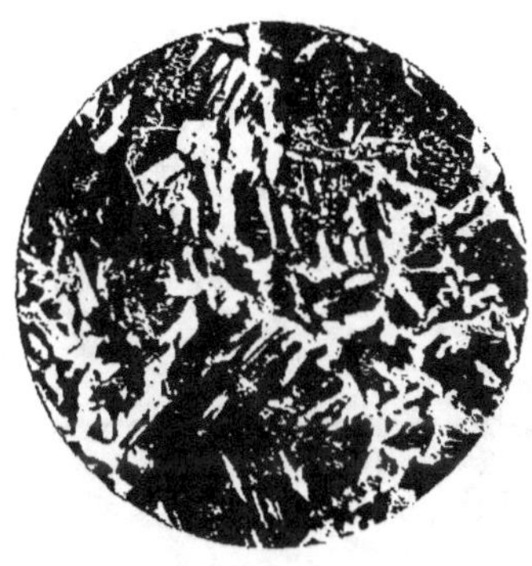

7

Recuit à 820°
suivi
d'un refroidissement à vitesse moyenne

8

Trempé à 850°, puis recuit à 850°
suivi
d'un refroidissement à vitesse moyenne

après chauffage à 1.150°.

PLANCHE X

RÉGÉNÉRATION DE L'ACIER DUR SURCHAUFFÉ

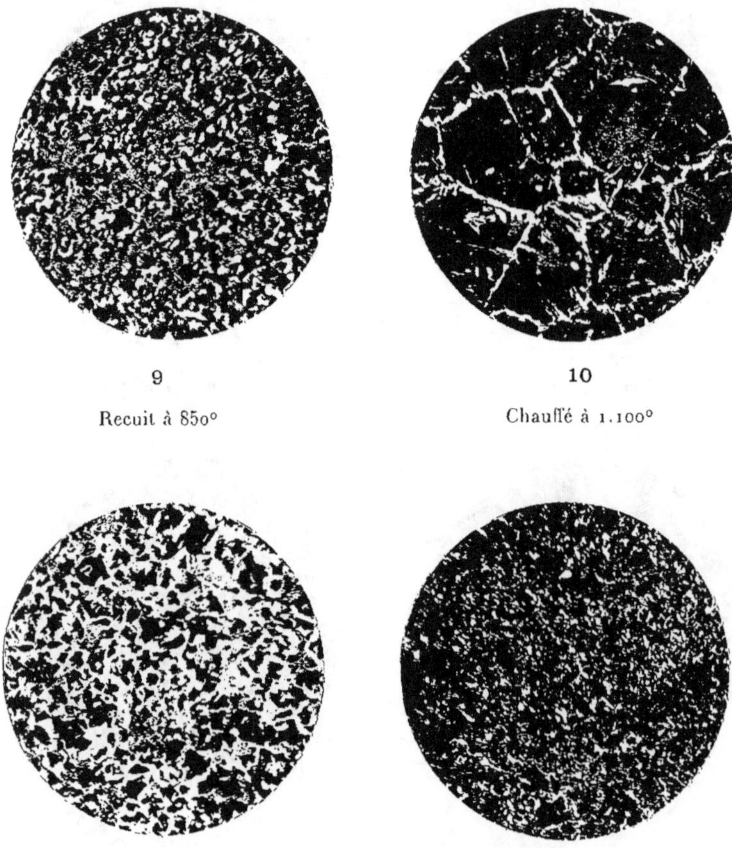

9	10
Recuit à 85o°	Chauffé à 1.100°
11	12
Recuit lentement à 75o° et refroidi lentement	Trempé à 85o°, puis recuit à 85o° et refroidi lentement

après chauffage à 1.100°.

PLANCHE XI

Les résultats sont :

Acier demi-dur.

Échantillon A, normal. . . .	R = 63	A = 18
Échantillon A, surchauffé . .	R = 62	A = 14
Échantillon A, régénéré . . .	R = 64	A = 28

Acier dur.

Échantillon B, normal. . . .	R = 80	A = 11
Échantillon B, surchauffé . .	R = 79	A = 7
Échantillon B, régénéré. . .	R = 80	A = 16

La surchauffe s'attaque surtout à l'allongement et à la résilience.

§ 3. ESSAIS DE DURÉE SUR LES ACIERS SURCHAUFFÉS PUIS RÉGÉNÉRÉS. — Les essais de durée par la méthode de Wöhler ont montré que la régénération augmente de vingt à trente fois la durée des aciers surchauffés.

§ 4. SURCHAUFFE DUE AU MATRIÇAGE. — Le matriçage ou estampage des pièces de forge s'exécute forcément à une température très élevée. On peut donc dire que toute pièce matricée ou estampée est une pièce surchauffée et qu'il est nécessaire de la soumettre à la régénération.

D'autre part, cette pièce est fortement écrouie. Elle a besoin d'être adoucie, de sorte que le recuit d'*adoucissement* précédé ou non *du recuit de stabilisation* remédie à la surchauffe comme à l'écrouissage et tient lieu de *recuit de régénération*.

§ 5. CAS DES ACIERS BRÛLÉS. — Un acier est dit « brûlé » lorsqu'il y a eu fusion d'éléments, ségrégation du carbone ou oxydation partielle.

La régénération thermique s'applique uniquement au cas où il n'y a pas eu d'oxydation et où une hétérogénéité a été créée du fait que le métal a été porté à une température à laquelle coexistait une partie liquide de composition déterminée et une partie solide de composition différente.

Dans ce cas, il faut :

1° Chauffer à température très élevée quoique au-dessous de la zone de fusion commençante dans laquelle on s'était engagé, par exemple 1.100 à 1.200°. L'homogénéisation se fera d'autant plus vite que la température de ce chauffage sera plus élevée sous les réserves précédemment indiquées ;

2° Exécuter le recuit normal.

On peut, si les circonstances le permettent, exécuter un forgeage.

Ce dernier mode de régénération s'applique au cas où des dégagements gazeux ont amené la séparation des grains sans produire d'oxydation.

En cas d'oxydation, il n'y a aucun remède.

CHAPITRE II

ÉCROUISSAGE

—

§ 1. Définition de l'écrouissage. — Un métal qui, à la suite d'un travail « à froid » ou à des températures inférieures à T, a subi des déformations permanentes, est *écroui*. Les propriétés de ce métal sont modifiées. On donne le nom d'*écrouissage* à cette cause qui modifie les propriétés du métal.

La grandeur de ces modifications, qui constitue l'*effet*, peut servir de mesure à la *cause*, c'est-à-dire à l'*écrouissage*.

Avant de chercher à mesurer la cause, examinons quelques effets.

§ 2. Effets de l'écrouissage. — L'écrouissage augmente la résistance et la limite élastique, mais diminue l'allongement et la résilience.

Ex. : Acier rond de 9 mm destiné à la fabrication des boulons donne à l'état recuit :

$$R = 42 \qquad A = 38 \qquad \text{Acier très peu fragile;}$$

après étirage à froid au diamètre de 8 mm :

$$R = 57 \qquad A = 6 \qquad \text{Acier très fragile cassant sous}$$
$$\text{l'effet d'un choc faible;}$$

complètement inutilisable dans ces conditions.

§ 3. Recuit spontané. — *Limite de l'écrouissage.* — Nous plaçant sur le terrain pratique et industriel, nous n'insisterons pas sur les considérations scientifiques relatives à l'écrouissage.

Nous insisterons, au contraire, sur ce résultat indiscutable que l'écrouissage rend souvent le métal extrêmement fragile et par conséquent dangereux.

Dans la plupart des cas, et tout particulièrement en aéronautique, l'état d'équilibre moléculaire, c'est-à-dire la destruction de l'écrouissage, s'impose.

Cette destruction partielle s'opère, d'ailleurs, quelquefois d'elle-même.

Le métal peut se détendre relativement vite et donner lieu au *recuit spontané* signalé par M. André Le Châtelier.

L'écrouissage semble tendre vers une limite qu'on ne peut dépasser sans produire une détérioration à laquelle aucun traitement thermique ne peut remédier.

Citons quelques exemples de recuit spontané tirés de M. André Le Châtelier :

1° Des fils d'argent et de cuivre écrouis au maximum ont, au bout de plusieurs heures, une résistance inférieure de 3 à 4 kg à celle qu'ils possédaient immédiatement après le passage à la filière ;

2° Des fils de zinc, pouvant supporter pendant deux ou trois secondes une charge de 20 kg par mm², se brisent sous l'action d'une charge de 6 kg seulement au bout de onze secondes, en s'allongeant progressivement sous l'influence du recuit spontané de 175 p. 100.

M. Cohen a étudié, dans l'étain, la « maladie de l'écrouissage » qui désagrège le métal.

Nous avons étudié d'une façon spéciale l'écrouissage du cuivre et des alliages de cuivre de zinc [Cu, (90-10)-(67-33)] et avons mis en évidence que, dans la plupart des cas, les désagrégation et fissuration du laiton étaient dues à l'écrouissage.

Cette désagrégation est une fonction du temps. **L'état**

d'écrouissage ne constitue pas un état stable. C'est
là un grand danger (Voir titre I, chap. I, § 1. Limite apparente d'élasticité).

Influence du recuit après écrouissage. — Il agit de deux
façons :

« 1° Destruction des tensions internes par retour à l'équilibre mécanique ;

« 2° Modifications particulières dans l'édifice cristallin des
constituants.

« *Retour à l'équilibre mécanique interne.* — L'élévation de
température augmente la malléabilité du métal par abaissement de E qui permet aux tensions internes d'agir et de disparaître de façon à établir l'équilibre mécanique interne. Il y
a de ce fait déformations que l'on observe toutes les fois que
l'on reçoit des pièces écrouies.

« Il est indispensable de signaler deux conséquences des
déformations permanentes : l'existence de tensions internes et
l'hétérogénéité de l'écrouissage; ces deux conséquences sont
d'ailleurs simultanées. C'est un fait bien connu que toutes les
déformations que l'on fait subir industriellement aux métaux :
forgeage, étirage, emboutissage, etc., créent des tensions
internes allant parfois jusqu'à la rupture et provoquant toutes
sortes de déchirures internes.

« Heyn et Bauer ont indiqué une très élégante méthode
pour mesurer ces tensions internes dans les métaux étirés à
froid, et ils ont trouvé qu'il régnait des tensions énormes
variant du milieu de la barre à la périphérie.

« Dans un exemple, ils ont trouvé des tensions variant
de + 3.510 atmosphères à — 3.810 atmosphères. Il est donc
inutile d'insister sur l'hétérogénéité de l'écrouissage, qui est
manifeste dans l'ensemble du métal macroscopiquement et

qui est microscopiquement existant, puisque, comme nous l'avons dit, les propriétés et la déformation de chaque grain dépendent de son orientation ([1]). »

Le métal est hors d'équilibre mécanique.

Après avoir signalé le mal, il faut indiquer le remède.

§ 4. TRAITEMENT THERMIQUE DESTINÉ A REMÉDIER A L'ÉCROUISSAGE. — Ce traitement thermique est, nous l'avons vu, le *recuit d'adoucissement* précédé ou non du *recuit de stabilisation*.

Il s'impose après tout travail du métal et particulièrement tout travail de martelage, frappage, étirage à chaud au-dessous de a_1 (titre VI, chap. II, § 3) ou après toute déformation mécanique à la température ordinaire.

Souvent l'écrouissage est partiel. Il n'en est pas moins dangereux, et l'on est obligé de recuire toute la pièce.

Les recuits que nous spécifions dans ce chapitre sont les recuits d'adoucissement.

Les recuits de stabilisation qui peuvent les précéder, si on veut un résultat complet comme nous l'avons dit, ne sont pas mentionnés. Leur principale caractéristique est un refroidissement excessivement lent.

Détermination de la température de recuit après écrouissage. — Surcristallisation. — Le recuit après écrouissage doit se baser sur des considérations spéciales.

M. Charpy, dans un compte rendu à l'Académie des Sciences (août 1910), a montré que, pour les aciers doux, l'écrouissage du métal augmente dans une proportion considérable la vitesse de développement des grains, à une température donnée.

Suivant l'état d'écrouissage, les dimensions linéaires des grains varient de 1 à 10. Ce développement des grains fait

---

([1]) PORTEVIN, *Revue de Métallurgie*, juin 1913.

naître la « fragilité », la résilience devenant pratiquement nulle dès que la dimension des grains acquiert une certaine valeur.

Il y a une sorte de « surcristallisation ».

L'intervalle de température dans lequel se produit cette fragilité a pour limites 650° et 800°.

Des barres d'acier doux, *étirées à la filière* et recuites dans cet intervalle, étaient assez fragiles pour casser en tombant à terre.

M. Stead, puis M. Sauveur (Congrès de New-York de 1912) ont également étudié ce phénomène de cristallisation.

M. Robin a cherché à connaître les variations du grain de l'acier extra-doux écroui avec la température de recuit.

Le grain atteint son minimum vers 900°, ce qui fixe la température de recuit.

Ce phénomène de surcristallisation après écrouissage ne se produit pas ainsi avec les aciers carburés.

Nous tirons donc les conclusions suivantes pour le recuit des aciers écrouis :

1° *Aciers extra-doux et doux.* — Recuit à 900°.

Maintien à cette température pendant le temps strictement nécessaire (quelques minutes);

Refroidissement rapide.

2° *Aciers demi-doux, demi-durs et durs.* — Recuit à $T + 50°$ (800-775-730) dans les conditions indiquées au titre III, chapitre II.

§ 5. ÉCROUISSAGE DE FORGEAGE. — Nous allons montrer, à l'aide d'échantillons micrographiques, l'influence de la température de forgeage sur l'écrouissage.

L'acier expérimenté était un acier demi-dur (pl. XII, phot. 1), $R = 55$ kg.

Après un premier forgeage nettement au-dessus de a_1,

ÉCROUISSAGE DE FORGEAGE

ACIER DEMI-DUR

1

Avant forgeage. R = 55 kg.

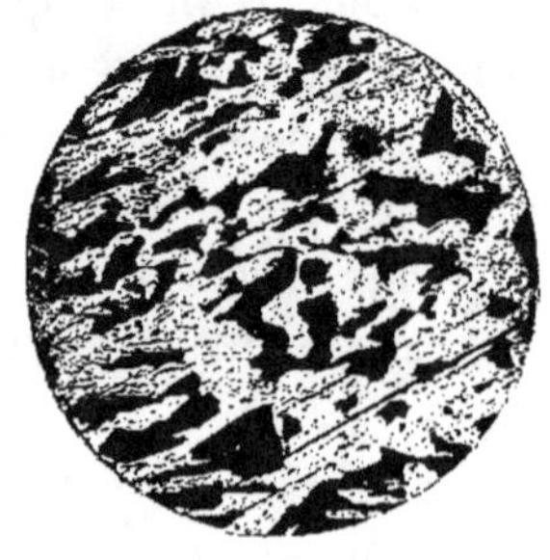

2

Forgeage au-dessus de a_1. R = 56 kg.

3

Forgeage au-dessus de a_1. R = 56 kg.

4

Forgeage légèrement au-dessous de a_1.
R = 59 kg.

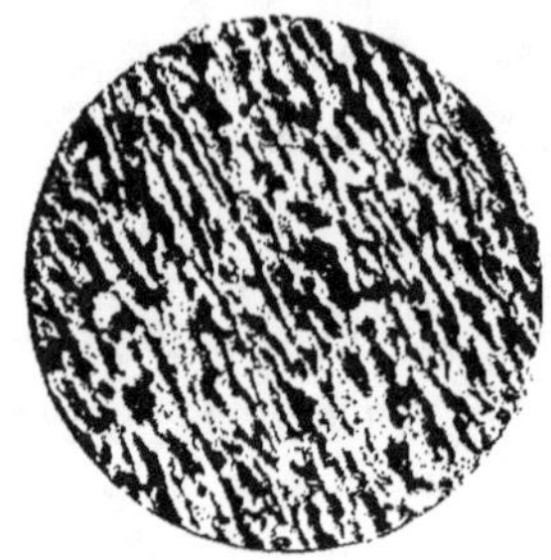

5

Travail à froid. R = 84 kg.

6

Échantillon 5.
Recuit à 850°
suivi de refroidissement à l'air. R = 58 kg.

nous avons l'aspect donné par la photographie 2 avec une légère orientation de la perlite, R = 56 kg.

Un forgeage plus prolongé, toujours au-dessus de a_1, a orienté davantage la perlite en donnant R = 56 kg (phot. 3).

Le forgeage, poursuivi au-dessous de a, a fait naître un écrouissage sensible, R = 59 kg (phot. 4).

Un martelage à basse température a succédé au forgeage précédent et a produit un écrouissage significatif, R = 84 kg (phot. 5), caractérisé par l'orientation très serrée de la perlite.

Enfin, ce dernier échantillon a subi le recuit régénérateur précédemment défini. Les constituants ont repris leur place et la résistance est restée légèrement supérieure à la résistance de recuit. Il subsiste donc encore une trace d'écrouissage, trace qui s'élimine par un second recuit.

Notons que, lorsqu'on veut la disparition complète de l'écrouissage, il est souvent nécessaire de procéder à un deuxième recuit. La prolongation du premier recuit, en vue de détruire l'écrouissage, amènerait en effet une grosse cristallisation engendrant la fragilité. Pour remédier à un mal, on tomberait dans un autre mal aussi grand.

Donc exécuter, s'il le faut, deux recuits conformes à la règle et non un seul recuit très prolongé.

§ 6. ÉCROUISSAGE DÛ AU TRAVAIL A FROID. — Nous avons fait exécuter des écrouissages méthodiques sur des aciers en barres, de façon à connaître les variations des écrouissages avec les déformations subies.

Ces essais ont porté sur deux nuances :

1° Aciers extra-doux ;

2° Aciers demi-durs. Ces deux aciers ont été choisis parmi ceux utilisés par la maison Farman pour la confection des boulons d'aéroplanes.

Aciers extra-doux à froid. — En partant de barres de
26 mm, on a confectionné par étirage à froid des barres de
25,5, 25, 24,5, 24, 23,5, 23, 22,5, 22, 21,5, 21, 20,5, 20, 19,5,
19, 18,5, 18, sans aucun recuit intermédiaire.

Les déformations étaient calculées par la formule

$$\frac{S \text{ initiale} - s \text{ finale}}{s \text{ finale}}$$

Des barreaux de traction confectionnés avec ces différentes
barres méthodiquement *déformées,* c'est-à-dire *écrouies,* ont
été tractionnés sur machine Amsler Lafont.

Résultats. — Ces résultats sont résumés sur les diagrammes
(fig. 38).

Notons que, pour une simple déformation de 10 p. 100,
calculée d'après la formule précédente, on obtient les variations de caractéristiques suivantes :

	R	Δ	A	ϱ
État recuit	37	115	37	20
Déformation de 10 p. 100.	45	155	14	9

Outre la perturbation moléculaire qui compromet la conservation, cette petite déformation a donné de la fragilité au
métal dont la résilience est passée de 20 à 9.

Aciers demi-durs. — Des expériences analogues ont été
faites avec des aciers demi-durs (Voir diagramme, fig. 39).

Pour la même déformation de 10 p. 100, on a obtenu les
variations suivantes :

	R	Δ	.A	ϱ
État recuit.	60	160	30	16
Déformation de 10 p. 100	71	182	12	5,5

Le métal est devenu fragile et d'emploi dangereux en aviation.

De plus, des empreintes à la bille ont été prises :

1° Au milieu de la section terminale du barreau ;

2° Sur le bord de ladite section.

Avec de légères variations dans un sens ou dans l'autre, on a trouvé au centre et sur le bord la même dureté depuis les faibles étirages jusqu'aux étirages importants.

Les courbes de dureté et de résilience sont tracées sur les diagrammes (fig. 38 et 39).

Conclusions. — 1° Les déformations superficielles, légères, obtenues par étirage (4 ou 5 dixièmes sur le diamètre), affectent jusqu'au cœur du métal les caractéristiques de ce dernier ;

2° Les déformations légères initiales amènent de suite les plus grosses modifications dans les propriétés mécaniques, les déformations supplémentaires subséquentes affectant proportionnellement moins les mêmes propriétés et finissant par n'avoir sur elles qu'une influence minime lorsque le métal est complètement écroui.

A ce moment les allongements et résiliences sont insignifiants et les charges de rupture sont **approximativement** doublées. Donc, de la faiblesse d'une déformation il ne faut pas conclure à la faiblesse de ses conséquences ;

3° Les résistances vives de rupture ([1]) étant *immédiatement* affaiblies par des traces d'écrouissage, il y a lieu de réduire ces dernières au minimum, ce qui, dans la plupart des cas, exige un recuit.

Contrôle de l'écrouissage. — D'après ce qui précède, nous

([1]) Se reporter au titre I, chap. I, § IV « Effets de l'écrouissage ».

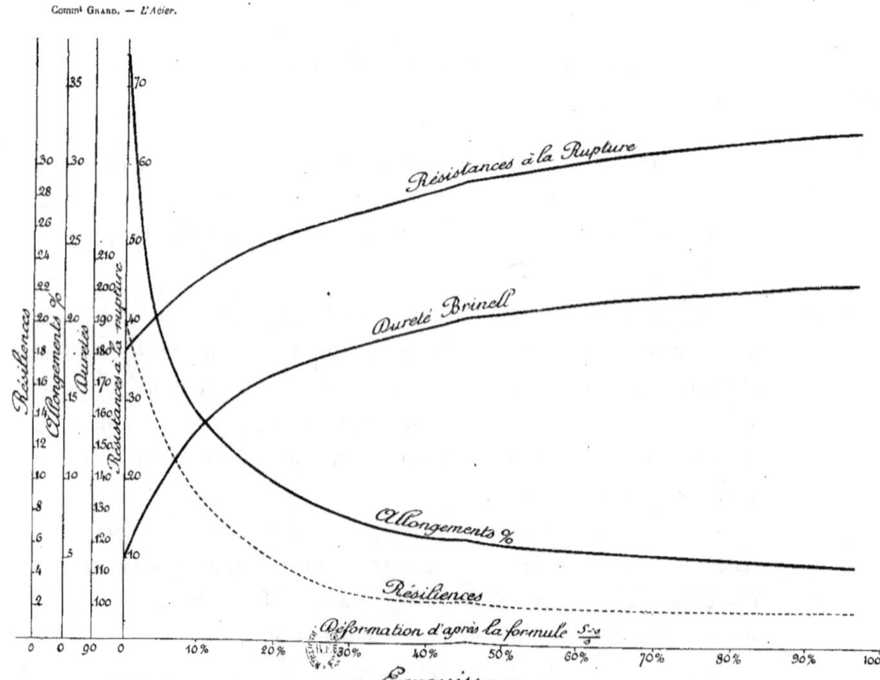

Variation des propriétés mécaniques de l'Acier Extra Doux
en fonction de la Déformation du Métal

Fig. 38.

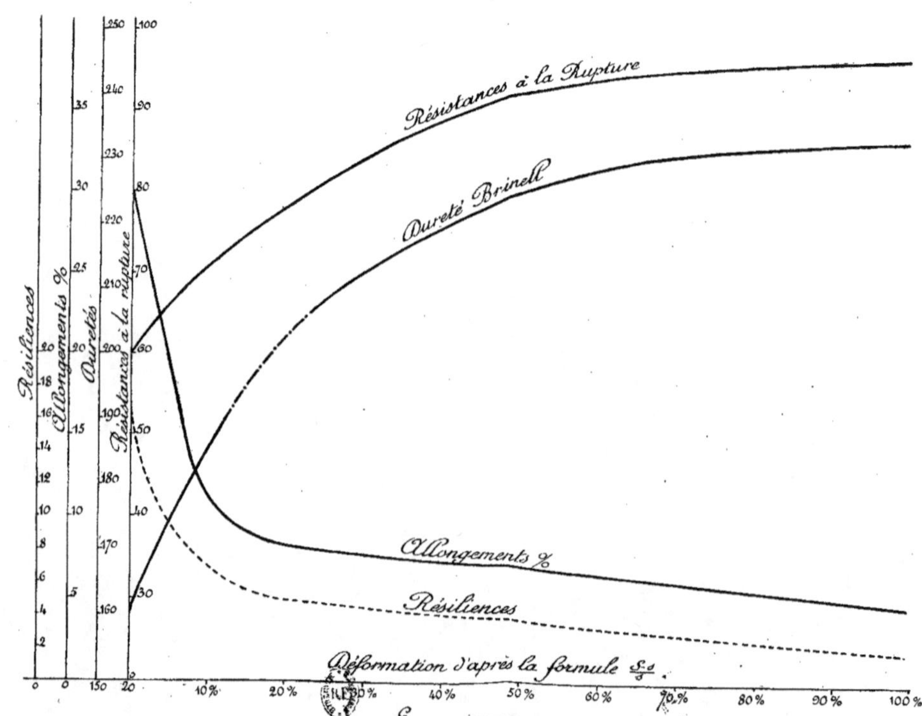

Variation des propriétés mécaniques de l'Acier ½ Dur en fonction de la
Déformation du Métal

Fig. 39.

voyons que les déformations du métal « à froid » engendrent l'écrouissage.

Nous voyons aussi que la grandeur de ces déformations. ne peut servir de mesure à la perturbation apportée dans les propriétés mécaniques, les déformations initiales ayant une influence beaucoup plus grande que les déformations subséquentes.

La formule $\dfrac{S - s}{s}$ ne peut donc avoir la prétention de donner le pourcentage réel d'écrouissage.

Dans notre étude sur « le Cuivre et les Laitons à cartouches » nous écrivions :

« Les pourcentages d'écrouissage donnés par la formule $\dfrac{S - s}{s}$ ne sont qu'une fonction des déformations subies.

« Ils ne préjugent en rien de la valeur des propriétés mécaniques. Celles-ci peuvent, en effet, rester stationnaires, alors que le pourcentage augmente avec les déformations. »

A vrai dire, il n'existe pas de formule précise pour mesurer l'écrouissage.

On est logiquement tenté de le mesurer par l'*effet*, et l'effet que nous constatons, c'est la variation des propriétés mécaniques.

C'est donc cette variation qui peut servir de mesure ou tout au moins d'indication de l'écrouissage.

Nous prendrons pour base la variation de la résistance, car cette résistance varie d'une façon assez progressive avec l'écrouissage, alors que les allongements subissent une brusque diminution et restent assez tôt pour ainsi dire constants.

Si donc r est la résistance à l'état recuit et R la résistance à l'état écroui, l'expression

$$e = \frac{R - r}{r}$$

nous servira de contrôle de l'écrouissage.

Pour

$$R = r$$

elle nous donne :

$$e = 0$$

C'est, en effet, le métal recuit.
Pour

$$R = 2\,r$$

elle nous donne :

$$e = 1$$

Ce qui voudrait dire, si la formule était exacte, que *l'écrouissage complet* a lieu lorsque la résistance est devenue double de ce qu'elle était à *l'état de recuit*. Il n'en est pas rigoureusement ainsi.

Toutefois l'inspection des diagrammes montre qu'effectivement les résistances tendent vers un maximum qui se trouve dans le voisinage du double de la résistance de recuit.

Pour les laitons et cuivres, nous avons déjà trouvé ce résultat. M. André Le Châtelier l'a vérifié pour le nickel, l'aluminium, le cadmium, etc.

Nous l'admettrons comme se rapprochant suffisamment de la vérité et nous emploierons pour le contrôle de l'écrouissage la formule

$$e = \frac{R - r}{r}$$

sans lui accorder une valeur scientifique à laquelle elle ne prétend pas.

En conséquence, nous n'incriminerons pas cette formule si elle donne quelquefois des résultats supérieurs à l'unité.

D'ailleurs, quand le travail mécanique dépasse certaines

valeurs, il y a déformation permanente, arrachements moléculaires.

Un recuit ne peut redonner au métal ses propriétés premières.

La résistance de recuit a fléchi, et la formule donne une valeur dépassant notablement l'unité et de nature à attirer l'attention sur la détérioration du métal. Nous avons eu l'occasion de le constater un certain nombre de fois.

M. Hanriot, directeur des essais à la Monnaie, a, dans une très intéressante étude ([1]), proposé de prendre, pour caractériser l'écrouissage, le rapport des duretés du métal considéré et du même métal complètement recuit.

En substituant à la formule

$$(1) \qquad e = \frac{R - r}{r}$$

la formule

$$(2) \qquad e = \frac{\Delta \text{ écrouissage} - \delta \text{ recuit}}{\delta \text{ recuit}}$$

on obtiendrait la même valeur si le coefficient de proportionnalité K était le même à l'état recuit et à l'état écroui, c'està-dire si l'on avait

$$R = K \Delta$$

et

$$r = K \delta$$

Mais il est loin d'en être ainsi, comme nous l'avons constaté par un grand nombre de mesures, de sorte que les valeurs d'écrouissage sont très différentes selon qu'on emploie l'une ou l'autre formule.

Nous emploierons donc la formule (1), nous réservant d'utiliser la dureté comme un indicateur d'écrouissage en nous

____

[1] *Technique moderne*, 1er mai 1913.

servant des diagrammes que nous avons établis et qui correspondent à des moyennes.

Ex. :

Acier extra-doux.

ÉTAT RECUIT	1ᵉʳ ÉCROUISSAGE	2ᵉ ÉCROUISSAGE
$c = 0$	$c = 20$ p. 100	$c = 25$ p. 100
$\Delta = 115$	$\Delta = 115 + 25$	$\Delta = 115 + 40$
$\rho = 20$	$\rho = 10$	$\rho = 8$
A p. 100 $= 38$	A p. 100 $= 16$	A p. 100 $= 12$

Acier demi-dur.

ÉTAT RECUIT	1ᵉʳ ÉCROUISSAGE	2ᵉ ÉCROUISSAGE
$c = 0$	$c = 10$ p. 100	$c = 15$ p. 100
$\Delta = 160$	$\Delta = 160 + 15$	$\Delta = 160 + 20$
$\rho = 16$	$\rho = 10$	$\rho = 8$
A p. 100 $= 28$	A p. 100 $= 20$	A p. 100 $= 12$

La nécessité dans laquelle on se trouve en aviation de
contrôler l'écrouissage qui a occasionné tant de mécomptes,
conduit à édicter des règles simples permettant d'établir une
limite large, qu'une surveillance facile, mais attentive, interdira
de dépasser. C'est un barrage établi contre des déformations
mécaniques exagérées qu'on a imposées au métal. C'est une
assurance et une sécurité. Tel est le but que nous poursuivons.

Ajoutons que l'analyse micrographique permet à un œil
exercé un contrôle de l'état moléculaire qui ne doit pas être
négligé et qui mérite de trouver place dans un cahier des
charges.

CHAPITRE III

APPLICATION AUX FERRURES D'AVIONS

Les ferrures d'avions qui comportent *écrouissage* et sur-chauffe doivent être traitées en conséquence.

Le tableau suivant constitue l'application des principes exposés aux chapitres I et II du présent titre.

Traitement des ferrures d'avions

ART. 1. — Est désignée sous la rubrique générale « ferrure d'avion » toute pièce d'assemblage, de fer ou d'acier, entrant dans la fabrication de la cellule, indépendamment de celles qui ont une désignation spéciale et font l'objet de cahiers des charges spéciaux, tels que tubes, boulons, tendeurs, fils, câbles, haubans.

ART. 2. — Les tôles et aciers reçus et possédant les marques d'identification réglementaires qui entrent dans la composition des ferrures doivent être lotis par nuance dans les magasins d'approvisionnement des avionneurs.

ART. 3. — Les ferrures d'avions doivent être faites, en principe, par emboutissage, estampage ou moulage d'acier.

La soudure autogène est à éviter le plus possible.

Si elle n'est pas conjuguée avec d'autres moyens de liaison, elle ne peut être employée que pour des pièces, ou parties de pièces, qui ne sont pas soumises à des efforts mécaniques (traction, compression, flexion, torsion, etc...). Elle engendre toujours la surchauffe, qui doit être détruite par un traitement thermique approprié.

ART. 4. — Les traitements thermiques complets des ferrures, c'est-à-dire destructeurs de l'écrouissage et de la surchauffe sont les suivants :

a) Aciers extra-doux et doux (catégories 11 et 12 du « Tableau Standard » annexé au cahier des charges du 1ᵉʳ juillet 1918).

1° Chauffage à 950°, refroidissement à l'air (*Destruction de l'écrouissage*);

2° Recuit à 850°, refroidissement à l'air (*Destruction de la surchauffe*).

b) Aciers demi-doux et demi-durs (catégories 13 et 14 du « Tableau Standard » annexé au cahier des charges du 1ᵉʳ juillet 1918).

1° Chauffage à 900° et refroidissement portes du four ouvertes (*Destruction de l'écrouissage*);

2° Recuit à 850°, refroidissement à l'air (*Destruction de la surchauffe*). Les temps de chauffe doivent être tels que les pièces ne restent pas plus de 5 minutes à la température recherchée.

Précautions contre l'oxydation : deux méthodes

1° Pour le chauffage ou le recuit, utiliser des boîtes ou tubes en fer, dans lesquels on place les pièces à recuire en les entourant de copeaux d'acier.

Ne pas laisser refroidir les pièces dans la boîte pour les aciers (*a*), catégories 11 et 12, afin d'éviter la cristallisation, mais les sortir de la boîte et les laisser refroidir à l'air. Pour les aciers (*b*), catégories 13 et 14, laisser refroidir boîte ouverte dans les conditions indiquées au § *b* (1° et 2°).

2° Protéger les pièces contre l'oxydation en les recouvrant de sel fusible à haute température. Immerger dans une solution saturée de ce sel les pièces chauffées à 150°. Ce sel se dépose sur la pièce qu'il protège. Il est enlevé par lavage après les traitements thermiques.

Art. 5. — Pour les pièces comportant travail mécanique, soudure autogène (écrouissage plus surchauffe), appliquer les deux traitements *a* (aciers 11 et 12) ou les deux traitements *b* (aciers 13 et 14).

Pour les pièces comportant soudure autogène sans travail mécanique (surchauffe sans écrouissage), appliquer le traitement *a*) 2° (aciers 11 et 12) ou le traitement *b*) 2° (aciers 13 et 14).

Pour les pièces comportant travail mécanique sans soudure autogène (écrouissage sans surchauffe), appliquer le traitement *a*) 1° (aciers 11 et 12) ou le traitement *b*) 2° (aciers 13 et 14).

MATÉRIEL NÉCESSAIRE
POUR L'EXÉCUTION
DES TRAITEMENTS THERMIQUES

Nous donnerons une liste très sommaire des appareils et instruments nécessaires aux traitements thermiques.

Ils comprennent :

1° Appareils nécessaires à la détermination des points critiques permettant de fixer la température de trempe ;

2° Appareils pour mesurer les températures ;

3° Fours de recuit et de revenu ;

4° Fours de trempe ;

5° Bains de trempe.

§ 1. APPAREILS POUR LA DÉTERMINATION DES POINTS CRITIQUES. — 1° Appareil Saladin-Le Châtelier avec lequel ont été déterminées la plupart des courbes de points critiques figurant dans ce travail ;

2° Dilatomètre différentiel de Chevenard.

§ 2. APPAREILS POUR MESURER LES TEMPÉRATURES. — Puisqu'il s'agit de faire des recuits précis, des chauffages avant trempe méthodique, la mesure rigoureuse de la température du four et de celle des pièces s'impose.

On utilise :

a) *Des calorimètres.* — Le mode expérimental est basé sur l'équation calorimétrique.

P = poids en eau de l'appareil (eau, récipient, thermomètre).
p = poids du métal.
t = température initiale de l'eau.
θ = température finale de l'ensemble, métal et eau.
T = température que l'on cherche.
c = chaleur spécifique du métal.

$$T = \frac{P(\theta - t)}{p} + c\,\theta$$

Méthode précise, mais longue et ne se prêtant pas à un contrôle constant.

b) *Couples thermo-électriques.* — Le couple thermo-électrique de Châtelier (platine, platine iridié ou rhodié) est relié à un galvanomètre gradué; donne de très bons résultats.

L'appareil peut être muni d'un système enregistreur.

c) *Appareil utilisant les radiations calorifiques.* — La loi de Stefan (1880) établit la relation entre le rayonnement calorifique des corps chauds et la température de ces corps.

Sur ce principe sont basés la lunette Féry et le télescope Féry, ce dernier permettant de mesurer avec une précision satisfaisante les températures comprises entre 300° et 1.300°.

d) *Montres fusibles.* — Prismes de sable feldspath, carbonate de chaux et kaolin pouvant, par leur fusion, donner une gamme de température de 30° en 30°.

De tous ces appareils, les plus rapides et les plus pratiques sont les couples thermo-électriques avec galvanomètre et appareils utilisant les radiations calorifiques.

§ 3. Fours de recuit, de trempe et de revenu. — Citons les *fours à réverbères*, chauffés soit à la houille, soit au gaz.

Les *fours à moufle* chauffés soit à la houille, soit au gaz d'éclairage, soit même avec un simple feu de forge.

Ces fours permettent une assez grande régularité.

Les *fours électriques*, d'une température très uniforme, sont surtout des appareils de laboratoire.

Les *fours à bains métalliques et bains de sel*. Ces fours permettent d'avoir une grande régularité dans la température.

Ex. : Four au *chlorure de baryum* permettant d'avoir une température variant de 1.000° à 1.300°.

Citons le mélange de deux parties de chlorure de baryum pour une partie de chlorure de potassium, permettant d'avoir une température comprise entre 650° et 1.000°.

Mélange d'azotate de potassium et d'azotite de sodium servant pour les revenus. Les points de fusion, suivant les proportions du mélange, varient de 150° à 335°.

Un mélange à proportions égales des deux sels s'enflamme et devient dangereux vers 650°; à employer jusqu'à 550°.

Ces bains permettent d'avoir une température de revenu très précise en opérant comme il suit :

Prendre un mélange ayant son point de fusion à la température du revenu.

Fondre le mélange en le portant à une température plus élevée que la température de fusion.

Plonger la pièce froide. Celle-ci se recouvre d'une couche de sel qui s'est solidifiée au contact de la pièce. Lorsque la température de la pièce atteint le point de fusion du mélange, la couche de sel fond et disparaît. On a ainsi atteint la température de revenu.

Tableau

Points de fusion de quelques mélanges

Azotate de potassium.	0	20	40	50	55	60	80	100
Azotite de sodium	100	80	60	50	45	40	20	0
Points de fusion	280°	230°	172°	145°	137°	145°	225°	335°

Les bains métalliques sont particulièrement des bains de revenu.

Citons les bains d'étain et les bains de plomb.

Nous n'insisterons pas davantage, les notices industrielles donnant, au sujet du matériel nécessaire à l'exécution des traitements thermiques, des renseignements auxquels on pourra se reporter, dans un projet d'installation.

QUATRIEME PARTIE

ACIERS ORDINAIRES ET ACIERS SPÉCIAUX

CLASSIFICATION DES ACIERS

On peut rechercher un mode de classification englobant tous les aciers, qu'ils soient *ordinaires* ou qu'ils soient *spéciaux*.

1° Classification fondée sur la « structure décelée par la micrographie.

Des diagrammes peuvent résumer cette étude micrographique en indiquant en fonction de la teneur en carbone et en constituants spéciaux la structure des aciers à différents états de traitements thermiques.

Une pareille classification n'est pas sans présenter de grosses difficultés, et la précision qu'elle comporte est encore à l'heure actuelle aléatoire.

La micrographie constitue un adjuvant précieux pour toute autre classification qu'elle complète heureusement.

Mais il semble qu'à elle seule elle conduirait à des divisions trop larges, trop générales, souvent imprécises et peu industrielles.

2° Classification fondée sur la position des points critiques en fonction de la vitesse de refroidissement.

C'est cette classification qu'a adoptée Grenet ([1]).

Les transformations sont représentées au moyen des courbes

([1]) *Tremps, Recuit, Cémentation et conditions d'emploi des aciers* (Béranger, Paris, 1918).

de dilatation à l'échauffement (marquées par un trait pointillé) et au refroidissement (marquées par un trait plein). Ces courbes sont schématiques, se contentant de marquer le changement d'allure indiquant le commencement et la fin de la transformation.

Notons que l'hystérésis du point de transformation au refroidissement dépend de trois causes :

1° Température maxima atteinte ;

2° Temps pendant lequel cette température a été maintenue ;

3° Vitesse de refroidissement.

On élimine les variations dues aux deux premières causes en les rendant constantes.

La vitesse de refroidissement doit seule être précisée.

Grenet divise les aciers en quatre groupes :

Premier groupe. — Aciers dont la température de transformation au refroidissement lent ([1]) est sensiblement la même que la température de transformation à l'échauffement (Voir diagramme, fig. 40).

Rentrent dans ce groupe les aciers ordinaires au carbone (aciers 10, 11, 12, 13, 14, 15, 16) du tableau Standard de l'Aéronautique.

> Aciers au manganèse (1,50 de Mn);
> Aciers mangano-siliceux ;
> Aciers au nickel de cémentation (21 du tableau Standard);
> Acier au nickel-chrome de cémentation (31 du tableau Standard);
> Acier nickel-chrome nuance demi-dur et dur (N°s 32 et 33 du tableau Standard);
> Aciers pour roulements (N° 51 du tableau Standard).

Deuxième groupe. — Aciers dont la température de transformation au refroidissement très lent ([1]) est sensiblement la

---

([1]) Voir la définition des vitesses de refroidissement, titre VI, chapitre III.

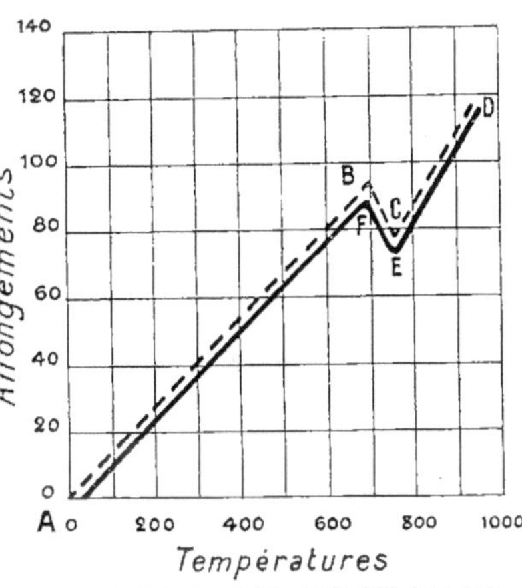

ACIERS DU 1ᵉʳ GROUPE

Courbes observables (*Grenet*)

Fig. 40.

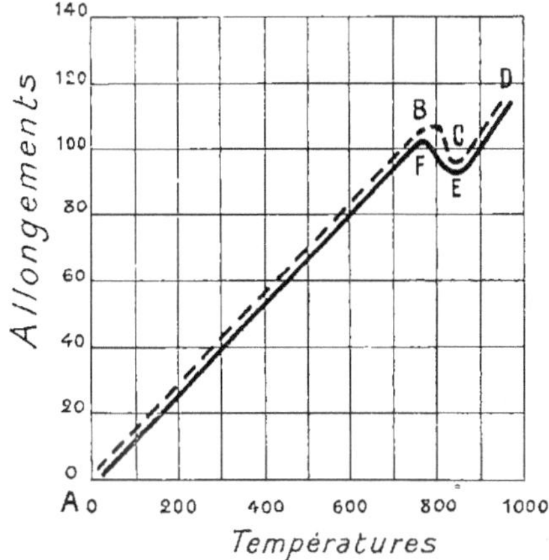

ACIERS DU 2ᵉᵐᵉ GROUPE

Refroidissement très lent (*Grenet*)

Fig. 41.

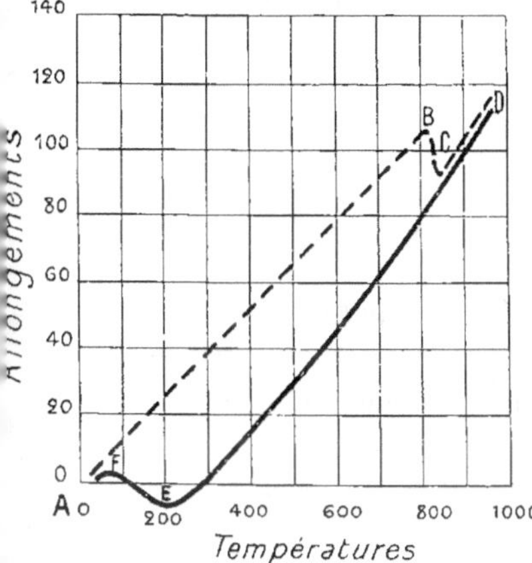

ACIERS DU 2ᵉᵐᵉ GROUPE

Refroidissement moyennement lent (*Grenet*)

Fig. 42.

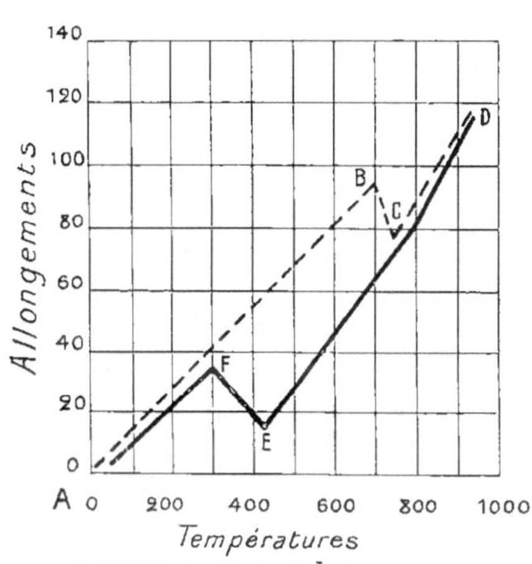

ACIERS DU 3ᵉᵐᵉ GROUPE

(*Grenet*)

Fig. 43.

même qu'à l'échauffement et dont la température de transformation au refroidissement moyennement lent (¹) est beaucoup
plus basse qu'à l'échauffement (Voir diagramme, fig. 41 et 42).

Rentrent dans ce groupe les aciers chrome-tungstène,

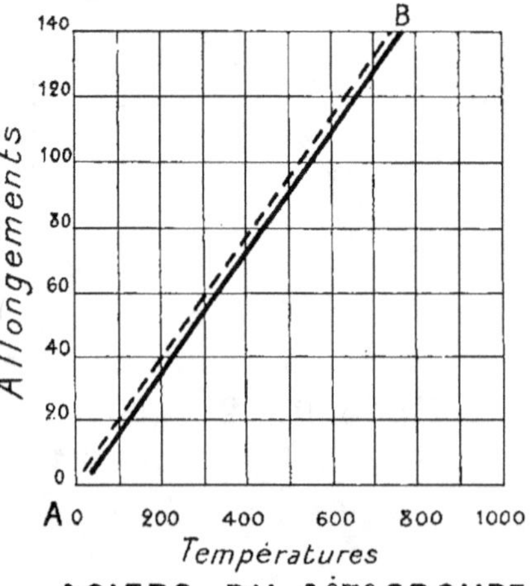

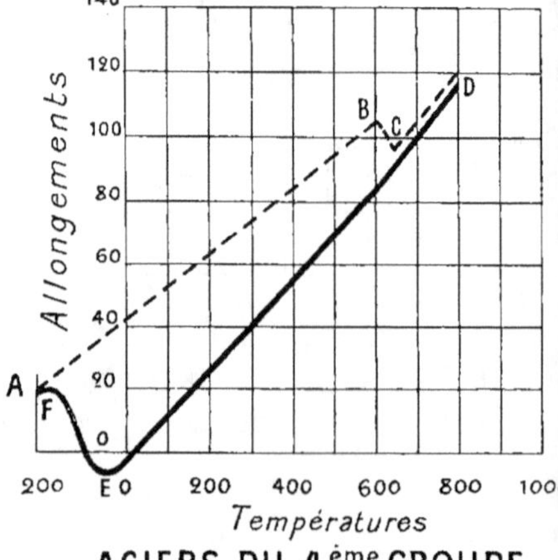

chrome-molybdène, vanadium, ou d'une façon générale les
aciers à outils (Aciers n° 62 du tableau Standard).

Troisième groupe. — Aciers dont la température de transformation au refroidissement même très lent est très différente
de la température de transformation à l'échauffement (Voir
diagramme, fig. 43).

Rentrent dans ce groupe les aciers nickel-chrome pour
lesquels

$$C + Ni + Cr \geqslant 5$$
(Aciers N° 36 du tableau Standard)

(¹) Voir la définition des vitesses de refroidissement, titre VI, chapitre III.

Quatrième groupe. — Aciers dont la température de transformation au refroidissement est au-dessous de la température ordinaire (Voir diagramme, fig. 44 et 45) [1].

Rentrent dans ce groupe les aciers à haute teneur en nickel et en manganèse. Aciers à 30-35 p. 100 de nickel, 2 p. 100 de Cr. (N° 35 du tableau Standard).

Acier Hadfield à 12 p. 100 de manganèse, 1 p. 100 de C.

Pour certains des aciers de ce groupe, un refroidissement inférieur à la température ordinaire peut amener la transformation.

Pour d'autres, il est impossible de provoquer la transformation, quel que soit le refroidissement.

Cette classification se référant aux traitements thermiques des aciers qui constituent une pratique essentiellement industrielle présente sans contredit un grand intérêt.

Nous ne l'adopterons pas néanmoins, mais utiliserons pour l'étude des aciers les propriétés spéciales invoquées par elle.

En résumé, en faisant appel pour l'étude des aciers à l'analyse micrographique et à l'étude des points critiques (y compris leur hystérésis), nous classerons les aciers conformément aux principes posés par la Commission permanente de Standardisation française (Unification des Produits métallurgiques), le 10 juin 1919, à savoir :

1° *Aciers ordinaires au carbone* ou *primaires,* c'est-à-dire ne contenant pas d'éléments étrangers au carbone en quantité suffisante pour modifier sensiblement leurs caractéristiques.

Ces aciers primaires ne renferment, en dehors du carbone, que les proportions suivantes de divers éléments :

$$Mn \leqslant 1 \text{ p. 100} \qquad Si \leqslant 1 \text{ p. 100}$$
$$S \leqslant 0,1 \text{ p. 100} \qquad P \leqslant 0,1 \text{ p. 100}$$
$$Ni, Cr, Cu \leqslant 0,2 \text{ p. 100}$$

---

[1] Voir la définition des vitesses de refroidissement, titre VI, chapitre III.

Les aciers primaires sont classés d'après leur teneur en carbone.

2° *Aciers spéciaux*, c'est-à-dire possédant un ou plusieurs éléments étrangers au système fer-carbone, à savoir manganèse, nickel-chrome, tungstène, vanadium, molybdène, silicium, etc., en quantité suffisante pour que les caractéristiques qu'ils auraient, s'ils ne renfermaient que du carbone, en soient sensiblement modifiées.

Les aciers spéciaux seront groupés en *aciers binaires* et *aciers ternaires*. Les *aciers binaires* contiennent un des éléments précédemment énumérés à dose plus forte que celle indiquée pour les aciers primaires.

Les *aciers ternaires* contiennent deux de ces éléments à dose plus élevée que celles indiquées pour les aciers primaires.

———

TITRE X

ACIERS ORDINAIRES AU CARBONE
OU ACIERS PRIMAIRES

CARACTÉRISTIQUES A FROID

§ 1. CLASSIFICATION DES ACIERS ORDINAIRES D'APRÈS LA RÉSIS-
TANCE ET LA TENEUR DU CARBONE. — Les aciers ordinaires au
carbone se divisent suivant *leur teneur en carbone* :

Aciers extra-doux . .	C varie de 0,05 à 0,150	Nos 10 et 11	
	R varie de 34 à 40 kg	du tableau Standard.	
Aciers doux.	C varie de 0,150 à 0,300	N° 12	
	R varie de 40 à 48 kg	du tableau Standard.	
Aciers mi-doux . . .	C varie de 0,300 à 0,400	N° 13	
	R varie de 48 à 56 kg	du tableau Standard.	
Aciers demi-durs. . .	C varie de 0,400 à 0,600	N° 14	
	R varie de 55 à 65 kg	du tableau Standard.	
Aciers durs	C varie de 0,600 à 0,700	N° 15	
	R varie de 65 à 75 kg	du tableau Standard.	
Aciers extra-durs. . .	C varie de 0,700 à 1,2	N° 16	
	R > 75 kg	du tableau Standard.	
Fontes	C > 1,2		

Se reporter au diagramme de Roozeboom.

§ 2. ANALYSE MICROGRAPHIQUE. — Nous avons établi une
gamme micrographique (Voir planches XIII, XIV et XV)
d'aciers ordinaires au carbone *recuits,* dressée d'après des
échantillons analysés.

Elle permet de suivre, d'après la teneur en carbone, les
variations dans les constituants.

GAMME DES ACIERS ORDINAIRES AU CARBONE

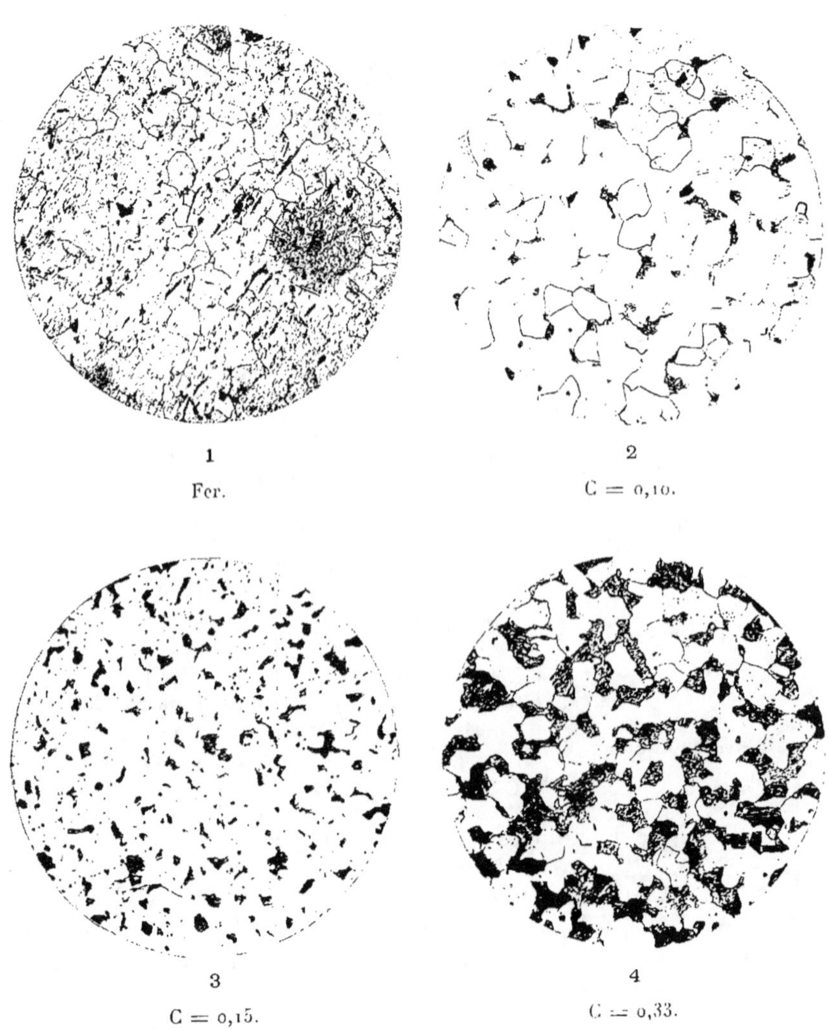

1

Fer.

2

C = 0,10.

3

C = 0,15.

4

C = 0,33.

Planche XIII

à tous ces états de traitement thermique et avons établi les courbes (fig. 46, 47 ([1]), 48).

Nous avons distingué ainsi quatre zones suivant les revenus.

Première zone. — Les résistances augmentent avec les revenus, puis restent stationnaires.

Deuxième zone. — Les résistances vont en diminuant, tandis que les allongements augmentent.

Troisième zone. — Les propriétés sont stationnaires, c'est la zone du *recuit complet.*

Quatrième zone. — Les propriétés mécaniques diminuent. C'est la *zone de fléchissement.*

Le tableau ci-après (Voir p. 204) indique, par nuance d'acier, les limites des zones ci-dessus mentionnées, et les valeurs de Δ et de ρ afférentes à chaque zone.

§ 5. APPLICATION PRATIQUE DES COURBES RELATIVES AUX PROPRIÉTÉS MÉCANIQUES. — Les courbes de dureté ont une application intéressante pour la détermination du traitement thermique subi par un acier, détermination très difficile, dans le cas des revenus, par la micrographie seule.

La micrographie décèle, en effet, pour les aciers trempés et revenus, la présence d'un constituant spécial auquel le Congrès de Copenhague avait donné le nom d'osmondite, confondant en lui la troostite et la sorbite.

Il est difficile de déduire des variations d'aspect de ce constituant :

1° La nuance de l'acier ;

2° La température du revenu.

Or, ces recherches peuvent se faire comme il suit :

1° *Recherche de la nuance.* — Faire recuire un échantillon

([1]) Courbes prises dans le fascicule « Dureté et Fragilité des aciers », de l'auteur.

TABLEAU 5. — Relation entre la dureté et la résilience des aciers ordinaires.

ZONES	ACIER DUR Acier recuit à 750° et refroidi lentement { Δ = 185 ; ρ = 10 }			ACIER DEMI-DUR Acier recuit à 800° et refroidi lentement { Δ = 185 ; ρ = 15 }			ACIER DOUX Acier recuit à 825° et refroidi à l'air { Δ = 120 ; ρ = 25 }		
	Traitement thermique. Revenu après trempe à 25° au-dessus de A₃	Nombre de dureté moyen Δ	Résilience moyenne ρ	Traitement thermique. Revenu après trempe à 25° au-dessus de A₃	Nombre de dureté moyen Δ	Résilience moyenne ρ	Traitement thermique. Revenu après trempe à 25° au-dessus de A₃	Nombre de dureté moyen Δ	Résilience moyenne ρ
1ʳᵉ zone	Sans revenu à revenu 100°	600 à 650	0,5 à 1,5	Sans revenu à revenu 250°	360 à 450	4	Sans revenu à revenu 400°	180 à 200	20 à 30
2ᵉ zone	Revenu 200°	600	2						
	— 300°	520	3	Revenu 300°	420	4			
	— 400°	440	4	400°	360	8	Revenu 400°	200	32
	— 500°	350	10	— 500°	320	12	— 500°	140	34
	— 600°	260	16	— 600°	240	22	— 600°	130	35
	— 700°	220	16	700°	200	26	— 700°	125	36
							— 800°	120	33
3ᵉ zone	Recuit 750°	210	12						
	— 800°	200	8	Recuit 800°	165	22			
	850°	200	7				Recuit 825°	125	34
				900°	165	12	900°	120	32
							925°	120	28
4ᵉ zone	Recuit 900°	200	6,5						
	— 1000°	200	6	Recuit 1000°	165	9	Recuit 1000°	115	18
	1100°	195	5,5	1100°	160	9	— 1100°	110	18
	— 1200°	190	5	— 1200°	155	9	1200°	100	14

de l'acier étudié dans les conditions indiquées au titre III,
chapitre II.

Micrographier l'échantillon et déduire de l'aspect perlitique
le pourcentage de carbone, c'est-à-dire la nuance de l'acier en
question.

On se trouve, par exemple, en présence d'un acier demi-dur.

2° *Recherche de la température de revenu.* — Prendre un
deuxième échantillon du même métal et le soumettre à un
essai à la bille pour déterminer le nombre de dureté, soit par
exemple 300.

Consulter les courbes de la figure 18 relatives à l'acier demi-
dur et voir le revenu correspondant au nombre 300, soit
revenu 500°.

Les propriétés mécaniques correspondantes sont approximativement les suivantes :

$$R = 105$$
$$A = 8 \text{ à } 10$$
$$\rho = 12 \text{ à } 14$$

Ce moyen, qui ne vise pas à la précision, étant donné que
les courbes correspondent à des moyennes, donne, dans la
pratique, une première indication très utile.

Variation des propriétés mécaniques des aciers au carbone avec les températures de revenu

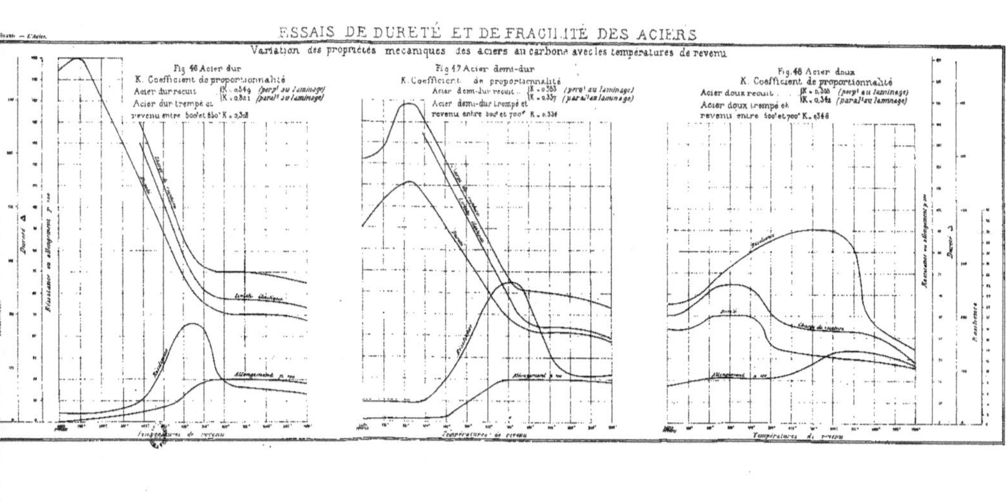

ACIERS SPÉCIAUX

CARACTÉRISTIQUES A FROID

L'obligation, d'une part, de faire coexister une grande résilience et une grande dureté ou, plus généralement, de réunir en un seul métal des caractéristiques habituellement contradictoires, et, d'autre part, de demander comme en aéronautique, sous une masse aussi réduite que possible, des qualités de résistance suffisante, conduit naturellement à abandonner les *aciers ordinaires* pour les *aciers spéciaux*.

Nous allons résumer, *uniquement au point de vue pratique et industriel,* les propriétés des aciers spéciaux.

Nous grouperons ces aciers comme il suit.

Dans le chapitre I, les *aciers binaires,* à savoir :

    1° Aciers au manganèse ;
    2° Aciers au nickel ;
    3° Aciers au chrome ;
    4° Aciers au tungstène ;
    5° Aciers au silicium ;
    6° Aciers divers.

Dans le chapitre II, les *aciers ternaires,* à savoir :

    1° Aciers nickel-chrome ;
    2° Aciers chrome-tungstène.

Puis nous indiquerons les applications de ces aciers pour l'aviation en faisant intervenir, au titre XII, la notion très importante de *température de travail.*

CHAPITRE I

ACIERS BINAIRES

§ 1. ACIERS AU MANGANÈSE. — Suivant la teneur en carbone et en manganèse, conformément au diagramme (fig. 49), les aciers au manganèse se divisent en :

Aciers perlitiques (ayant la texture de l'acier ordinaire recuit).

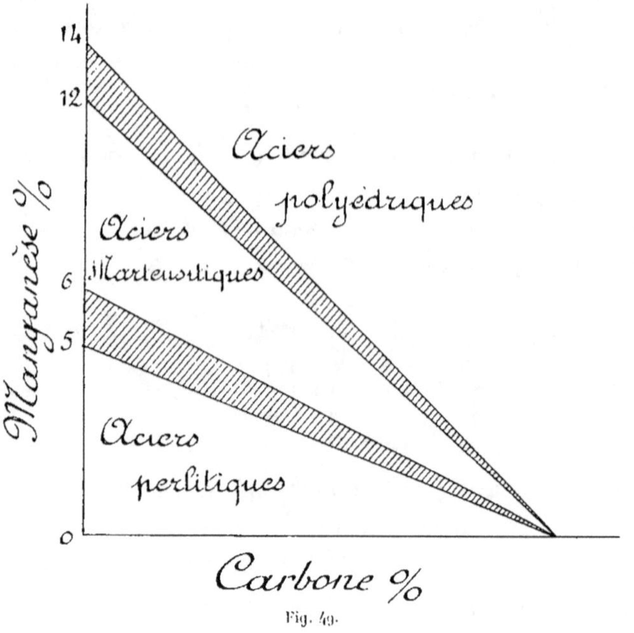

Fig. 49.

Aciers martensitiques (ayant la texture de l'acier ordinaire trempé).

Aciers polyédriques ou à fer γ (ayant la texture du fer).

Caractère commun. — Abaissement des points critiques.

Pour un acier renfermant de 0,3 à 0,4 p. 100 de carbone, la température du point critique passe de 750 à 0 lorsque le manganèse varie de 0 à 8.

Le manganèse est un retardateur des transformations. Il accentue donc les effets de la trempe.

Aciers perlitiques. — Peu utilisés. Le manganèse à une teneur inférieure à 2 p. 100 augmente R et Δ sans trop diminuer A.

Aciers martensitiques. — Inutilisables parce que A et ρ sont presque nuls.

Aciers polyédriques. — Seul acier industriel, l'acier Hadfield ayant comme composition

$$C — 1 \text{ à } 1,5$$
$$Mn — \text{environ } 12 \text{ p. } 100$$

Le forgeage de cet acier s'exécute vers 900°; il *écrouit* fortement le métal.

L'état doux, après forgeage, est obtenu par la trempe, qui donne

$$R = 100 \text{ kg} \qquad A = 50 \text{ p. } 100 \qquad E = 35 \text{ kg}$$

L'état dur est obtenu par recuit. On obtient à cet état une très grande résistance à l'usure que la dureté Δ ne met pas en évidence (important à noter pour constater que la dureté minéralogique n'est pas en relation directe avec la résistance à l'usure).

L'usinage est presque impossible. Aussi les pièces doivent-elles être employées brutes de moulage et de laminage.

En résumé, les *aciers au manganèse* présentent peu d'intérêt pour l'aéronautique.

Étude d'un acier au manganèse perlitique.

$$\text{Analyse chimique.} \begin{cases} C &= 0.69 \\ Mn &= 1.6 \\ Si &= 0.48 \end{cases}$$

Anâlyse micrographique (Voir photogrammes 1 et 2, planche XVI.)

Courbe des points critiques d'un acier au manganèse perlitique.

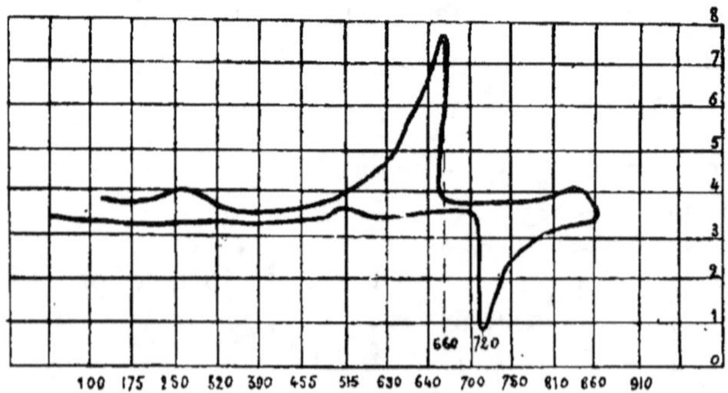

Point critique à l'échauffement . . . . 720°
Point critique au refroidissement . . . 660
Température de trempe. 745

Fig. 50.

La grande dureté de cet acier ne peut être associée qu'à des résiliences insignifiantes qui en interdisent l'emploi lorsque la pièce d'acier est soumise à des trépidations ou des chocs (ferrures d'appareil d'aviation, pièces de moteur).

§ 2. ACIERS AU NICKEL. — Il y a trois séries d'aciers au nickel suivant la teneur en carbone et en nickel, conformément au diagramme (fig. 52). Ces aciers ont été étudiés d'une façon très approfondie par M. Guillet. Il les a divisés comme il suit :

1° Aciers perlitiques ;
2° Aciers martensitiques ;
3° Aciers polyédriques.

ACIER AU MANGANÈSE PERLITIQUE

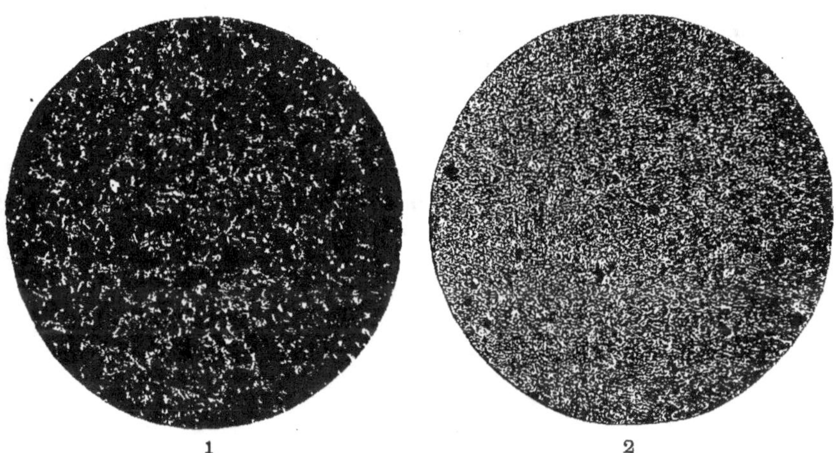

1
Recuit à 750°.

2
Trempé à l'eau à 745°.
Revenu 600°.

ACIER AU NICKEL PERLITIQUE

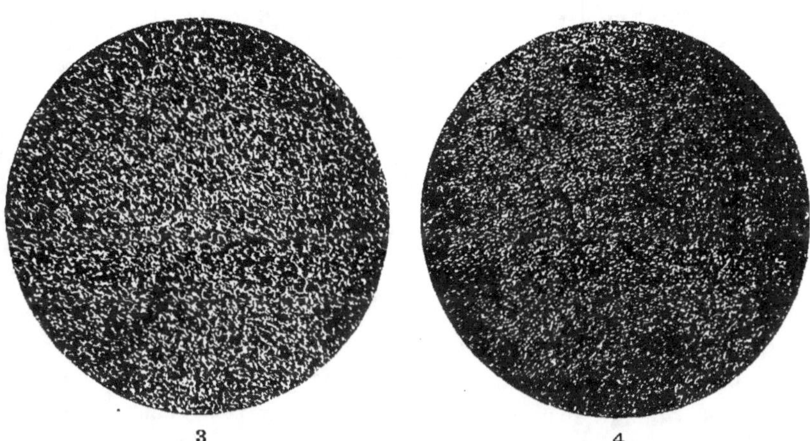

3
Trempé à l'eau à 760°.
Revenu 760°.

4
Trempé à l'eau à 750°.
Sans revenu.

PLANCHE XVI

Caractère commun.

Abaissement des points critiques. — Les points critiques s'abaissent au fur et à mesure que l'on augmente le nickel, mais d'une façon moindre qu'avec le manganèse. Cet abaissement explique l'aspect martensitique au-dessus de 10 p. 100 de Ni pour un acier peu carburé.

Avec les aciers à 25 p. 100 de nickel, il n'y a pas de trans-

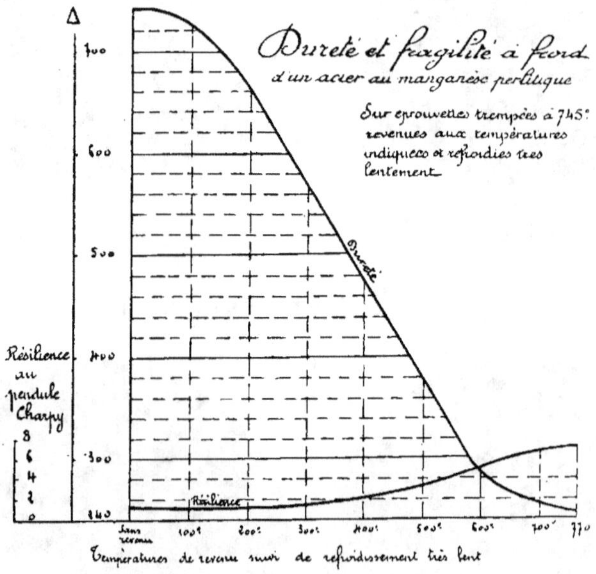

Fig. 51.

formation appréciable au refroidissement. Le fer reste à l'état γ, c'est-à-dire *non magnétique* à la température ordinaire. Il retrouve son magnétisme à — 50°, le conserve à la température ordinaire et ne le perd que par un nouveau recuit.

Écrouissage. Les aciers au nickel sont tous très sensibles à l'écrouissage. — En conséquence, le travail à froid procure des diminutions très sensibles d'allongement et d'homogénéité des pièces.

Aciers perlitiques ou à basse teneur en nickel. — Le nickel augmente

$$R, E, A \text{ et } \rho$$

Ceci permet de faire coexister, avec un R respectable, un

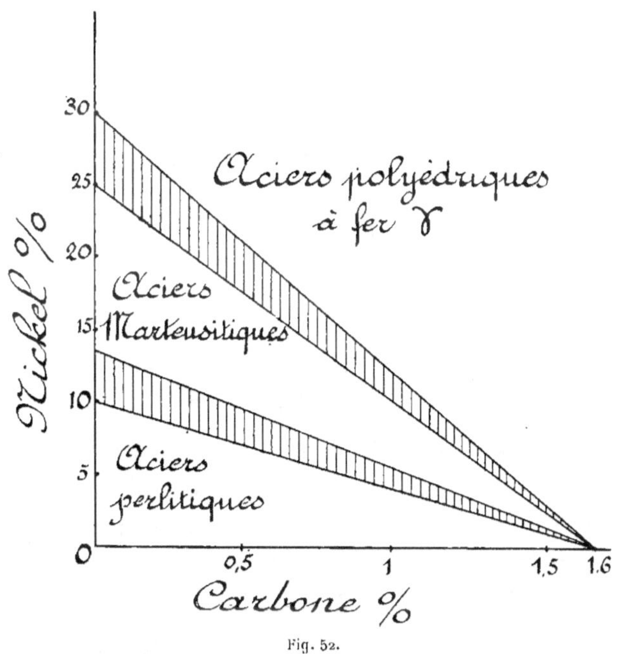

Fig. 52.

allongement important et une résilience intéressante qu'un acier au carbone de même R ne pourrait donner.

Ex : Acier au Ni à o,25 C et 4 Ni donne

$$R = 74 \qquad E = 44 \qquad A = 29 \qquad \rho = 3o$$

Avec o,25 C sans Ni

$$R = 48 \qquad E = 25 \qquad A = 25 \qquad \rho = 20$$

Pour avoir R = 74 sans nickel les autres caractéristiques seraient

$$E = 40 \qquad A = 8 \qquad \rho = 10$$

L'intérêt est donc évident.

État doux. — Obtenu par recuit (méthode générale).

État dur. — Trempe dont l'énergie dépend de C + Ni; moins délicate qu'avec C seul, car A étant plus grand les tapures sont moins à craindre.

Usage. — Les aciers au nickel perlitiques de 2 à 3 p. 100 de nickel sont les *aciers types de cémentation.*

Pour le traitement de ces aciers se reporter à ce qui a été dit au titre VI, chapitre III, § 6.

Étude d'un acier au nickel perlitique.

$$\text{Analyse chimique} \begin{cases} C & = 0,26 \\ Ni & = 3,05 \\ Mn & = 0,47 \\ Si & = 0,19 \end{cases}$$

Analyse micrographique (Voir photogrammes 3 et 4, planche XVI).

Courbe des points critiques d'un acier au nickel perlitique.

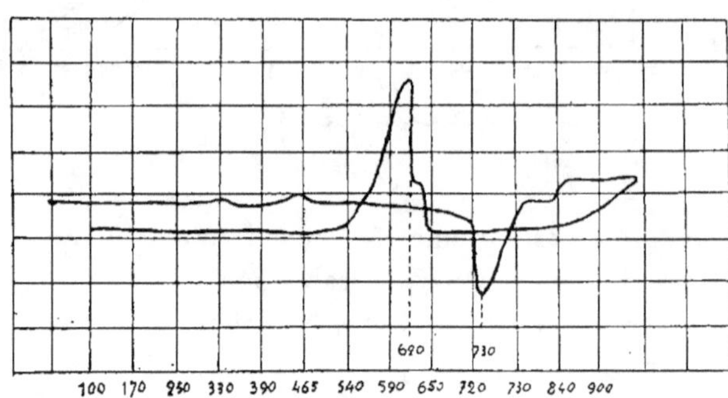

Point critique à l'échauffement . . . . 730°
Point critique au refroidissement . . . 620
Température de trempe 760

Fig. 53.

On voit que l'on peut trouver un revenu permettant d'obtenir une résilience suffisante avec une dureté à froid moyenne. A 600° on a

$$\rho = 8 \qquad \Delta = 3oo$$

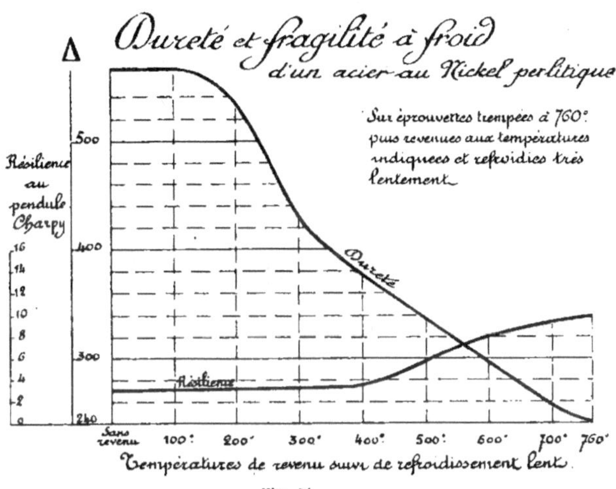

Fig. 54.

Le diagramme ci-dessus permettra de fixer ce revenu suivant les qualités recherchées.

Aciers martensitiques ou à moyenne teneur en Ni. — R et E sont élevés, mais A très faible.

Ex :

$$C = o,12 \qquad Ni = 20$$

donne

$$R = 120 \qquad E = 8o \qquad A = 5$$

État doux et état dur. — Il faut distinguer deux catégories d'aciers au nickel martensitiques.

1° *Type des aciers à 15 p. 100 de nickel.* — Cette catégorie, qui se rapproche de la limite des aciers perlitiques, est légèrement adoucie par le recuit et légèrement durcie par la trempe. La trempe augmente de quelques kilos la charge de rupture obtenue après recuit.

2° *Type des aciers à 25 p. 100 de nickel.* — Cette catégorie se conduit d'une façon inverse de la précédente.

Le recuit donne un léger durcissement, la trempe un léger adoucissement.

Ce phénomène s'explique aisément par le retard des transformations au refroidissement.

Usage. — Étant données leurs difficultés d'usinage, ces aciers ne s'emploient pratiquement plus.

Aciers polyédriques ou à haute teneur en nickel. — R et E faibles, mais A très grand ; ρ très grand. Très peu *oxydables.* Grande résistance à l'usure.

1° *Type de 30 à 32 p. 100 de nickel.* — L'acier de 30 à 32 p. 100 de nickel a les caractéristiques moyennes suivantes :

$$R = 55 \qquad E = 32 \qquad A = 32$$

Le grand allongement permet de beaux étirages.

État doux. — Un léger adoucissement est obtenu par la trempe. R diminue de 20 p. 100, E de 10 p. 100, A augmente de 10 p. 100.

État dur. — Un léger durcissement est obtenu par recuit.

Usage. — Cet acier est employé pour toutes les pièces qui craignent l'oxydation ou celles qui exigent une grande résilience.

Utilisé avantageusement pour les soupapes de moteurs, qui travaillent à des températures élevées, les qualités énoncées se maintenant à un assez haut degré de l'échelle thermique.

Utilisé pour des tubes sans soudure, étant donné l'étirage remarquable.

Difficile à travailler.

2° Type de 36 p. 100 de nickel :

$$C = 0,200 \text{ à } 0,300$$
$$Ni = 36$$

Cet acier, dit acier « Invar » de Guillaume, a un coefficient de dilatation négligeable de o à 35o°.

Usage. — Tiges de pendule, instruments de précision, chronométrie.

§ 3. ACIERS AU CHROME. — Il y a trois séries d'aciers au

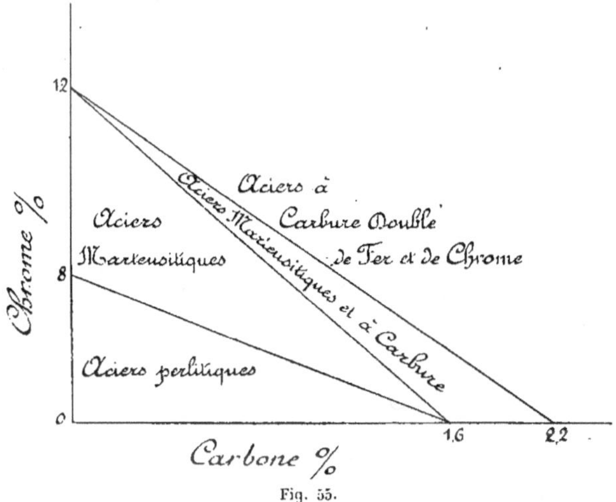

Fig. 55.

chrome suivant la teneur en carbone et en chrome, conformément au diagramme (fig. 55) :

1° Aciers perlitiques ;
2° Aciers martensitiques ;
3° Aciers à carbure double.

Nous ne nous occuperons pas des aciers *martensitiques.*

Caractère commun. — Abaissement des points de transformation.

Aciers perlitiques. — Le chrome augmente R, Δ et diminue ρ. La proportion maximum de chrome est de 2 à 2,5 p. 100.

État doux. — Recuit.

État dur. — Trempe dont les effets sont augmentés par la présence du chrome et qui fait naître des dangers de tapure.

Usage. — Pièces devant présenter une grande dureté, mais ne travaillant pas au choc. Confection des roulements à billes C = 1, Cr = 2, outils, limes C = 0,75, Cr = 2.

Aciers à carbure double. — A signaler un acier utilisé pendant la guerre, en France et en Angleterre, pour la fabrication des soupapes d'échappement de moteurs d'aviation. La spécification anglaise donne comme composition :

$$C = 0,2 \text{ à } 0,4$$
$$Cr = 11,5 \text{ à } 14$$

§ 4. ACIERS AU TUNGSTÈNE. — Il y a deux séries d'aciers au tungstène suivant la teneur en carbone et en tungstène, conformément au diagramme (fig. 56) :

1° Aciers perlitiques ;
2° Aciers à carbure double.

Caractère commun. — Le tungstène est un retardateur des transformations au refroidissement. Il élève un peu les points de transformation à l'échauffement.

1° *Aciers perlitiques.* — Le tungstène augmente

$$R, \ E, \ \Delta.$$

laisse ρ stationnaire, diminue légèrement A.

État doux. — Recuit.

État dur. — Trempe en chauffant à une température plus élevée que pour les aciers ordinaires au carbone.

Usage. — *Ressorts.*

$$C = 0,500$$
$$Tu = 0,600$$

donnant

$$R = 80 \qquad E = 60 \qquad A\ p.\ 100 = 14$$

Après trempe à 850° et revenu 500°

$$R = 140 \qquad E = 100 \qquad A\ p.\ 100 = 8$$

2° *Aciers à carbure double.* — Avec l'apparition du carbure, R et ρ diminuent, puis deviennent constants et ne

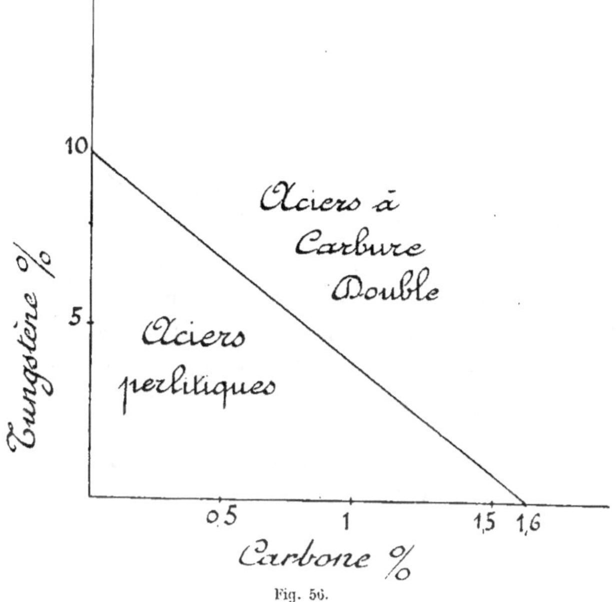

Fig. 56.

dépendent ensuite que du carbone lorsque la teneur en tungstène croît.

État doux. — Recuit vers 900°, suivi d'un refroidissement très lent.

État dur. — Chauffer à une température variant de 900° à 1.200°, suivant la teneur en tungstène. Trempe à l'air ou à l'huile.

Comme résultat, on obtient une martensite très fine mêlée à du carbure non dissous, le carbure libre étant d'autant moins abondant que la chauffe a duré plus longtemps et a été exécutée à une température plus élevée.

Usage. — Acier à aimants.

$$C = 0,4 \text{ à } 0,7$$
$$Tu = 4 \text{ à } 12 \text{ p. } 100$$

§ 5. ACIERS AU SILICIUM. — A l'inverse du manganèse le silicium diminue la saturation du fer par le carbone.

Il précipite le carbone quand il atteint une certaine valeur à l'état de graphite.

La solution fer-carbone devient solution fer-silicium.

Les aciers au silicium ne sont intéressants que lorsqu'ils ne contiennent pas de graphite, ce qui exige une basse teneur en silicium. Nous ne parlerons que de ces aciers-là. Le silicium augmente un peu R, E. Il augmente la résilience dans le sens du laminage, mais l'annule pour ainsi dire dans le sens du travers.

État doux. État dur. — Mêmes conditions que pour les aciers ordinaires au carbone.

Usage. — *Acier à ressorts.*

$$C = 0,5 \qquad Si = 1,5$$

donnant environ avant trempe :

$$R = 80 \qquad E = 50 \qquad A = 15$$

et après trempe à 900° et revenu à 425° :

$$R = 130 \qquad E = 120 \qquad A = 8 \qquad \rho \text{ en long} = 5$$
$$\rho \text{ en travers} = 1$$

2° *Acier à tôle de dynamos.* — Choisi pour cet emploi à cause de sa très faible hystérésis et sa grande perméabilité.

$$C = 0,100$$
$$Si = 3 \text{ à } 4$$

Remarque. — L'acier à formule moyenne

$$C = 0,4 \qquad Mn = 0,7 \qquad Si \; 1,6$$

constitue l'acier mangano-siliceux (à l'état recuit il donne environ : $R = 80$, A p. 100 16, $\Delta = 200$).

Cet acier est trempé à 850° et revenu à 500° (à l'état trempé il donne environ : $R = 110$, A p. 100 $= 9$, $\Delta = 350$).

Usage. — Utilisé pour fabriquer des organes d'automobile remarquables par leur dureté et des ressorts. Pour ces derniers, la teneur en carbone doit être comprise entre 0,4 et 0,6. Au-dessous de 0,4, trempe insuffisante; au-dessus de 0,6, résilience presque nulle.

§ 6. ACIERS DIVERS. — Sous cette rubrique nous classons :

1° Les *aciers au vanadium* qui sont peu employés. Le vanadium entre à faible teneur dans les aciers à coupe rapide. Il augmente la résistance à la rupture, la limite élastique et la résilience, sans influer sur les allongements;

2° Les *aciers au molybdène* également très peu utilisés. Le molybdène a une influence quatre fois plus grande que celle du tungstène. Les aciers au molybdène sont irréguliers et sont d'une trempe très difficile.

CHAPITRE II

ACIERS TERNAIRES

----

§ 1. Aciers nickel-chrome. — On entre dans la série des *aciers ternaires,* c'est-à-dire ayant deux constituants étrangers en plus des éléments fer-carbone.

Dans cette catégorie, les constituants sont : le fer, le carbone, le nickel, le chrome.

Comme nous l'avons vu, le nickel augmente l'allongement et la résilience.

Le chrome fournit la dureté, mais diminue la résilience.

En faisant appel aux aciers nickel-chrome, on a voulu faire coexister des valeurs intéressantes de A, Δ et ρ.

On conçoit donc que cette catégorie d'aciers ait, au point de vue industriel, une importance primordiale.

Classement. — Il y a cinq groupes d'*aciers nickel-chrome,* à savoir :

1° Les aciers perlitiques ;
2° Les aciers martensitiques ;
3° Les aciers à martensite et à carbure ;
4° Les aciers à fer γ ;
5° Les aciers à fer γ et à carbure.

Disons de suite que les groupes 3 et 5, dans lesquels le carbure fait son apparition, n'ont qu'un intérêt spéculatif. Étant donné le but poursuivi dans cette exposition, nous ne nous en occuperons pas.

Restent les trois groupes : perlitiques, martensitiques aciers à fer γ.

On aboutit donc pratiquement à la même classification que celle des aciers au nickel.

Considération théorique. — Prenons comme point de départ un acier au nickel perlitique. Voir diagramme (fig. 52). Ajoutons du chrome.

Nous aurons alors :

$$\underbrace{C + Ni}_{\text{perlitique}} + Cr$$

Si d'une façon générale la somme

$$\underbrace{C + Ni + Cr}\ (^1)$$

est inférieure à 5, on a un acier perlitique, c'est-à-dire prenant la trempe comme les aciers au carbone, mais profitant des avantages de dureté et d'allongement sans diminution de résilience conférés respectivement par Cr et par Ni.

Si la variable Cr prend une valeur un peu plus grande, on passe au groupe supérieur, c'est-à-dire au groupe martensitique, et la formation de la martensite dépend de la somme

$$C + Ni + Cr$$

Si l'on ajoute du Cr à un acier au nickel martensitique, l'acier reste martensitique si Cr additionné est assez faible. Cr augmentant, il se forme du carbure. On obtient ensuite un mélange

$$\text{martensite — carbure -- fer } \gamma$$

(¹) On a donné comme coefficients d'équivalence les valeurs suivantes :

1,65 de carbone $=$ 29 p. 100 de nickel $=$ 18 p. 100 de chrome

c'est-à-dire que

0,1 p. 100 de carbone peut être remplacé par 1,75 p. 100 de nickel
ou par 1,1 p. 100 de chrome.

L'addition de Cr dans un acier au nickel à fer γ finit par donner le mélange

$$\text{carbure} \qquad \text{fer } \gamma.$$

Pratiquement nous allons distinguer deux grands groupes industriels, à savoir :

1° Aciers perlitiques non auto-trempants;

2° Aciers auto-trempants. Nous n'aurons qu'un mot à dire des aciers à fer γ.

Caractère commun. — Abaissement des points de transformation.

a) Aciers perlitiques non auto-trempants.

État doux. — Recuit (méthode générale, titre VI, chap. II, § 4).

État dur. — Trempe (méthode générale, titre VI, chap. III), suivie d'un revenu permettant d'obtenir les caractéristiques désirées.

Nous avons étudié deux types d'aciers au nickel perlitiques.

1° Étude d'un acier nickel-chrome perlitique *(Type n° 1)* [1].

(N° 22 du tableau Standard)

$$\text{Analyse chimique.} \left\{ \begin{array}{l} C = 0,17 \\ Ni = 6,02 \\ Cr = 0,33 \\ Mn = 0,65 \end{array} \right.$$

---

[1] Cet acier est, à vrai dire, à peine un acier *ternaire*, la quantité de chrome qu'il renferme étant toujours très faible. Il se rapproche davantage des aciers *binaires* au nickel. Sa seule teneur C + Ni est d'ailleurs supérieure à 5. Néanmoins cette formule ayant des applications importantes pour l'aéronautique (fabrication des tubes, bielles, essieux), il a paru intéressant de fournir une documentation à son sujet. Il est indiqué au tableau Standard sous le numéro 22, et est classé comme acier au nickel.

Courbe des points critiques de l'acier au nickel-chrome perlitique
(*Type n° 1*).

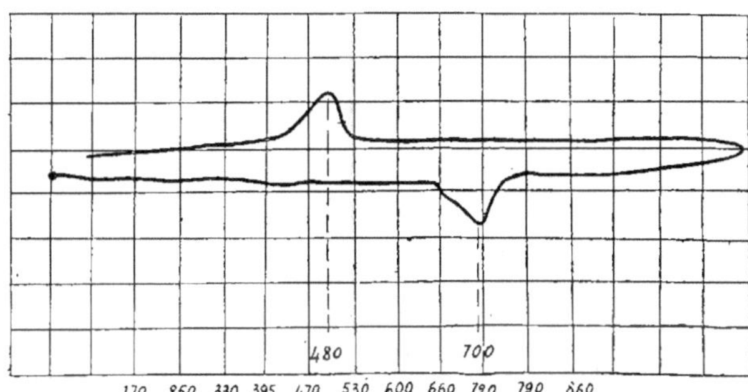

Point critique à l'échauffement 700
Point critique au refroidissement 480
Température de trempe . . . . 730°

Fig. 57.

Caractéristiques mécaniques.

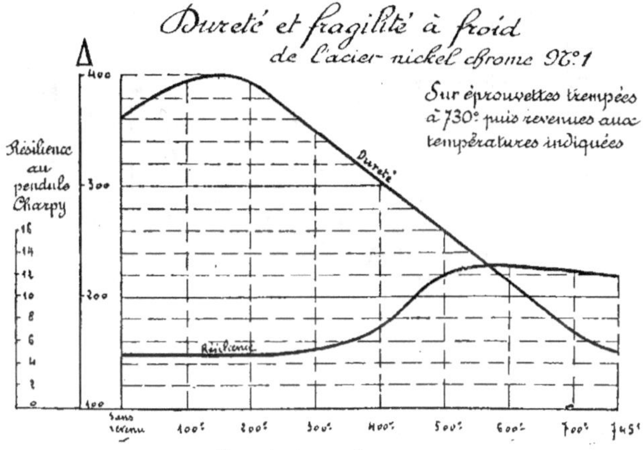

Recuit à 750° . . . . R = 70   E = 50   A p. 100 = 18   ? = 12
Trempé à l'eau à 720° sans revenu . R = 120   E = 110   A p. 100 = 8   ? = 5

Fig. 58.

2° **Étude d'un acier au nickel-chrome perlitique** *(Type n° 2.)*

(N° 32 du tableau Standard.)

$$\text{Analyse chimique.}\ \begin{cases} C\ \ = 0,3 \\ Ni\ = 2,55 \\ Cr\ = 0,77 \\ Mn = 0,34 \\ Si\ \ = 0,31 \end{cases}$$

Analyse micrographique (Voir photogrammes 1, 2, 3 et 4, planche XVII).

Courbe des points critiques de l'acier au nickel-chrome perlitique
(Type n° 2).

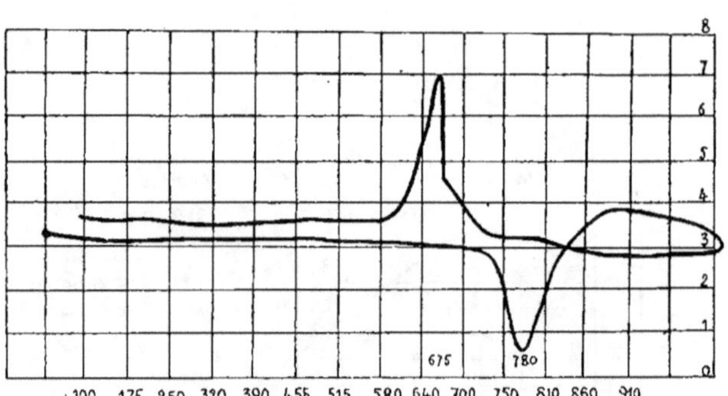

Point critique à l'échauffement 780
Point critique au refroidissement 675
Température de trempe . . . . 810°

Fig. 59.

ACIER NICKEL-CHROME PERLITIQUE

TYPE N° 2

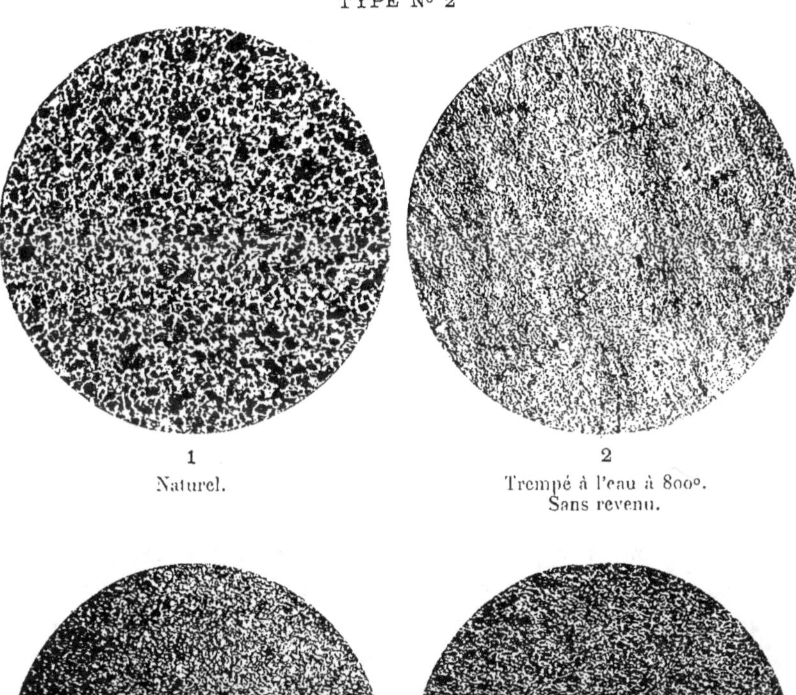

1
Naturel.

2
Trempé à l'eau à 800°.
Sans revenu.

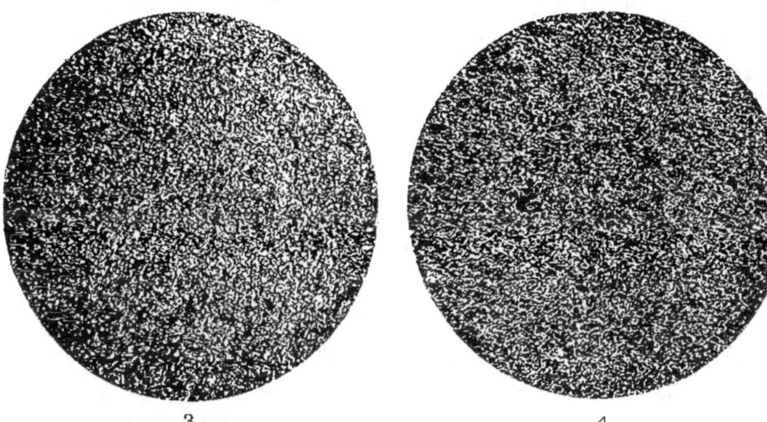

3
Trempé à l'eau à 800°.
Revenu 600°.

4
Trempé à l'eau à 800°.
Revenu 820°.

PLANCHE XVII

Caractéristiques mécaniques.

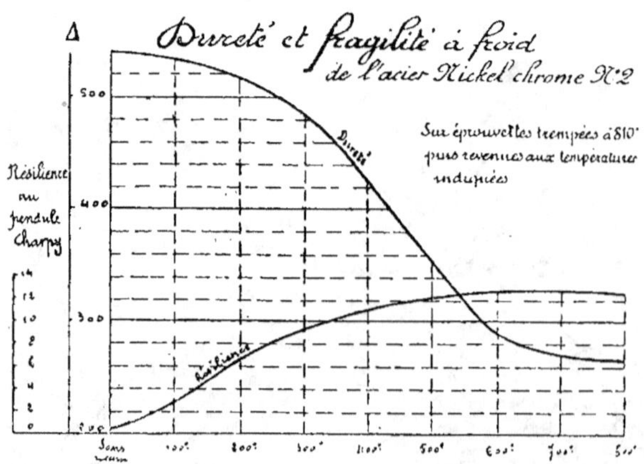

Recuit à 830° . . . . R = 80   E = 68   A p. 100 = 19   ? = 12
Trempé à l'eau à 810° et revenu à 250.   R = 160   E = 140   A p. 100 = 8   ? = 8

Fig. 60.

Usage des aciers nickel-chrome perlitiques. — Les aciers nickel-chrome perlitiques peu carburés comme l'acier n° 1 sont très propres à la cémentation. La présence du chrome permet d'avoir une surface très dure, sans fragilité, comme nous l'avons expérimenté avec l'acier n° 1 qui a été utilisé pour des pièces travaillant à la dureté et au choc et ont donné un excellent rendement. Les aciers type n° 2 ont plus de corps que les aciers type n° 1, c'est-à-dire permettent d'associer à froid une dureté plus considérable avec une bonne résilience.

Les deux types d'acier peuvent être utilisés pour des pièces de moteurs ne devant pas être portées à une température très élevée, comme nous le verrons au titre XII.

Les températures de revenu de ces aciers dépendent des qualités qui doivent prédominer suivant l'emploi : Δ ou ?.

Consulter les courbes que nous avons données à cet effet.

b) Aciers auto-trempants.

La teneur minimum de chrome de ces aciers est de 0,8 environ.

Ces aciers trempent à l'air.

Traitements thermiques. — Forgeage et recuit après forgeage (méthode générale, titre III, chap. II, § 3).

État doux. — (Méthode générale, titre III, chap. II, § 4. Cas particulier des aciers à transformations retardées.)

État dur. — Trempe à l'air.

$$\text{Chauffer à } T + 25^{+25}_{0}$$

dans les conditions réglementaires.

Rester à $T + 25$ pendant cinq à dix minutes suivant les dimensions de la pièce.

Laisser refroidir à l'air.

Nous avons étudié trois types d'acier nickel-chrome auto-trempants, ayant approximativement les compositions suivantes :

$$\text{Type 1.} \begin{cases} C = 0,4 \\ Ni = 5 \\ Cr = 0,9 \end{cases}$$

$$\text{Type 2.} \begin{cases} C = 0,20 \\ Ni = 5 \\ Cr = 1,7 \end{cases}$$

$$\text{Type 3.} \begin{cases} C = 0,4 \\ Ni = 4 \\ Cr = 2 \end{cases}$$

Les types 1 et 2 ont même teneur en Ni.

Mais le premier a une teneur maximum carbone et une teneur minimum chrome.

Le deuxième a une teneur minimum carbone et une teneur voisine du maximum chrome.

Un troisième type a une teneur maximum carbone comme le type 1, mais le chrome est poussé à son maximum, tandis que la teneur en nickel est légèrement diminuée.

L'étude des caractéristiques à froid et à chaud de ces aciers est susceptible de conduire à des conclusions intéressantes sur les influences réciproques des constituants et sur le choix à faire, suivant l'emploi du métal. Ces conclusions seront données au titre XII, chapitre II.

1° Étude d'un acier nickel-chrome auto-trempant (*Type n° 1*).

(N° 34 du tableau Standard.)

$$\text{Analyse chimique.} \begin{cases} \text{C} &= 0,39 \\ \text{Ni} &= 4,82 \\ \text{Cr} &= 0,91 \\ \text{Mn} &= 0,42 \\ \text{Si} &= 0,26 \end{cases}$$

Analyse micrographique (Voir photogrammes 1 et 2, planche XVIII).

Courbe des points critiques de l'acier au nickel-chrome auto-trempant (*Type n° 1*).

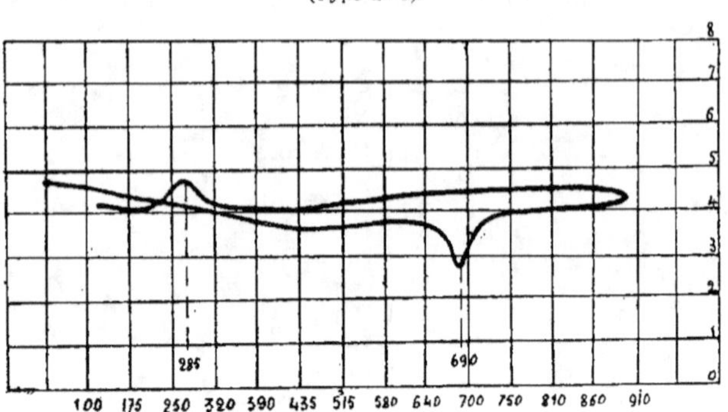

Point critique à l'échauffement 690
Point critique au refroidissement . . . 285
Température de trempe 715

Fig. 61.

ACIER NICKEL-CHROME AUTO-TREMPANT

TYPE Nº 1

<table>
<tr><td align="center">1</td><td align="center">2</td></tr>
<tr><td align="center">Recuit à 690° et refroidi très lentement.</td><td align="center">Chauffé à 690° et trempé à l'air.</td></tr>
</table>

ACIER CHROME TUNGSTÈNE

TYPE Nº 3

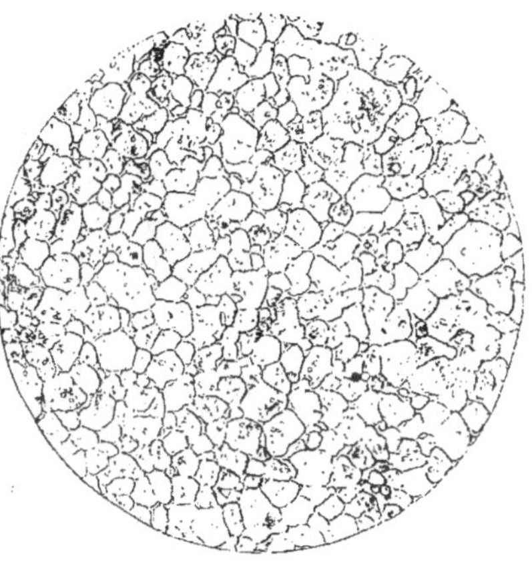

<table>
<tr><td align="center">3</td><td align="center">4</td></tr>
<tr><td align="center">Recuit à 800° et refroidi très lentement.</td><td align="center">Trempé à l'air à 1.200°. Revenu 700°.</td></tr>
</table>

PLANCHE XVIII

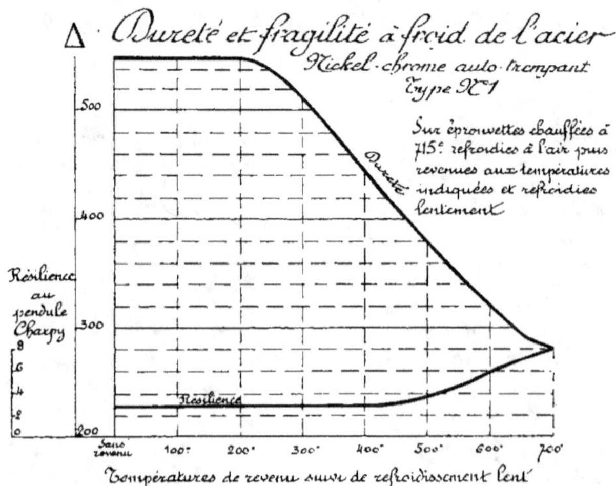

Fig. 62.

2° Étude d'un acier nickel-chrome auto-trempant (*Type n° 2*).

(N° 34 du tableau Standard.)

$$\text{Analyse chimique.} \begin{cases} C &= 0,19 \\ Ni &= 4,92 \\ Cr &= 1,71 \\ Mn &= 0,50 \\ Si &= 0,23 \end{cases}$$

Courbe des points critiques de l'acier au nickel-chrome auto-trempant
(*Type n° 2*).

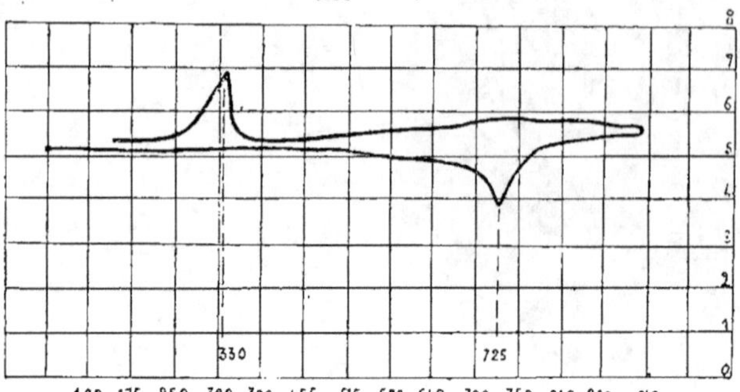

Point critique à l'échauffement . . . . 725°
Point critique au refroidissement . . . 330°
Température de trempe 750

Fig. 63.

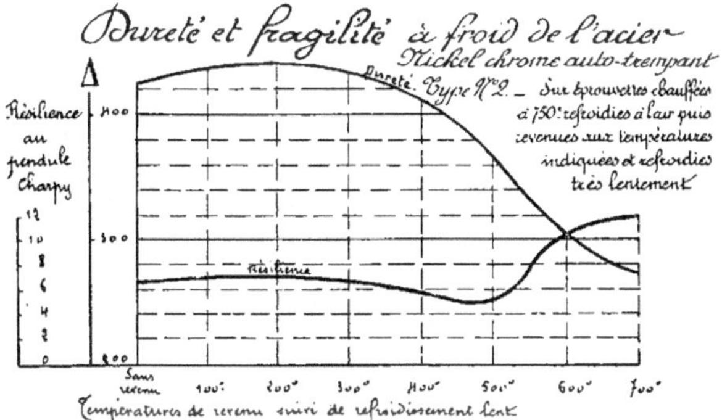

Fig. 64.

3° Étude d'un acier nickel-chrome auto-trempant (*Type n° 3*).

(N° 34 du tableau Standard.)

Analyse chimique.
$$\begin{cases} C &= 0,41 \\ Ni &= 3,75 \\ Cr &= 2 \\ Mn &= 0,40 \\ Si &= 0,30 \end{cases}$$

Courbe des points critiques de l'acier au nickel-chrome auto-trempant
(*Type n° 3*).

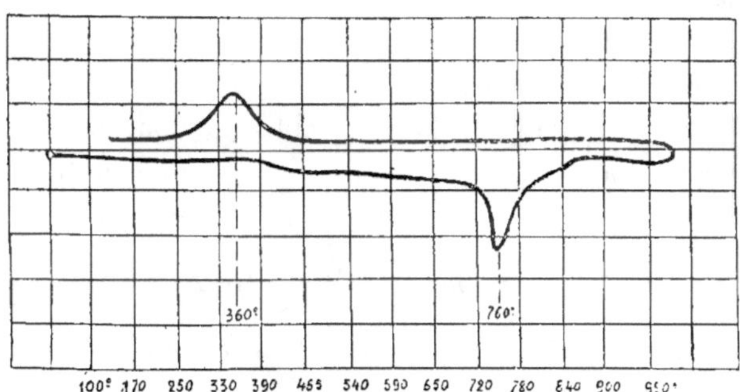

Point critique à l'échauffement . . . .   760°
Point critique au refroidissement . . .   360
Température de trempe   775

Fig. 65.

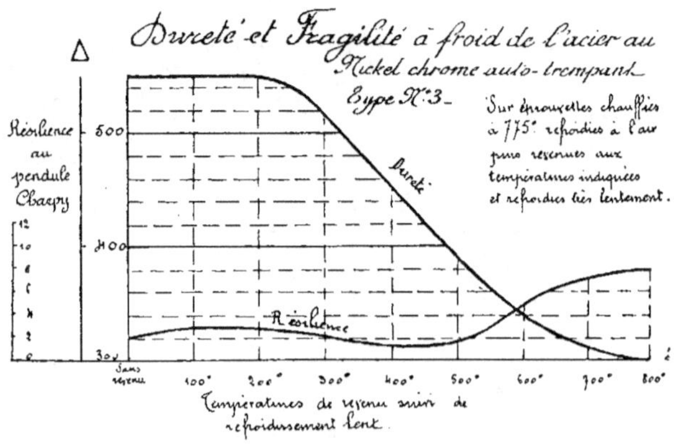

Fig. 66.

Si nous voulons faire appel à la dureté seulement pour des pièces ne travaillant pas au choc, les aciers 1 et 3 présentent des avantages sur l'acier 2, mais ils ont une faible résilience.

L'acier 2, quoique moins dur, présente cependant une dureté qui est intéressante. On peut associer un $\Delta > 400$ avec une résilience $\rho > 6$; ce qui doit faire retenir cet acier pour des pièces demandant la coexistence *dureté-résilience,* dont nous avons signalé l'intérêt.

Nous compléterons cette discussion au titre XII par la considération du *travail à chaud.*

Quoi qu'il en soit, les propriétés à froid sont données par les diagrammes que nous avons établis (fig. 33, 35, 37), diagrammes qui permettent de déterminer le traitement thermique le plus judicieux pour le but qu'on se propose.

Usages. — *Pièces de moteurs* (Voir titre XII).

Blindages. — Pour les blindages on emploie souvent des aciers de cette catégorie.

Ex. : *Acier Krupp :*

$$C = 0,25 \text{ à } 0,30 \qquad Cr = 1,5 \text{ à } 2 \qquad Ni = 3,5 \text{ à } 4$$

Aciers pour tôles minces.

$$C = 0,230$$
$$Cr = 0,5$$
$$Ni = 6$$
$$Mn = 2$$
$$Si = 0,4$$

Acier auto-trempant dont le point critique à l'échauffement est 660°-700°.

1° *État doux pour usinage.* — (Méthode générale) ou effectuer une double trempe à l'eau :

$$1° \text{ à } 650°$$
$$2° \text{ à } 600$$

On obtient ainsi les caractéristiques moyennes suivantes :

$$R = 105 \text{ kg}$$
$$E = 75$$
$$A = 16$$

NOTA. — Les tôles ayant subi la double trempe à l'eau peuvent être usinées, travaillées et pliées.

Il est nécessaire de refaire, après les opérations de gabariage ou d'emboutissage, la double trempe, pour enlever tout écrouissage.

2° *État dur.* — (Méthode générale) ou trempe à l'huile à 800° donnant les caractéristiques moyennes :

$$R = 160 \qquad E = 130 \qquad A = 7 \text{ kg.}$$

Ne pas oublier qu'après l'obtention de l'état dur, on ne peut faire que des retouches insignifiantes.

Les tôles peuvent être utilisées dans les deux états précités, état doux et état dur.

Comme état final il y a lieu, surtout pour les plaques minces (3,5 mm et au-dessous), de préférer l'état doux, *moins dur*, mais aussi *moins fragile*.

Le métal peut se souder au chalumeau oxy-acétylénique avec ou sans métal d'apport.

Le métal rapporté peut être, soit de l'acier de blindage, soit de l'acier doux ordinaire.

3° *Aciers nickel-chrome à fer* γ. — Ces aciers polyédriques ont une grande résilience, une grande résistance à l'usure, en conséquence sont très difficiles à travailler.

L'usine d'Imphy fabrique un de ces aciers qui donne à l'analyse

$$C = 0{,}6 \qquad Cr = 2 \qquad Ni = 23$$

et comme caractéristiques mécaniques

$$R = 75 \qquad E = 45 \qquad A = 37$$

Sert à fabriquer des tôles de blindage de 3 à 4 mm d'épaisseur.

§ 2. ACIERS CHROME-TUNGSTÈNE. — Les groupes dans lesquels on peut diviser ces aciers sont assez vaguement délimités.

On a cependant trois classes :

1° Les *aciers perlitiques* (renfermant peu de chrome et peu de tungstène);

2° Les *aciers à carbure double* (renfermant peu de chrome et beaucoup de tungstène);

3° Les *aciers à texture martensitique* (renfermant beaucoup de chrome et peu de tungstène).

Nous éliminons de suite la 3ᵉ classe composée d'aciers pour ainsi dire inusinables.

Les aciers de la première catégorie sont peu utilisées.

Le tungstène doit être en proportion de moins de 2 p. 100 pour laisser à ces aciers le caractère perlitique.

La classe de beaucoup la plus importante est celle des aciers à carbure double.

La grande caractéristique des aciers chrome-tungstène de cette famille, c'est de posséder, après traitement approprié, une grande dureté, même à une température de travail élevée.

Cette dureté est qualifiée de *dureté au rouge*.

Cette propriété est utilisée pour les aciers à outils dits *aciers à coupe rapide* (¹).

D'après MM. Taylor et White, un acier à coupe rapide ayant donné les meilleurs résultats avait la composition suivante :

Tungstène.	18,91
Cr	5,47
C	0,67
Mn.	0,11
Vanadium.	0,29
Si	0,043

Aujourd'hui on a encore augmenté la teneur en tungstène des aciers (20 à 24 p. 100) et augmenté de ce fait le rendement. Ajoutons que les aciers à coupe rapide sont moins durs à froid que les aciers à outils au carbone trempés. Mais alors que ces derniers commencent à perdre leur dureté dès qu'on atteint 200°, les autres la conservent jusqu'à 600°.

Les aciers à grande teneur en tungstène, qui constituent la catégorie importante des aciers à outils, sont traités comme il suit.

État doux. — Après forgeage, chauffer l'acier à 800° et laisser refroidir lentement dans le four ou dans le sable.

(¹) Voir cap. Grand, « Aciers à outils » (*Revue d'Artillerie*).

État dur. — 1° Chauffer lentement jusqu'à 815°, puis rapidement jusqu'au-dessous du commencement de fusion;

2° Refroidir rapidement jusqu'à 860° au moins, ensuite lentement ou rapidement;

3° Réchauffer à 640° pendant cinq minutes et refroidir à l'air.

Nous avons étudié trois aciers chrome-tungstène ayant des compositions différentes, pour mettre en évidence les caractéristiques « à froid » de ces aciers.

1° Étude d'un acier chrome-tungstène (*Type n° 1*).

$$\text{Analyse chimique.} \begin{cases} C & = 0{,}59 \\ Cr & = 4{,}81 \\ Tu & = 7{,}94 \\ Mn & = 0{,}34 \\ Si & = 0{,}29 \end{cases}$$

Courbe des points critiques de l'acier chrome-tungstène (*Type n° 1*).

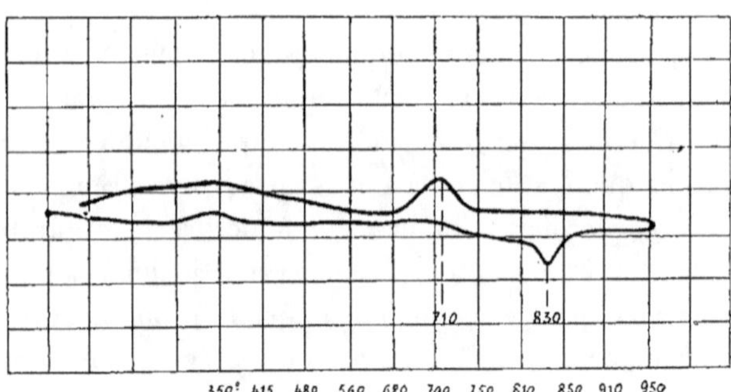

Point critique à l'échauffement . . 830°
Point critique au refroidissement . 710°

Fig. 67.

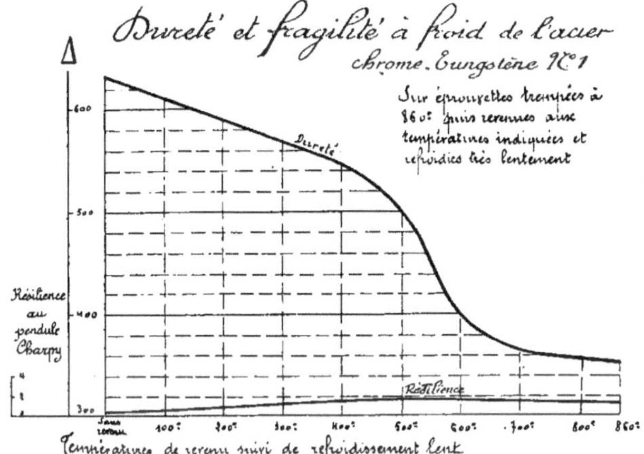

Fig. 68.

2° Étude d'un acier chrome-tungstène (*Type n° 2*).

$$\text{Analyse chimique.} \quad \left\{ \begin{array}{l} C = 0,4 \\ Cr = 1,5 \\ Tu = 10,5 \end{array} \right.$$

Courbe des points critiques de l'acier chrome-tungstène (*Type n° 2*).

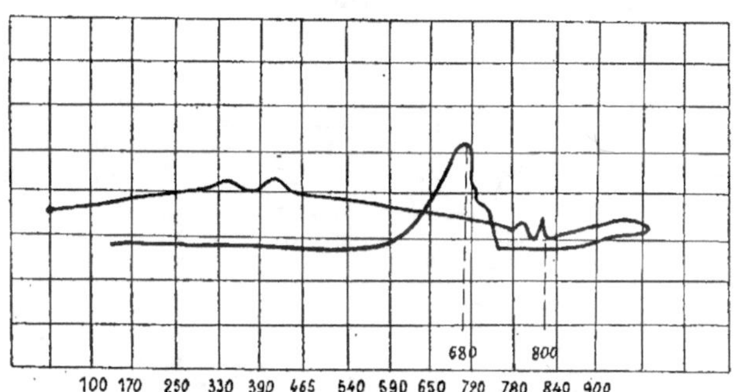

Point critique à l'échauffement .   800°
Point critique au refroidissement .   680°

Fig. 69.

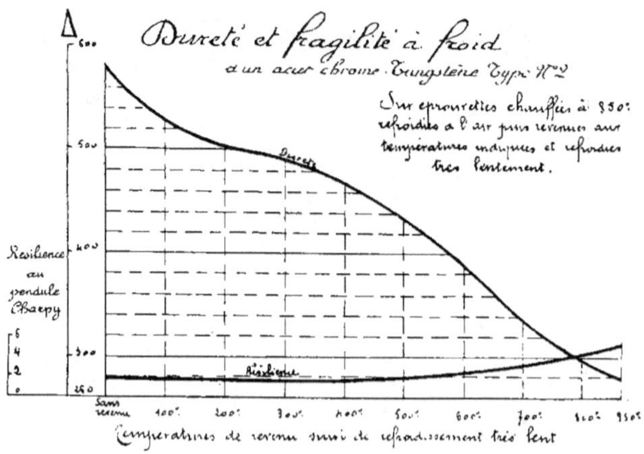

Fig. 70.

3° Étude d'un acier chrome-tungstène (*Type* n° 3).

(N° 62 du tableau Standard)

$$\text{Analyse chimique.} \begin{cases} C = 0,66 \\ Cr = 2,80 \\ Tu = 18,62 \end{cases}$$

Analyse micrographique (Voir photogrammes 3 et 4, planche 14).

**Courbe des points critiques de l'acier au nickel chrome-tungstène
(Type n° 3).**

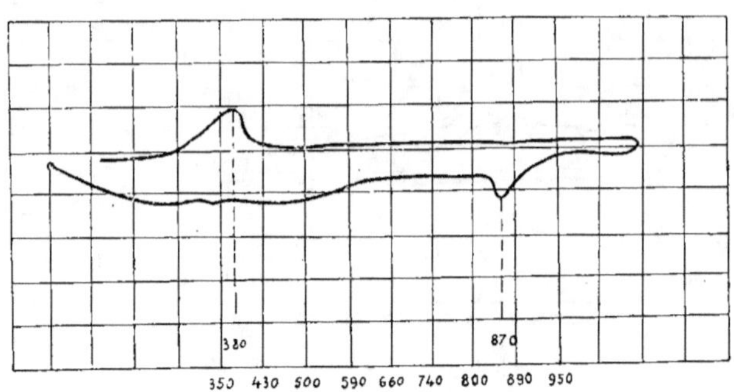

Fig. 71.

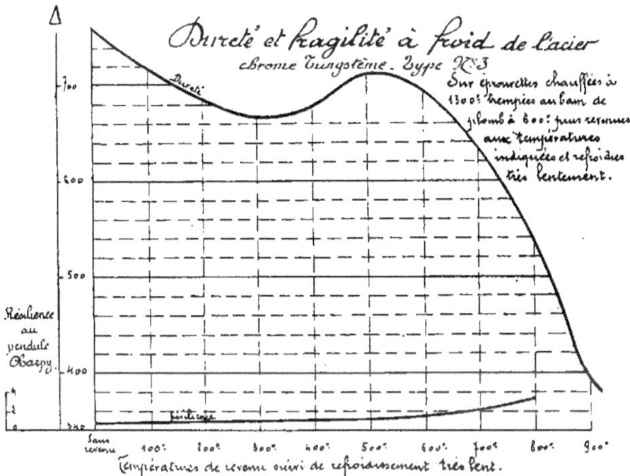

Fig. 72.

Nous voyons que les résiliences sont très faibles, quel que soit le traitement thermique adopté.

Dans ces conditions, au point de vue spécial de l'aviation, les aciers chrome-tungstène, d'ailleurs difficiles à usiner, peuvent être considérés comme dangereux pour les pièces soumises à des chocs (pièces de moteurs).

ÉTUDE DES CARACTÉRISTIQUES « A CHAUD » DES ACIERS

CHAPITRE I

DÉTERMINATION DES CARACTÉRISTIQUES « A CHAUD »

Dans les titres X et XI, nous avons étudié, pour les aciers ordinaires et les aciers spéciaux, les variations des caractéristiques *à froid*, avec les traitements thermiques donnés.

Les indications ainsi obtenues ne nous ont pas paru suffisantes.

En effet, les pièces d'acier travaillent quelquefois à des températures très élevées.

Les moteurs d'aviation, par exemple, ont certains organes qui sont portés à des températures variant depuis la température ordinaire jusqu'à 400°, 600° et même 800° (soupapes d'échappement de moteurs « fixes »).

Dans ces intervalles de températures, les caractéristiques du métal varient d'une façon très sensible.

Les propriétés que ce métal possédait à froid se trouvent considérablement modifiées pour certaines températures.

Ces propriétés peuvent même passer par une phase critique,

dans une zone de températures qu'on a le plus grand intérêt à connaître.

Les résiliences passent par des minima pour certaines températures dites *températures de fragilité*.

On ne choisira le métal que s'il n'a pas à travailler dans une zone de température dangereuse, autrement on en proscrira l'emploi.

Mode opératoire. — Nous avons adopté, pour mesurer les caractéristiques à chaud, le mode opératoire suivant :

Dureté. — Des cylindres confectionnés avec l'acier à étudier ont été placés successivement dans un bain liquide (eau, azotate de potasse, azotite de soude) renfermé dans un petit récipient en fer placé sur le plateau d'une presse.

Le bain était chauffé à l'aide d'un mélange de gaz et d'air enflammé sortant d'une couronne entourant le récipient (fig. 44, p. 51 de Dureté et Fragilité des aciers).

La température du bain liquide était mesurée au moyen du galvanomètre Siemens et Halske dont la soudure se logeait dans une cavité pratiquée dans l'échantillon à étudier.

Lorsque la température était obtenue, on exerçait une pression de 3.000 kg transmise à l'acier à étudier par l'intermédiaire de la bille de Brinell.

Les températures d'expérience ont varié de 25° en 25° depuis 100° jusque vers 650°.

Fragilité. — Des éprouvettes Mesnager portées à la température voulue dans un bain liquide étaient cassées sur un mouton-pendule Charpy.

Réversibilité. — Enfin nous avons construit trois courbes successives pour un même acier, l'une à l'échauffement, une deuxième au refroidissement et une troisième à un nouvel

Galvanometre
+
+
Arrivée du mélange
de gaz et d'air
Kilog
0
50
100
150
100

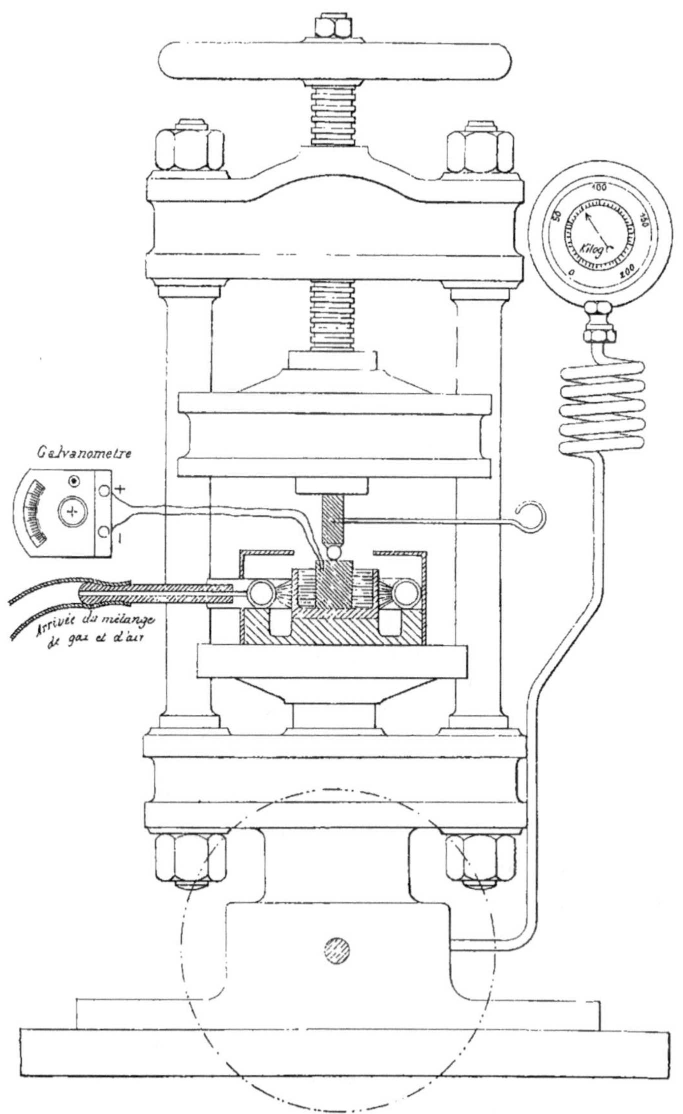

Fig. 73.

échauffement pour s'assurer que le phénomène conservait la même allure.

Métaux étudiés à chaud. — Nous avons étudié à chaud les métaux présentant de l'intérêt pour un travail à température élevée, à savoir :

1° Acier au carbone :

> *a*) Acier demi-dur ;
> *b*) Acier dur ;
> *c*) Acier au creuset (genre acier à outils).

Aciers exclus. — Aciers extra-doux et doux, manifestement trop tendres.

Acier extra-dur ordinaire dont le point de transformation est bas, l'usinage pénible, le traitement thermique délicat et la résilience nulle.

> 2° Aciers au manganèse — 1 p. 100 de Mn ;
> 3° Aciers au nickel perlitiques ;
> 4° Aciers au nickel-chrome) non auto-trempants ;
>   perlitique   (auto-trempants ;
> 5° Aciers chrome-tungstène à carbure double
>   (quoique ces aciers manifestent à froid une
>   fragilité excessive) [titre V, chap. II, § 2].

Traitement des aciers. — Nous avons pris comme point de départ le traitement thermique suivant des métaux :

1° Trempe rationnelle imposée par leurs constituants et précédemment indiquée ;

2° Revenu de 600° environ, après trempe, étant donné que c'est la température à laquelle les aciers seront portés dans les expériences en cours. Elle donne d'ailleurs, dès le point de départ, une résilience intéressante aux aciers spéciaux.

Mais, pour les aciers ne devant pas subir un échauffement de 600°, nous déterminerons au cours de cette étude les revenus inférieurs à leur donner et les caractéristiques en résultant.

Nous allons donner successivement toutes les courbes des aciers en question et discuterons les résultats au chapitre II de ce titre.

1° Aciers au carbone.

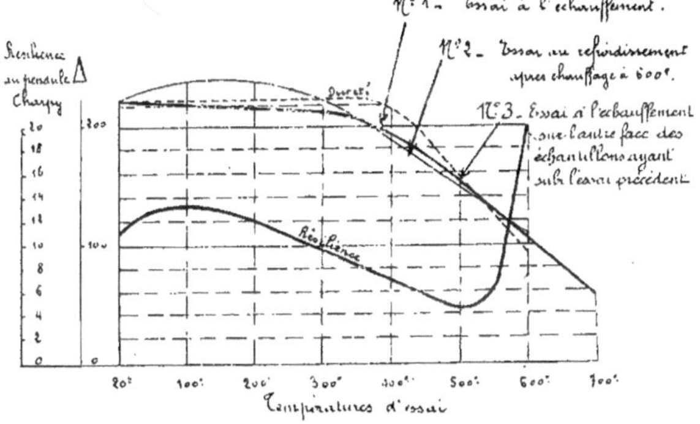

Fig. 74.

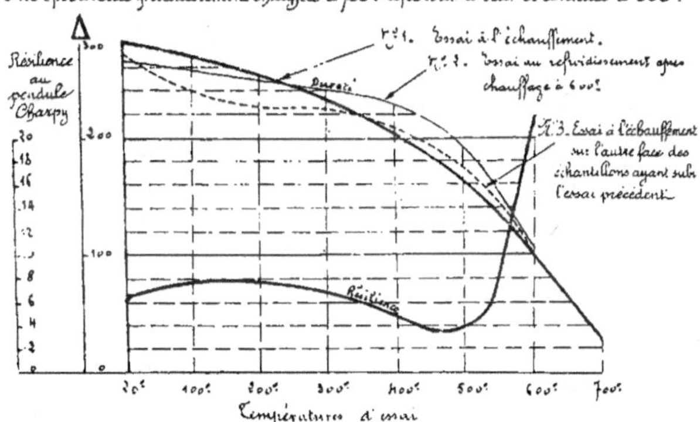

Fig 75.

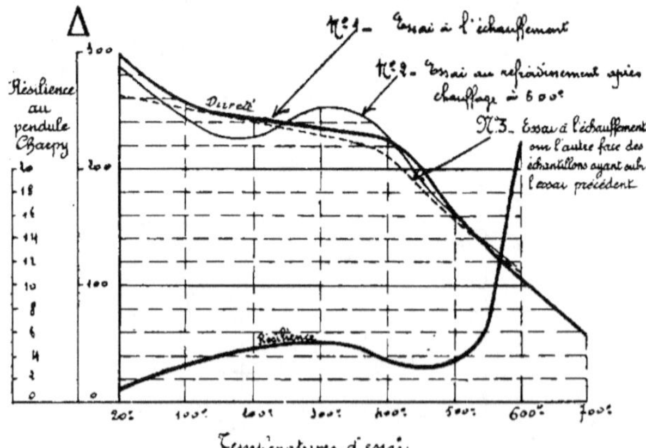

Fig. 76.

2° Acier au manganèse perlitique.

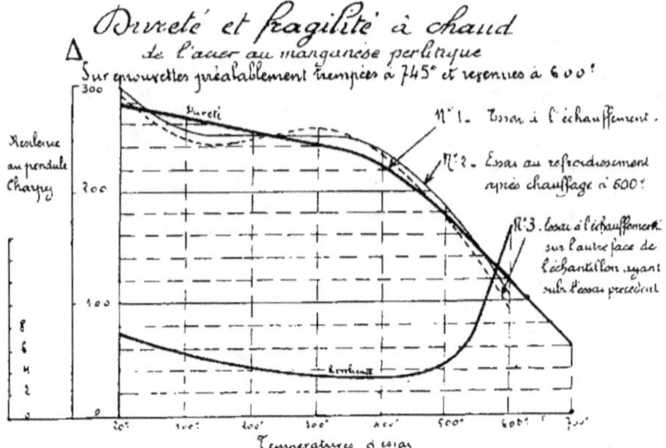

Fig. 77.

3° Acier au nickel perlitique.

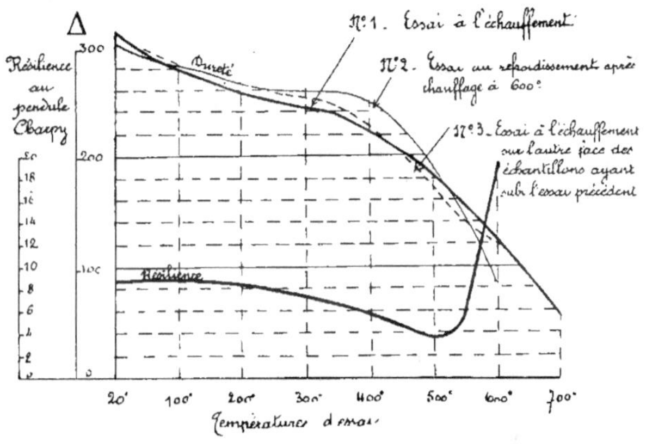

Fig. 78.

4° Aciers au nickel-chrome perlitique.

Nous avons étudié *à chaud* les deux types dont nous avons déterminé les caractéristiques « à froid ».

$$a) \text{ Type n° 1.} \quad \begin{cases} C = 0,17 \\ Ni = 6,02 \\ Cr = 0,33 \\ Mn = 0,65 \end{cases}$$

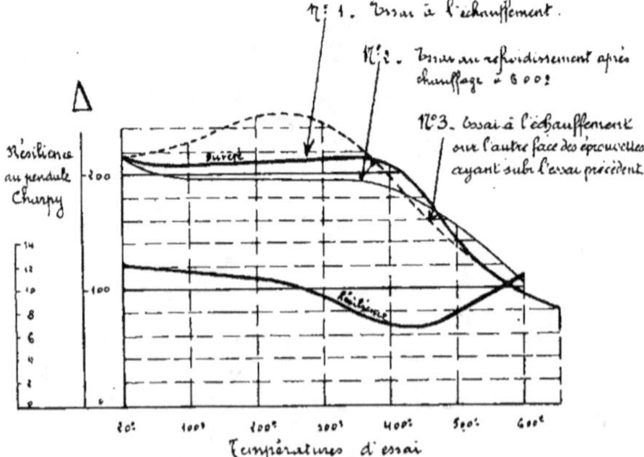

Fig. 79.

$$b)\ \text{Type n° 2.} \begin{cases} C &= 0,3 \\ Ni &= 2,55 \\ Cr &= 0,3 \\ Mn &= 0,34 \end{cases}$$

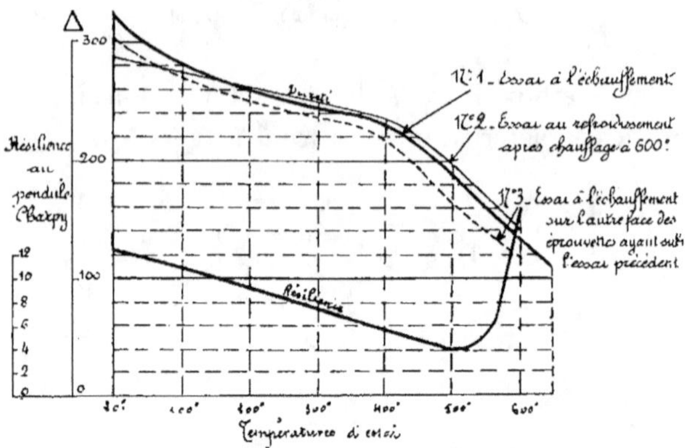

Fig. 80.

5° Aciers nickel-chrome auto-trempants.

Nous avons choisi les trois types dont nous avons déterminé les caractéristiques à froid.

$$a)\ \text{Type n}^\text{o}\ 1.\ \begin{cases} C & = 0,39 \\ Ni & \quad 4,82 \\ Cr & = 0,91 \end{cases}$$

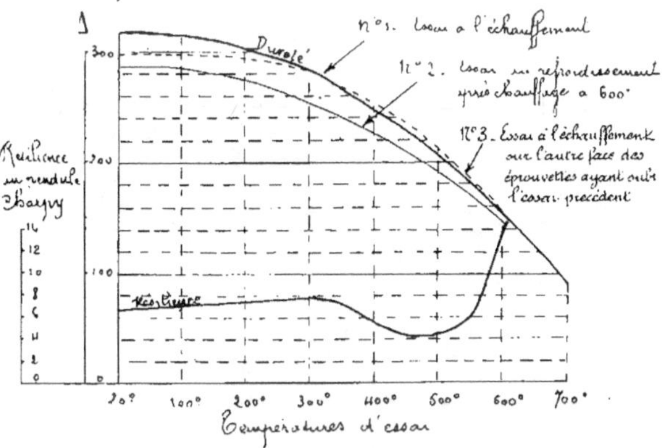

Fig. 81.

$$b)\ \text{Type n}^\circ\ 2. \quad \begin{cases} C = 0{,}19 \\ Ni = 4{,}92 \\ Cr = 1{,}71 \end{cases}$$

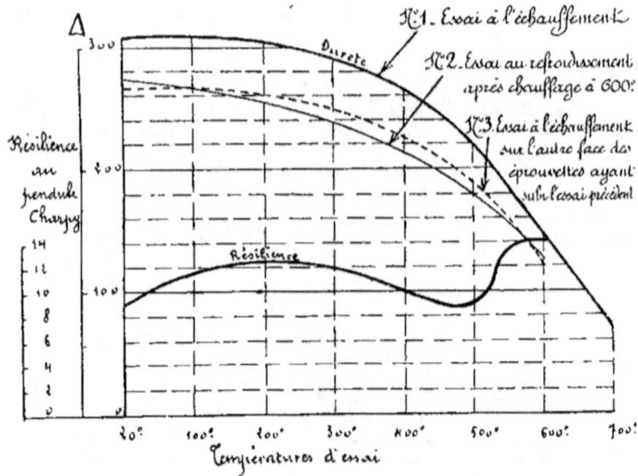

Fig. 82.

c) Type n° 3.
$$\begin{cases} C = 0{,}41 \\ Ni = 3{,}75 \\ Cr = 2 \end{cases}$$

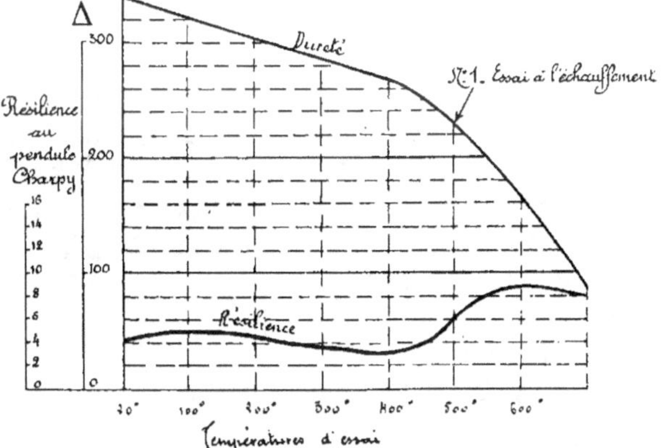

Fig. 83.

6° Acier chrome-tungstène.

Nous avons étudié les trois types mentionnés précédemment à froid.

$$a)\ \text{Type n}^o\ 1.\ \begin{cases} C = 0{,}59 \\ Cr = 4{,}81 \\ Tu = 7{,}94 \end{cases}$$

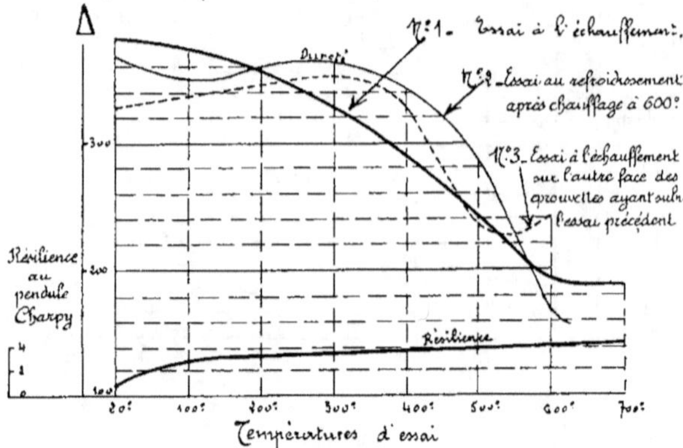

Fig. 84.

$b)$ Type n° 2. $\begin{cases} C = 0,4 \\ Cr = 1,5 \\ Tu = 10,5 \end{cases}$

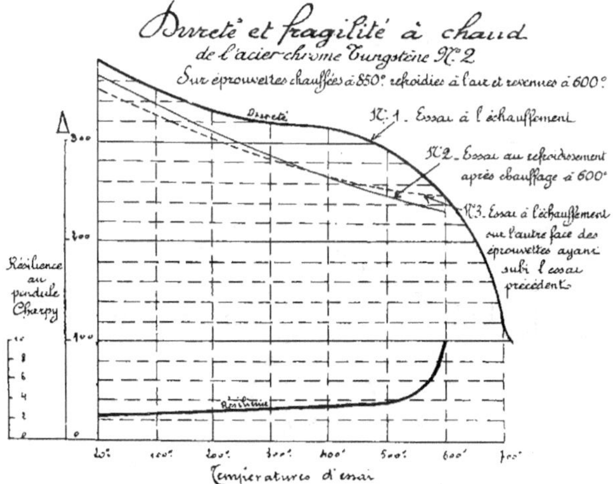

Fig. 85

$$c)\ \text{Type n}^\text{o}\ 3.\ \left\{\begin{array}{l} C = 0,66 \\ Cr = 2,80 \\ Tu = 18,62 \end{array}\right.$$

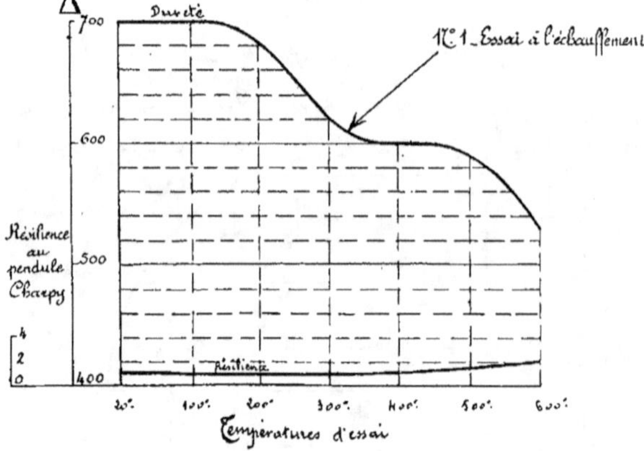

Fig. 86.

CHAPITRE II

CONCLUSIONS PRATIQUES
POUR LES MOTEURS D'AVIATION

La comparaison des résultats obtenus avec plusieurs aciers différant entre eux par la proportion relative de leurs constituants, a mis en évidence l'influence de ces constituants et donné des indications sur leur dosage.

Les résultats obtenus peuvent être résumés ainsi qu'il suit :

1° *Aciers au carbone.* — *Aciers demi-durs.* — Les aciers demi-durs, trempés et *revenus à 600°,* utilisés pour les pièces de moteurs dont l'échauffement ne dépasse pas 400°, donnent :

$$\text{A la température ordinaire} \dots \dots \dots \begin{cases} \Delta = 220 \\ \rho = 13 \end{cases}$$

$$\text{A 400°} \dots \dots \dots \dots \dots \dots \begin{cases} \Delta = 180 \\ \rho = 7 \end{cases}$$

Si, dans la zone 0-400°, on peut faire une concession à la dureté aux dépens de la résilience, on adoptera le *revenu à 500°,* au lieu de 600°, et l'on aura :

$$\text{A la température ordinaire} \dots \dots \dots \begin{cases} \Delta = 300 \\ \rho = 10 \end{cases}$$

$$\text{A 400°} \dots \dots \dots \dots \dots \dots \begin{cases} \Delta = 240 \\ \rho = 6 \end{cases}$$

Aciers durs. — Les aciers durs trempés et revenus à 600° utilisés dans la zone 0-300° donnent :

A la température ordinaire . . . . $\begin{cases} \Delta = 300 \\ \rho = 7 \end{cases}$

A 300° . . . . $\begin{cases} \Delta = 250 \\ \rho = 7 \end{cases}$

ce qui ne procure pas un bénéfice sur l'acier demi-dur trempé et revenu à 500°.

Pour augmenter la dureté, il faudrait diminuer le revenu, et alors l'acier dur devient fragile et dangereux pour des pièces soumises à des vibrations ou des chocs.

2° *Aciers au manganèse.* — Le manganèse abaissant d'une façon significative les points critiques, nous n'avons eu à étudier que les aciers au manganèse perlitiques.

Ces aciers sont fragiles.

L'acier au manganèse doit être *recuit* pour avoir une résilience suffisante, résilience que le moindre échauffement rend trop faible.

La dureté « à chaud » diminue assez rapidement.

De sorte que nous excluons les aciers qui ne doivent leurs propriétés qu'au manganèse, *quelle que soit la valeur de l'échauffement de la pièce du moteur.*

3° *Aciers au nickel perlitiques.* — Les aciers au nickel perlitiques

$$Ni = 3 \text{ à } 4 \text{ p. } 100$$
$$C = 0,2 \text{ à } 0,3 \text{ p. } 100$$

trempés et revenus à 600°, utilisés pour les pièces dont l'échauffement ne dépasse pas 400°, donnent :

A la température ordinaire . . . . $\begin{cases} \Delta = 300 \\ \rho = 8 \end{cases}$

A 400° . . . . $\begin{cases} \Delta = 220 \\ \rho = 6 \end{cases}$

4° *Aciers au nickel-chrome perlitique.* — Nous avons étudié deux types d'aciers :

Type n° 1 (grande teneur en nickel et faible teneur en chrome), 6 p. 100 de nickel et 0, 20 à 0, 40 de chrome ;

Type n° 2 (petite teneur en nickel et plus forte teneur en chrome), 2 à 3 p. 100 de nickel et 0, 60 à 0, 80 de chrome.

Ils se sont montrés d'une résilience très faible aux températures d'échauffement supérieures à 400°.

Dans la zone thermique de travail 0-300° à 400°, on obtient les résultats suivants :

Revenu préalable de 600°, zone de travail 0-400°.

Avec le type n° 1 :

$$A \text{ la température ordinaire} \dots \left\{ \begin{array}{l} \Delta = 220 \\ \rho = 12 \end{array} \right.$$

$$A\ 400° \dots \left\{ \begin{array}{l} \Delta = 220 \\ \rho = 7 \end{array} \right.$$

Avec le type n° 2 :

$$A \text{ la température ordinaire} \dots \left\{ \begin{array}{l} \Delta = 320 \\ \rho = 12 \end{array} \right.$$

$$A\ 400° \dots \left\{ \begin{array}{l} \Delta = 220 \\ \rho = 6 \end{array} \right.$$

Revenu préalable de 400°, zone de travail 0-300°.

Avec le type n° 1 :

$$A \text{ la température ordinaire} \dots \left\{ \begin{array}{l} \Delta = 300 \\ \rho = 7 \end{array} \right.$$

$$A\ 300° \dots \left\{ \begin{array}{l} \Delta = 280 \\ \rho = 6 \end{array} \right.$$

et dans la zone de travail 0-400°.

Avec le type n° 2 :

$$A \text{ la température ordinaire} \dots \left\{ \begin{array}{l} \Delta = 420 \\ \rho = 11 \end{array} \right.$$

$$A\ 300° \dots \left\{ \begin{array}{l} \Delta = 320 \\ \rho = 5 \end{array} \right.$$

ce qui donne un choix des traitements thermiques suivant la

température à laquelle doit être portée la pièce et les résultats à obtenir.

5° *Aciers nickel-chrome auto-trempants.* — Ces aciers sont les seuls qui puissent être pris en considération pour des échauffements de 600° et plus, les aciers perlitiques précédemment étudiés n'étant pas réversibles après trempe.

Les aciers auto-trempants, lorsqu'ils dépassent la température de trempe, reprennent, comme nous l'avons vu, leur constitution martensitique au refroidissement à l'air, ce qui assure la conservation théoriquement indéfinie de leur dureté.

L'étude des aciers de cette famille à teneurs variables en carbone, nickel et chrome, conduit aux conclusions suivantes : la teneur en chrome doit être supérieure à *0,8 p. 100 et inférieure à 2 p. 100.*

La teneur en nickel doit être de 4 à 5 p. 100.

La teneur en carbone peut varier de 0,15 à 0,30 p. 100; 0,30 p. 100 semble constituer un maximum, si l'on veut que l'acier ait une résilience suffisante.

Nous pouvons donc faire un certain nombre de combinaisons, sans changer le caractère *auto-trempant* de l'acier.

Nous choisirons la combinaison :

Teneur maximum chrome
Teneur minimum carbone

de préférence à la combinaison :

Teneur maximum carbone
Teneur minimum chrome.

Nous avons en effet constaté que la dureté à chaud se maintient mieux ainsi, sans que l'acier soit fragile, étant donnée la faible teneur en carbone.

Il faut éviter la combinaison :

Teneur maximum carbone
Teneur maximum chrome

qui, avec des difficultés d'usinage, engendre une trop grande fragilité, dans l'étendue de la zone thermique considérée.

Dans ces conditions, nous obtenons, à l'échauffement à 600°, les caractéristiques suivantes :

$$\Delta = 150$$
$$\rho = 14$$

c'est-à-dire que nous sommes dans les conditions recherchées, sans qu'en aucun point de la zone thermique les caractéristiques subissent un fléchissement dangereux.

Pour les échauffements supérieurs aux températures critiques, la réversibilité est complète, et l'acier retrouve au refroidissement ses propriétés premières.

Ces aciers ont à l'état doux une dureté d'environ 270 qui en permet l'usinage.

La considération des diagrammes (fig. 81, 82, 83), relatifs aux types n°ˢ 1, 2 et 3 d'acier nickel-chrome auto-trempant, nous montre que le type n° 2, qui a la composition générale suivante :

$$Ni = 5 \pm 0,5$$
$$Cr = 1,6 \text{ à } 2$$
$$C = 0,15 \text{ à } 0,30$$

est celui qui satisfait le mieux aux conditions.

Les types n°ˢ 1 et 3 sont plus fragiles que le type n° 2, dont la résilience est supérieure à 8 dans toute l'étendue de la zone thermique.

Après revenu de 600°, les caractéristiques de cet acier sont :

$$\text{A la température ordinaire} \dots \dots \begin{cases} \Delta = 300 \\ \rho = 10 \end{cases}$$

$$\text{A 400°} \dots \dots \dots \dots \dots \dots \begin{cases} \Delta = 260 \\ \rho = 10 \end{cases}$$

$$\text{A 600°} \dots \dots \dots \dots \dots \dots \begin{cases} \Delta = 150 \\ \rho = 14 \end{cases}$$

Pour des échauffements faibles (300° par exemple), il suffit de faire revenir au préalable à cette température d'échauffement 300°, et l'on obtient dans la zone thermique 0-300° :

$$\text{A la température ordinaire} \dots\dots \left\{ \begin{array}{l} \lambda = 420 \\ \rho = 7 \end{array} \right.$$

$$\text{A 300}° \dots\dots\dots\dots\dots \left\{ \begin{array}{l} \lambda = 400 \\ \rho = 6 \end{array} \right.$$

ce qui montre l'intérêt que présentent ces aciers aussi bien pour les faibles échauffements que pour les violents échauffements.

6° *Aciers chrome-tungstène*. — Après avoir exclu les aciers perlitiques chrome-tungstène intéressant peu l'aéronautique, les aciers martensitiques comme inusinables, nous avons étudié les aciers chrome-tungstène à carbure double. Cette dernière catégorie d'aciers a été également exclue à la suite de cette étude, étant données :

1° La difficulté d'obtenir l'état doux correspondant à un usinage facile;

2° La grande fragilité de ces aciers à toutes les températures.

Résumé. — On peut résumer commodément les résultats dans les trois tableaux suivants, dans lesquels nous avons éliminé les aciers et les traitements donnant une résilience inférieure à 6, après avoir rangé dans chaque tableau les aciers d'après l'ordre de dureté.

Ces tableaux sont relatifs :

1° Au travail à la température ordinaire;
2° Au travail dans la zone 0-400°;
3° Au travail dans la zone 0-600° et au-dessus

TABLEAUX

I. Travail à la température ordinaire.

VALEURS de Δ approximatives	SPÉCIFICATION DE L'ACIER	RÉSILIENCES
500	Acier nickel-chrome perlitique, type n° 2, revenu 250°.	8
450	Acier nickel-chrome perlitique, type n° 2, revenu 350°.	11
400	Acier nickel-chrome perlitique, type n° 2, revenu 425°.	12
350	Acier nickel-chrome perlitique, type n° 2, revenu 500°.	12,5
	Acier nickel-chrome auto-trempant, type n° 2, revenu 525°	6
	Acier demi-dur trempé, revenu 300°	6
300	Acier nickel-chrome perlitique, type n° 2, revenu 500°.	13
	Acier nickel-chrome auto-trempant, type n° 2, revenu 600°	10
	Acier demi-dur trempé, revenu 500°	10
	Acier nickel perlitique, revenu 600°.	8
	Acier nickel-chrome, type n° 1, revenu 400°.	7
250	Acier nickel-chrome perlitique, type n° 2, revenu 600° à 800°	13
	Acier nickel-chrome perlitique, type n° 1, revenu 525°.	12
	Acier au carbone demi-dur, revenu 550°	12
	Acier au nickel perlitique recuit	9
200 et au-dessous	Aciers demi-doux, doux, extra-doux et aciers types de cémentation	> 15

II. Travail dans la zone thermique 0-400°.

VALEURS de Δ à 0°	VALEURS de Δ à 400°	SPÉCIFICATION DE L'ACIER	RÉSILIENCE à 0°	RÉSILIENCE à 400°
420	380	Acier nickel-chrome auto-trempant, n° 2, revenu à 400°.	6	6
420	320	Acier nickel-chrome perlitique, n° 2, revenu 400°.	11	6
360	280	Acier nickel-chrome perlitique, n° 2, revenu 500°.	11	7

VALEURS de Δ à 0°	VALEURS de Δ à 400°	SPÉCIFICATION DE L'ACIER	RÉSILIENCE à 0°	RÉSILIENCE à 400°
320	250	Acier nickel-chrome auto-trempant, n° 1, revenu à 600°. . .	6	6
300	220	Acier nickel-chrome perlitique, n° 2, revenu 600°.	13	10
300	280	Acier nickel-chrome perlitique, n° 1, revenu à 400°.	7	5
300	240	Acier demi-dur, revenu 500° . .	10	6
300	220	Acier nickel perlitique, revenu 600°.	8	6
220	210	Acier nickel-chrome perlitique, n° 1, revenu 600°	12	7
220	180	Acier demi-dur, revenu 600° . .	13	7

III. Travail dans la zone thermique 0-600°.

VALEURS de Δ à 0°	VALEURS de Δ à 600°	SPÉCIFICATION DE L'ACIER	RÉSILIENCE à 0°	RÉSILIENCE à 600°
320	150	Acier nickel-chrome auto-trempant, type n° 1, revenu à 600°.	7 avec minimum de 4 à 500°	14
300	150	Acier nickel-chrome auto-trempant, type n° 2, revenu à 600°.	10	14
220	100	Acier nickel-chrome perlitique, type n° 1.	13	11

NOTA. — Au delà de 600°, faire appel aux aciers nickel-chrome, type n° 2, concurremment avec les aciers polyédriques au nickel à 32 p. 100 de nickel, dont nous avons cité les avantages et les inconvénients (titre XI, chap. 1, § 2).

Nous pouvons ainsi exercer un choix motivé de l'acier suivant la nature du travail, la zone thermique dans laquelle ce dernier s'effectue et la prépondérance qu'il y a lieu d'accorder soit à la résilience, soit à la dureté.

Les diagrammes des aciers spéciaux donnés aux titres X et XII ainsi que les analyses chimiques de chaque acier étudié, permettent de préciser quantitativement et qualitativement les aciers ternaires et quaternaires mentionnés dans les tableaux précédents, et de trouver facilement dans l'industrie les aciers qui, sous des marques conventionnelles, possèdent des qualités similaires.

On pourra ainsi fixer, à bon escient, dans les cahiers des charges, les conditions exigées du métal, comme composition chimique, dureté et résilience.

On devra, de ce fait, obtenir les résultats suivants :

1° Diminuer dans de grandes proportions l'usure des diverses pièces de moteurs, étant donnée la dureté que l'on obtient pour toute la zone de températures, par un choix judicieux du métal;

2° Éviter les ruptures toujours très graves par suite de l'existence dans toute la zone thermique d'une résilience suffisante.

On dotera ainsi toutes les pièces des moteurs de deux qualités primordiales : *sécurité* et *durée*.

CINQUIÈME PARTIE

CONDITIONS DE RÉCEPTION

CAHIER DES CHARGES

Tout ce que nous avons exposé jusqu'ici relativement aux aciers au carbone ou aux aciers spéciaux, a mis en évidence les propriétés et les qualités de ces aciers.

L'expression naturelle de ces exigences doit s'affirmer par la rédaction d'un cahier des charges indiquant les conditions de réception.

En ce qui concerne l'Aéronautique, une commission spéciale nommée par le ministre a été chargée de procéder à la rédaction des cahiers des charges des produits métallurgiques et en particulier des produits sidérurgiques.

Adoptant pour les aciers ordinaires le cahier des charges communes de l'artillerie du 10 septembre 1909, mis à jour le 1ᵉʳ septembre 1915, cette commission a élaboré les cahiers suivants :

a) Cahier des charges communes relatif à la fourniture au Service de l'aéronautique des aciers spéciaux (blooms, billettes, barres et pièces forgées), 1ᵉʳ juillet 1918 (¹) ;

b) Cahier des charges spéciales applicables à la fourniture des arbres manivelles pour moteurs d'aviation, 1ᵉʳ juillet 1918 (¹) ;

c) Cahier des charges spéciales pour la fourniture au service de l'aéronautique des tôles en acier, 13 août 1918 (¹) ;

(¹) Paris, Imprimerie Paul Dupont.

d) Cahier des charges spéciales pour la fourniture des tubes en acier destinés à l'aéronautique, 3 septembre 1918 ([1]);

e) Cahier des charges spéciales pour la fourniture de fils et câbles en acier à haute résistance destinés à l'aéronautique, 14 août 1918 ([1]);

f) Cahier des charges spéciales pour la fourniture des boulons en aciers ordinaires au carbone destinés à l'aéronautique, 16 juillet 1918 ([1]);

g) Cahier des charges spéciales applicables à la fourniture des tendeurs destinés à l'aéronautique, 5 juillet 1918 ([2]);

h) Cahier des charges communes relatif à la fourniture des fontes et pièces de fonte au service de l'aéronautique.

D'une façon générale, deux catégories d'essais ont été adoptés :

1° Les *essais par prélèvement ;*

2° Les *essais individuels.*

L'essai par *prélèvement* est un essai qui caractérise l'ensemble d'un lot, le lot étant nettement défini, se rattachant à la coulée ou à un ensemble de coulées pour les produits naturels et se rattachant à un certain tonnage pour les produits transformés.

L'essai par prélèvement peut donner lieu à un ou plusieurs contre-essais, conformément aux clauses précisées dans les cahiers des charges.

Il détermine la réception ou le rebut du lot.

Cet essai par prélèvement caractérisant les qualités d'ensemble d'un lot et assurant un minimum de déchet, c'est-à-dire un maximum d'utilisation, a paru insuffisant pour l'aéronautique.

Un fléchissement dans les qualités d'une seule pièce étant

([1]) Paris, Imprimerie Paul Dupont.

([2]) Paris, Imprimerie de Vaugirard Motti, 12-13, impasse Ronsin, Paris.

susceptible d'occasionner un accident mortel, il a semblé qu'il était indispensable de compléter l'essai par prélèvement par un *essai individuel* permettant de déceler les défauts particuliers incompatibles avec l'emploi.

Naturellement l'essai individuel doit être judicieusement choisi pour être rapide et significatif, l'élément rapidité ayant son intérêt pour ne pas apporter de retard dans l'expédition ou l'utilisation des pièces.

La technique de ces deux catégories d'essais a été réglée d'après les considérations précédentes.

L'essai d'*emploi*, c'est-à-dire l'essai correspondant le plus à l'utilisation ultérieure de la matière, a été recherché particulièrement soit comme essai de prélèvement, soit comme essai individuel, de façon à qualifier les produits métallurgiques, dans les éléments les plus intéressants relevant de cette investigation.

Ajoutons que la *résilience* a trouvé pour la première fois place dans un cahier des charges officiel.

L'aéronautique, qui avait adopté cet essai tout d'abord à titre d'indication, a pu étayer cette valeur de résilience par une documentation très complète. Cette documentation a permis d'établir un accord entre les parties intéressées et de donner à la caractéristique résilience droit de cité dans les cahiers des charges.

Notons que les cahiers des charges relatifs aux aciers spéciaux dont l'aéronautique fait un si grand usage, constituent une base solide pour une « standardisation internationale » ([1]).

Le tableau Standard ci-après indique les caractéristiques demandées aux aciers par l'aéronautique.

([1]) Voir les annexes n⁰ 1 et n⁰ 2 reproduisant :
La première : le cahier des charges *communes* relatif à la fourniture au Service de l'Aéronautique des aciers spéciaux (blooms, billettes et pièces forgées).
La deuxième : le cahier des charges *spéciales* applicable à la fourniture des arbres manivelles pour moteurs d'aviation.

STANDARDISATION

CHAPITRE I

STANDARDISATION AÉRONAUTIQUE FRANÇAISE

But de la standardisation. — Le but a été nettement précisé par la *Commission permanente de Standardisation française*, à savoir :

« Unification des produits servant à un même usage ;

« Limitation du nombre des différents types ;

« Élévation du niveau des qualités demandées. »

La *standardisation* se différencie nettement de la *classification* envisagée au titre IX. Le but poursuivi par la première est avant tout d'ordre industriel et pratique, celui poursuivi par la seconde est d'ordre plus théorique et plus scientifique.

Le tableau précédent constitue le « tableau standard n° 1 » de l'aéronautique.

On a cherché à établir une « standardisation nationale des produits sidérurgiques destinés à l'aviation en réduisant au minimum le nombre des aciers. Ces aciers sont divisés en *classes*, chaque classe comprenant des *catégories*.

La classification est assez simple pour se prêter à des réductions nouvelles, à des substitutions ou, le cas échéant, à des augmentations.

Mécanisme du tableau standard français. — a) *Classes*. — Sept classes d'aciers ont été établies, à savoir :

Classe n° 1, aciers ordinaires au carbone ;
— n° 2, aciers au nickel ;
— n° 3, aciers au nickel-chrome ;
— n° 4, aciers au silicium ;
— n° 5, aciers pour roulements ;
- n° 6, aciers au tungstène et chrome tungstène ;
— n° 7, aciers nickel-chrome tungstène.

b) *Catégories*. — Chaque classe contient des catégories, le numéro de chaque catégorie s'inscrivant de 1 à 9 après le numéro de la classe. Les catégories sont rangées généralement par dureté croissante.

Ex. : Acier 32 = acier 3e classe (nickel-chrome), 2e catégorie (demi-dur).

Les *caractéristiques mécaniques* constituent des conditions de réception.

Les *caractéristiques chimiques* constituent des conditions de réception pour les teneurs en soufre et phosphore des aciers spéciaux y compris des aciers de cémentation au carbone.

Elles constituent de plus des conditions de réception pour les teneurs maxima en carbone et en manganèse des aciers de cémentation.

Les autres caractéristiques chimiques sont données à titre d'indication de façon à établir la composition moyenne des aciers dans chaque classe et chaque catégorie.

Cette « standardisation » nationale pour l'aéronautique a eu les résultats suivants :

1° Réduction des types d'aciers employés ;

2° Suppression dans les marchés des marques multiples qui, en leur qualité de « marques », sont souvent soustraites à toute condition de réception ;

3° Éducation des bureaux d'étude et de dessin qui ont pris l'habitude des aciers « standard », des caractéristiques les définissant, des efforts et sollicitations auxquels ils peuvent être soumis, sans compromettre la sécurité;

4° Augmentation et régularisation de la production.

CHAPITRE II

STANDARDISATION AÉRONAUTIQUE ÉTRANGÈRE

La fourniture aux Alliés pendant la guerre d'aciers spéciaux destinés à l'aéronautique et les échanges interalliés rendaient nécessaire l'établissement d'une correspondance entre les standards français et les standards américains et anglais.

Il ne semble pas inutile de donner à ce sujet quelques indications sur les standardisations et les notations américaines et anglaises.

1° TABLEAUX STANDARDS AMÉRICAINS. — Les États-Unis ont établi un « tableau des standards pour automobile et aviation ».

A chaque acier correspond un nombre formé de quatre chiffres.

Ce numéro doit donner des indications sur la nature de l'acier.

Aciers ordinaires au carbone. — Ces aciers sont numérotés de 1000 à 1100.

Le premier chiffre 1 indique la classe. Carbone ordinaire.

Les deux derniers chiffres représentent la teneur en carbone.

Ex. : Acier 1045 = Acier au carbone ordinaire à 0,45 de carbone.

Aciers au nickel. — Ces aciers sont numérotés de 2000 à 3000 exclu.

Le premier chiffre indique la classe « Nickel ».

Le deuxième chiffre indique la teneur en nickel.

Tableau de correspondance des diverses spécifications
actuellement en usage par rapport à la nomenclature interallié

2 octobre 1918

CATÉGORIE	NOMENCLATURE interalliée	FRANCE	ANGLETERRE		ÉTATS-UNIS			OBSERVATIONS
			British standard specification for Aircraft steel	British Air Ministry specification	International Aircraft standards Board specification	Signal Corps specification	Standard steel	
1	1 - a Acier extra-doux	10 11	AL. 3 AL. 3	S. 13 S. 13 et S. 14	3. S. 1. —	10.030 —	1010 —	
	1 - b Acier doux	12 13	AL. 7 AL. 9	S. 3	3. S. 26 3. S. 20	10.028 10.201	1020 1030	
	1 - c Acier mi-dur	14	AL. 11 AL. 12 AL. 13 AL. 14	S. I part 1 S. I part 2 S. 6 S. 27 K. 5 S. 23	3. S. 2 3. S. 30 3. S. 31 3. S. 35	10.036 10.037 10.251 10.255	1045	S. I part 1 pour aciers étirés ou laminés brillants. S. I part 2 pour barres rondes, carrées, hexagonales, brutes de laminage.
	1 - d Acier dur.	15	»	K 4	»	»	1080	
	13 - b Acier au chrome pour roulements à billes . .	51	»	»	»	»	51.100	
	123 - a Acier au nickel-chrome de cémentation	31	AL. 5	3. S. 16	3. S. 18	10.051	X 3315	
	123 - b Acier au nickel-chrome mi-dur	32 33 33	AL. 18 AL. 19 AL. 20 AL. 21	K. 3 2. S. 11 2. S. 12 K. 1 S. 33	3. S. 4 3. S. 5 3. S. 6 3. S. 33 3. S. 34	10.046 10.047 10.048 10.253 10.254	X 3335	
	123 - c Acier au nickel-chrome auto-trempant	34	AL. 22 AL. 33	S. 18 S. 28 S. 30	3. S. 7 3. S. 8	10.049 10.050	X 3435	
	134 - a Acier à coupe rapide . .	62	AL. 24	K. 8	3. S. 38	10.040	W. 60 W. 60a	

CATÉGORIE	NOMENCLATURE interalliée	FRANCE	ANGLETERRE		ÉTATS-UNIS			OBSERVATIONS
			British standard specification for Aircraft steel	British Air Ministry specification	International Aircraft standards Board specification	Signal Corps specification	Standard steel	
II	1 - bs Acier doux riche en soufre	»	AL. 10	»	»	»	1114	
	1 - f Acier extra-dur.	16	»	S. 25 K. 7	»	»	1095	
	12 - a Acier au nickel extra-doux	21	AL. 4	S. 15	»	»	2310	
	12 - b Acier doux à 5 o/o de nickel	22	AL. 6 AL. 8	3. S. 17 S. 4	»	»	»	
	12 - c Acier mi-dur à 3 $\frac{1}{2}$ o/o de nickel.	»	AL. 15	S. 8 S. 9 S. 10	3. S. 3 3. S. 32	10.045 10.252	2335	
	12 - d Acier au nickel amagnétique	23	»	»	»	»	»	
	13 - a Acier à 12-13 o/o de chrome.	»	AL. 25	S. 19	3. S. 36	10.040	51230	
	14 - a Acier au tungstène. . . .	G1	»	»	»	»	»	
	15 - b Acier mangano-siliceux .	41	»	»	»	»	»	
	15 - a Acier au silicium	42	»	»	»	»	»	
	123 - c	36	»	»	»	»	»	
	123 - d	35	»	»	»	»	»	
	1234 - a Acier au nickel-chrome-tungstène.	71	»	K. 14	»	»	»	

REMARQUE. — L'œuvre d'unification doit se poursuivre et se poursuit effectivement au point de vue national et au point de vue interallié.

Le Comité interallié a disparu avec la guerre.

Un comité français d'*unification de l'aéronautique* a été créé en octobre 1918, comité d'unification qui est en relation avec les organes similaires du Canada, de la Grande-Bretagne, des États-Unis et de l'Italie, par l'intermédiaire d'une commission internationale de standardisation.

Il possède une section de métallurgie qui doit poursuivre l'unification des machines, procédés et méthodes destinés aux essais.

De plus, ce comité d'unification de l'aéronautique constitue un des éléments de la « Commission permanente de Standardisation » française instituée au ministère du Commerce. Cette commission permanente se subdivise en effet comme il suit :

Commission permanente de Standardisation

1re sous-commission,	*Construction électrique.*
2e —	*Matériel de chemins de fer et tramways.*
3e —	*Éléments de machines.*
4e —	*Métallurgie et constructions métalliques.*
5e —	*Matériel de l'industrie textile.*
6e —	*Machines thermiques et hydrauliques.*
7e —	*Matériel pour l'industrie chimique.*
8e —	*Constructions navales.*
9e —	*Matériel des mines.*
10e —	*Automobile et cycle.*
11e —	*Unités de mesure et tolérance.*
12e —	*Matériel agricole.*
13e —	*Comité d'unification de l'aéronautique.*

Notations abrégées de la Commission permanente de Standardisation française. — La Commission permanente de Standardisation française (Unification de la nomenclature des produits métallurgiques) a recherché des notations abrégées pour les fers, aciers et fontes (10 juin 1919).

Il faut remarquer que ces notations abrégées ne constituent pas une recherche de standardisation, tendant à définir et limiter les différents types, mais une désignation commode du type sidérurgique.

Elles ne sont donc pas incompatibles avec ce qui a été exposé précédemment par l'Aéronautique française.

Nous extrayons ce qui suit du document précité :

« La désignation d'un métal doit être faite en clair.

« La lettre A sera utilisée pour les aciers ;

« La lettre F pour les fontes ;

« La lettre I (Iron) pour les fers.

« Un indice indiquera si l'on se trouve en présence d'un produit primaire, binaire, etc. Le procédé de fabrication sera indiqué par une lettre placée à la droite :

C : creuset,
M : Martin,
E : four électrique,
B : bessemer acide.
T : Thomas.

« Un chiffre indiquera la nuance par la résistance en kilos par millimètre carré de section.

« De plus, on spécifiera, s'il y a lieu, la composition chimique par les symboles indiquant la proportion pour cent de l'élément considéré. Enfin, le degré de pureté sera indiqué par les lettres P. S. (pureté supérieure) ou P. N. (pureté normale).

« Exemple :

« $A_1 M_{50}$ = acier primaire, préparé au four Martin de résistance 50 kg.

« $A_2 EC_{1,1} Cr_{1,5}$ P. S. = acier binaire préparé au four électrique, contenant 1,1 p. 100 de carbone, 1,5 p. 100 de chrome et moins de 0,04 de soufre et de phosphore. »

SIXIÈME PARTIE

ÉTUDE ANALYTIQUE D'UN ACIER
POUR VILEBREQUINS D'AVIATION

ÉTUDE MÉTHODIQUE D'UN ACIER SPÉCIAL

Nous prendrons comme exemple un acier pour vilebrequins d'aviation et étudierons successivement les points suivants :

A) Caractérisation de la matière première.

B) Transformation de cette matière première (Forgeage et matriçage).

C) Traitement thermique.

D) Vérification des caractéristiques mécaniques.

E) Tensions résiduelles.

F) Conclusions.

A) Caractérisation de la matière première

Le cahier des charges communes du 1er juillet 1918 relatif à la fourniture des produits sidérurgiques destinés à l'aéronautique définit les caractéristiques des aciers destinés aux vilebrequins d'aviation, aciers 32 et 33 d'une part et acier 34 d'autre part du tableau standard n° 1 annexé à ce cahier.

L'acier 32 est l'acier nickel-chrome nuance demi-dur.

L'acier 33 est l'acier nickel-chrome nuance dur.

L'un et l'autre sont perlitiques, quoique l'acier 33 soit un acier limite, déjà auto-trempant si on se rapproche, simultanément pour le carbone, le nickel et le chrome, des teneurs maximum.

L'acier 34 est nettement auto-trempant et peu employé pour les vilebrequins. Nous n'en ferons pas une étude spéciale.

CARACTÉRISATION DE L'ACIER 32. — L'acier 32 est ainsi caractérisé :

1° Composition chimique moyenne (à titre d'indication):

$$C \quad — \quad 0,28 \text{ à } 0,35$$
$$Ni \quad — \quad 2,50 \text{ à } 2,80$$
$$Cr \quad — \quad 0,70$$
$$Mn \quad — \quad 0,40$$
$$Si \quad — \quad 0,20 \text{ à } 0,30$$
$$S \text{ max.} \quad — \quad 0,04 \quad \text{constituant des conditions}$$
$$P \text{ max.} \quad — \quad 0.04 \quad \text{de réception}$$

2° Propriétés mécaniques:

Après trempe à l'huile de 820° à 850° et revenu convenable de barreaux d'essais définis au titre I (art. 5 et 6) du cahier des charges précité :

$$R \geqslant 80$$
$$E \geqslant 70$$
$$A \text{ p. } 100 \text{ min. } 12$$
$$\rho \text{ min. } 13$$

CARACTÉRISATION DE L'ACIER 33. — L'acier 33 est ainsi caractérisé :

1° Composition chimique moyenne (à titre d'indication):

$$C \quad — \quad 0,30 \text{ à } 0.35$$
$$Ni \quad — \quad 3 \quad \text{ à } 3,50$$
$$Cr \quad — \quad 1 \quad \text{ à } 1,50$$
$$Mn \quad — \quad 0,25$$
$$Si \quad — \quad 0,30$$
$$S \text{ max.} \quad — \quad 0,04 \quad \text{constituant des conditions}$$
$$P \text{ max.} \quad — \quad 0,04 \quad \text{de réception}$$

2° Propriétés mécaniques:

Après trempe à l'huile de 800° à 850° et revenu convenable

de barreaux d'essais définis au titre I (art. 5 et 6) du cahier des charges précité :

$$R \geqslant 90$$
$$E \geqslant 75$$
$$A \text{ p. } 100 \text{ min. } 12$$
$$\rho \text{ min. } 12$$

Comparaison entre l'acier 32 et l'acier 33 pour la fabrication des vilebrequins. — Un avantage des aciers du type 33 consiste dans ce fait que les propriétés R et E recherchées peuvent être suffisantes même après un revenu assez élevé, 650°.

Ce revenu élevé rapproche l'acier de l'état recuit (environ 50° au-dessous de A_1).

Or, c'est très légèrement au-dessous de A_1 que les résiliences ont leur plus grande valeur, alors que le maximum des allongements a lieu vers $A_1 + 50$.

D'une façon générale, avec les aciers 32 les R et les E sont insuffisants à cette température de revenu.

Pour ceux-là on s'en tient donc à un revenu moindre (550-600°) qui ne coïncide pas avec le maximum des résiliences.

Quoi qu'il en soit, c'est sur l'acier 32 que cette étude méthodique est poursuivie, étant donné l'emploi considérable qui a été fait de cet acier pour la fabrication des pièces de moteurs d'aviation.

B) Transformation de la matière première (forgeage, matriçage)

Matriçage. — Le découpage à chaud ou à froid doit être absolument proscrit.

Il occasionne une rupture des fibres du métal et créée dans

les bras des travers dangereux qui ne permettraient pas les caractéristiques minimum exigibles.

Les macrographies 1 et 2 (pl. XIX) et 3 et 4 (pl. XX) donnent respectivement l'aspect d'un élément de vilebrequin découpé en plateau et celui d'un élément de vilebrequin matricé.

On voit, d'une part (nᵒˢ 1 et 2), le sectionnement des fibres, à l'aplomb des manetons et des bras et, d'autre part

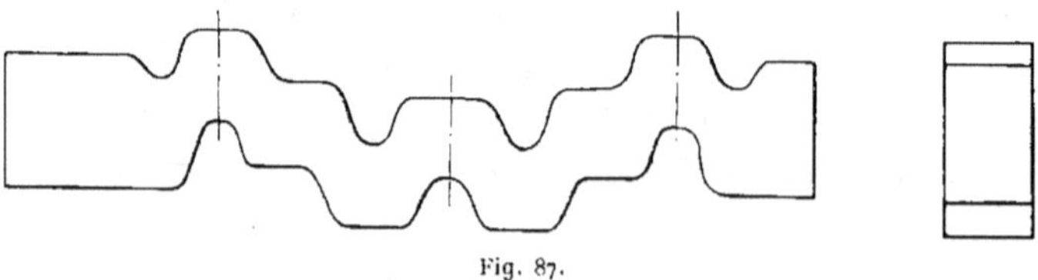

Fig. 87.

(nᵒˢ 3 et 4), l'incurvation de ces fibres suivant sans rupture les sinuosités du tracé de l'arbre.

Le vilebrequin sera donc en général amené par un matri-

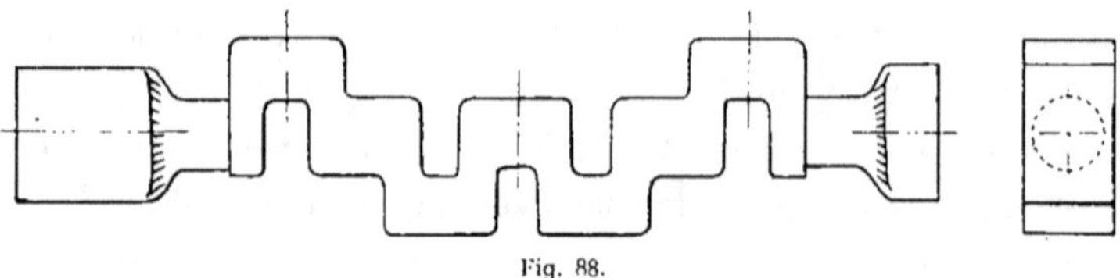

Fig. 88.

çage de champ à posséder les sinuosités dans lesquelles s'inscriront les coudes (Voir fig. 87).

A ce matriçage de champ ou cambrage succéderont en général deux passes de matriçage à plat (Voir fig. 88).

Décalage des plans axiaux des coudes. Torsion a éviter. — Les opérations précédentes sont relativement simples quand il s'agit de vilebrequins à quatre coudes dans lesquels le plan axial de chaque coude coïncide avec le plan axial des autres coudes.

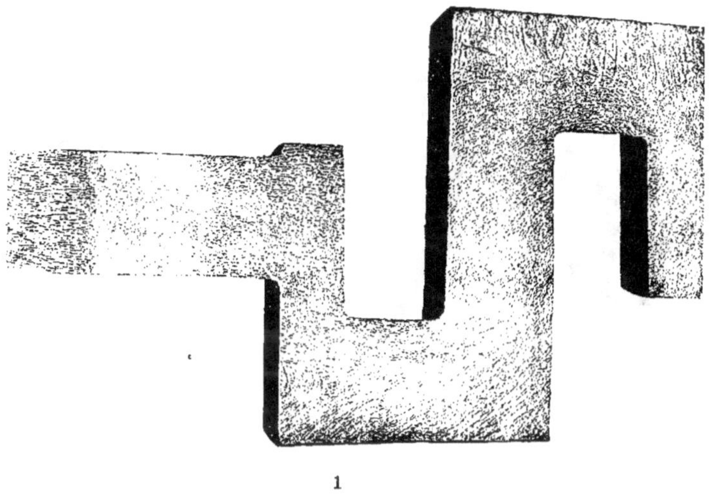

1

2

Planche XIX

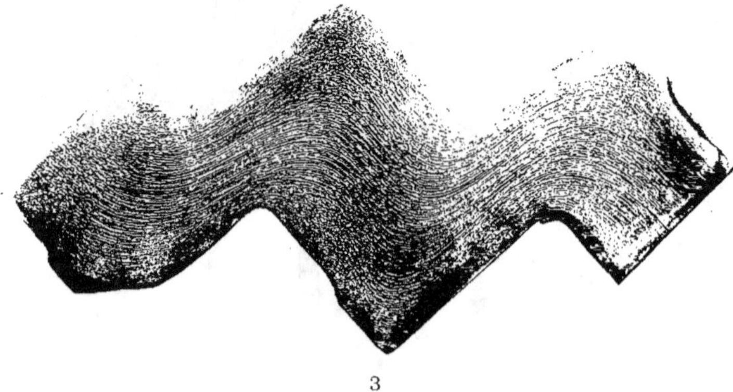

3

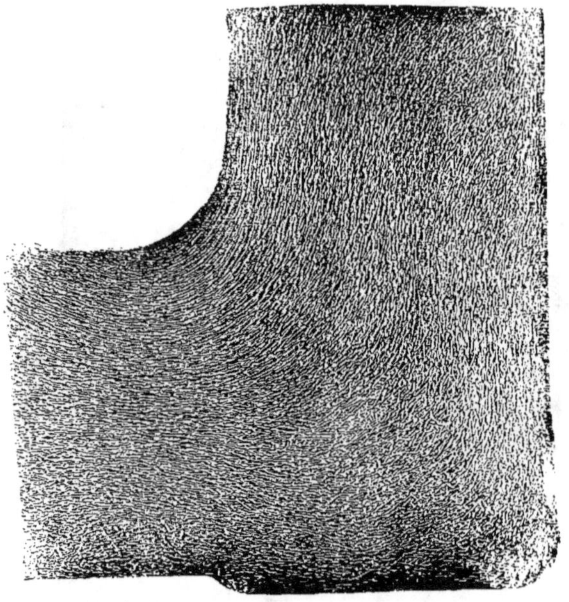

4

Planche XX

Dans les vilebrequins à six coudes les plans axiaux des coudes ne coïncident pas entre eux et il y a des décalages de 30°, 60° ou 120°.

A la suite de l'opération de cambrage ces décalages ne sont pas amorcés.

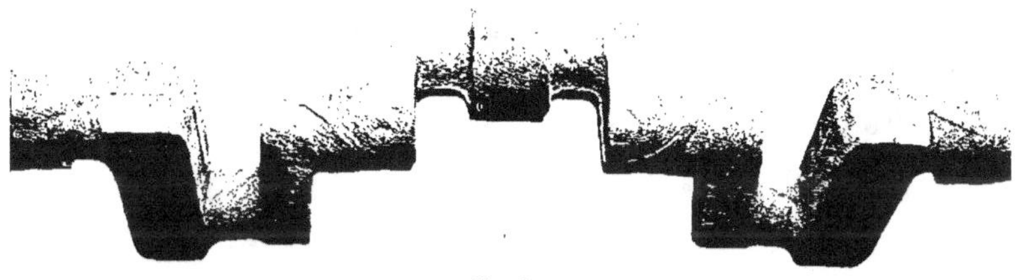

Fig. 89.

Il y a lieu de demander aux matriçages consécutifs au cambrage, l'orientation relative de ces coudes.

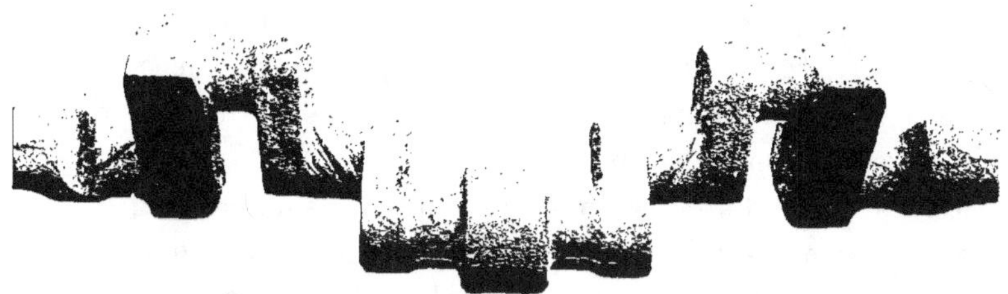

Fig. 90.

Le cahier des charges relatif à la réception des arbres manivelles s'exprime ainsi :

« Les torsions, s'il en est, devront être obtenues par forgeage et les *angles de torsion* seront réduits à 60° par des opérations de forgeage ou de matriçage appropriées. »

La torsion, c'est-à-dire l'opération consistant à faire tourner à chaud un coude autour des deux portées voisines, est donc sinon absolument interdite, du moins nettement délimitée.

Cette torsion change l'orientation des fibres du métal et

diminue dans la longueur, c'est-à-dire parallèlement à la fibre moyenne, la résilience de la portée intéressée.

Les figures 89 et 90 donnent l'aspect d'un vilebrequin à six coudes brut de forge dans lequel on voit sur les portées l'orientation hélicoïdale des fibres due à la torsion.

Or, il a été constaté que des ruptures ont eu lieu dans les portées tordues qui en long avaient des résiliences nettement insuffisantes, malgré le petit supplément de résilience donné en travers par la torsion.

C) Traitements thermiques

Après l'estampage ou matriçage, nous nous trouvons en présence d'un arbre qui possède toutes les tensions dues à ce mode de forgeage.

Le but final à poursuivre est le suivant :

Obtenir, *après traitement thermique,* un arbre possédant, d'une part, les caractéristiques mécaniques recherchées et, d'autre part, un minimum de tensions résiduelles (tensions de forgeage, tensions de trempe).

L'idéal serait d'obtenir après ces traitements un métal absolument inerte, c'est-à-dire se trouvant dans un état d'équilibre moléculaire parfait permettant d'éviter les déformations ou transformations pendant l'usinage et postérieurement à l'usinage.

Les caractéristiques mécaniques à obtenir sont définies au cahier des charges du 1er juillet 1918 relatif à la fourniture des arbres manivelles pour moteurs destinés à l'aéronautique (Voir annexe n° 2).

Elles seront étudiées.

Ajoutons que la *texture fibreuse* caractéristique des hautes résiliences est indispensable à obtenir, ce qui est loin de diminuer les difficultés du problème à résoudre comme nous le verrons ultérieurement.

1° Traitement après forgeage

Les tensions de forgeage doivent être détruites avant la trempe au moyen d'un traitement thermique approprié.

Nous avons défini la zone de forgeage au titre VI, chapitre II, § 3.

Théoriquement, en appelant T la température du point critique A_3, elle se circonscrit dans l'intervalle

$$T + 200$$
$$T - 50$$

Pour les aciers 32 et 33, nous avons pratiquement les intervalles 1000° — 800°.

Au point de vue de la réduction des tensions de forgeage, on a intérêt à ne pas descendre trop près de la limite inférieure de cette zone.

On peut même admettre une température de forgeage au-dessus de 1000° si l'on prête la plus grande attention à se maintenir au-dessous de la température de ségrégation de façon à éviter toute brûlure du métal.

On peut ainsi concevoir, dans le but de diminuer les tensions dues au travail à chaud, une série d'opérations consistant à chauffer la pièce vers 1200°, la forger dans l'intervalle 1200° — 950°, puis la reporter au four pour remonter la température de 950° à 1200°, etc... en n'utilisant qu'un intervalle où le métal possède son maximum de malléabilité, et en réalisant par surcroît une économie de combustible, la somme des calories à fournir à la pièce de forge étant ainsi réduite.

Cela exige évidemment une très grosse surveillance des températures et un dressage du personnel tout à fait soigné.

Quoi qu'il en soit, la pièce de forge après le travail au laminoir, au pilon ou à la presse, possédera un *écrouissage* plus ou moins grand suivant le processus adopté dans le travail de forge et une *surchauffe* résultant de la température maximum à laquelle s'est effectué ce travail.

La trempe, comme nous l'avons vu au titre VII, chapitre 1, remédiera à la surchauffe.

Reste à la conduire de façon à réduire dans la mesure du possible les tensions résiduelles qu'elle fait naître.

En tout cas, avant d'y procéder, il faut détruire les tensions de forgeage pour qu'il n'y ait pas superposition des tensions résiduelles dues à ces deux causes, ce qui occasionnerait ultérieurement de graves inconvénients.

Ce traitement thermique peut être un recuit d'adoucissement, c'est-à-dire un chauffage à T + 50 opéré dans les conditions définies au titre VI, chapitre 2, § 4.

Ce traitement comporte un refroidissement relativement rapide.

Il améliore ainsi la texture et, en réalité, atténue les tensions de forgeage. Mais, il faut bien se dire que les deux résultats ne peuvent être obtenus simultanément (destruction des tensions, amélioration de la texture), et dans leur intégralité par une seule opération thermique, une même température de chauffage et une même vitesse de refroidissement n'étant pas susceptibles d'apporter une solution complète à deux questions aussi différentes.

Or étant donné qu'ultérieurement la trempe suivie de revenu se chargera de porter un remède complet à la surchauffe, il semble que si l'on veut poursuivre au préalable la destruction des tensions de forgeage, le traitement régénérateur à préconiser soit le *recuit de stabilisation*, à savoir :

Porter la pièce à une température se rapprochant des températures de forgeage, c'est-à-dire à une température plus élevée que celle définie pour le recuit (T + 50) (environ 800°), adopter par exemple T + 200 (environ 950°) et laisser refroidir la pièce très lentement de façon à permettre la réalisation de l'équilibre mécanique interne.

Sans doute après ce traitement l'acier aura une structure cristalline. Il sera fragile, mais il possédera une certaine inertie, il sera détendu. La trempe précédée ou non d'un recuit donnera à ce métal débarrassé des tensions résiduelles de forgeage les caractéristiques mécaniques recherchées.

2° Trempe

La technique complète de la trempe donne lieu aux recherches suivantes :

a) Détermination des courbes à l'échauffement et au refroidissement avec différentes vitesses de refroidissement;

b) Influence de la température de trempe sur la dureté superficielle;

c) Influence de la pénétration de la trempe sans revenu ;

d) Effets de la pénétration de la trempe après revenu ;

e) Influence des traitements thermiques successifs sur la résilience.

Ces recherches ont été faites à l'Inspection technique des Produits Métallurgiques de l'aviation ([1]) sur un acier n° 32 ayant la composition suivante :

$$
\begin{aligned}
C &= 0,30 \\
Ni &= 2,60 \\
Cr &= 0,77 \\
Mn &= 0,25 \\
Si &= 0,27 \\
S &= 0.02 \\
P &= 0,02
\end{aligned}
$$

Les différents résultats sont consignés ci-après :

a) DÉTERMINATION DES COURBES A L'ÉCHAUFFEMENT ET AU

---

[1] Section des Laboratoires, lieutenant Portevin.

REFROIDISSEMENT AVEC DIFFÉRENTES VITESSES DE REFROIDISSE-
MENT. — Les points de transformation ont été déterminés aux
aciéries d'Imphy par M. Chevenard par enregistrement photographique, à l'échauffement et au refroidissement, des
variations de longueur de petits barreaux d'acier au moyen
du dilatomètre différentiel.

Le refroidissement s'opérait soit dans le four pour la
courbe I (fig. 91), soit à l'air libre pour les courbes II, III
et IV (fig. 92, 93 et 94).

Dans tous les cas, la loi du refroidissement est connue et
indiquée par de petits tirets accompagnant la courbe de
refroidissement et qui s'inscrivaient toutes les quinze minutes
lors du refroidissement lent dans le four, ou toutes les cinq
minutes lors du refroidissement rapide à l'air.

Ces deux procédés de refroidissement correspondent à des
lois de refroidissement représentées graphiquement par les
courbes moyennes suivantes (fig. 95).

Dans le premier cas, l'intervalle 700 — 100 est franchi en
un temps $T = 1^h 30$ environ.

Dans le deuxième cas, l'intervalle 700 — 100 est franchi
en un temps $T = 6$ minutes.

Conclusions. — Par refroidissement dans le four avec
$T = 1^h 30$ l'acier est réversible même lorsque la température
de chauffage atteint 950° (hystérésis de transformation 150°).

Il sera adouci par un recuit industriel.

La température limite inférieure de chauffage avant trempe
est 780°.

Une limite inférieure de la température de sortie du four
avant trempe est 670°.

Par refroidissement à l'air avec $T = 6'$ il y a dédoublement (Ar' — Ar'') du point de transformation au refroidissement lorsque la température de chauffage varie de 800° à 950°.

ACIER 32 ($C = 0,30$; $Ni = 2,60$; $Cr = 0,77$; $Mn = 0,25$)

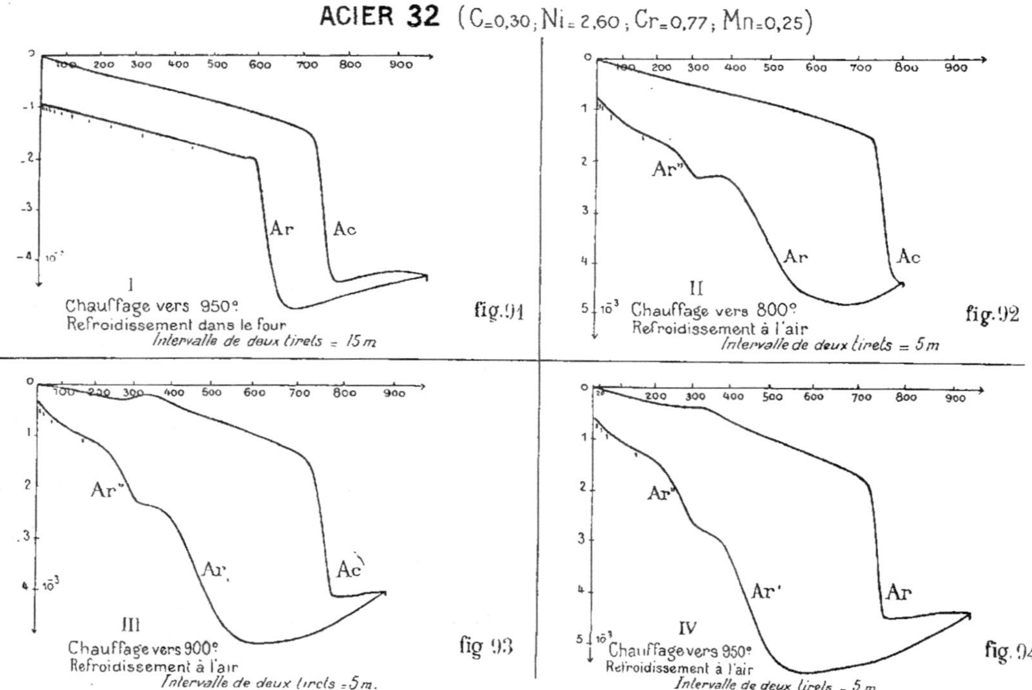

La vitesse de refroidissement est indiquée par des tirets graduant la courbe.

Il y a trempe partielle (martensite, troostite), ceci est montré par les anomalies à l'échauffement que l'on peut constater vers 3oo — 35o° sur les courbes III et IV tracées postérieurement à un refroidissement à l'air de l'éprouvette.

Il n'y aura pas de trempe à l'air au centre des pièces

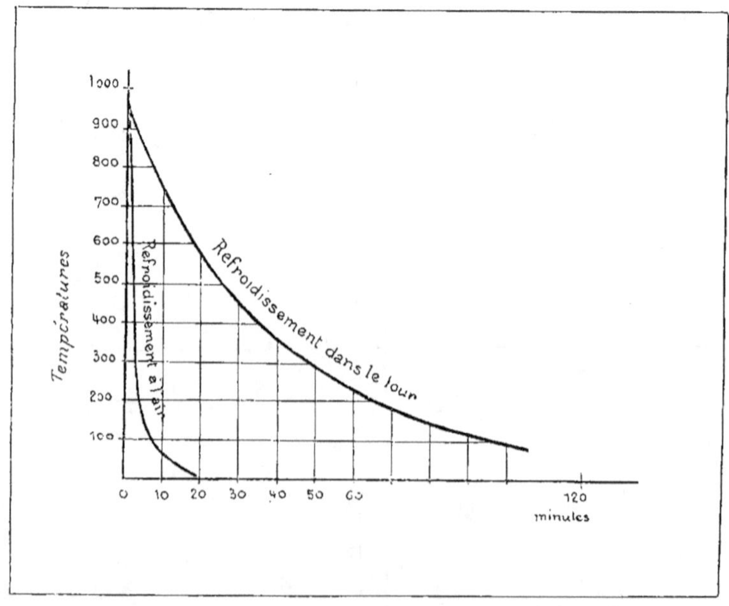

Fig. 95.

moyennes, mais la pénétration de la trempe pour ces pièces sera variable suivant qu'il s'agit de l'eau ou de l'huile.

b) INFLUENCE DE LA TEMPÉRATURE DE TREMPE SUR LA DURETÉ SUPERFICIELLE DE PETITS ÉCHANTILLONS. — La variation de la dureté, en fonction de la température de trempe, à la surface de petits échantillons, a été étudiée dans les conditions expérimentales suivantes.

Les échantillons découpés dans les barres de 20 mm de

ACIER 32

Influence de la température de trempe
sur la dureté superficielle de petits échantillons

Composition de l'acier
$C = 0,30$
$Ni = 2,60$
$Cr = 0,77$
$Mr = 0,25$

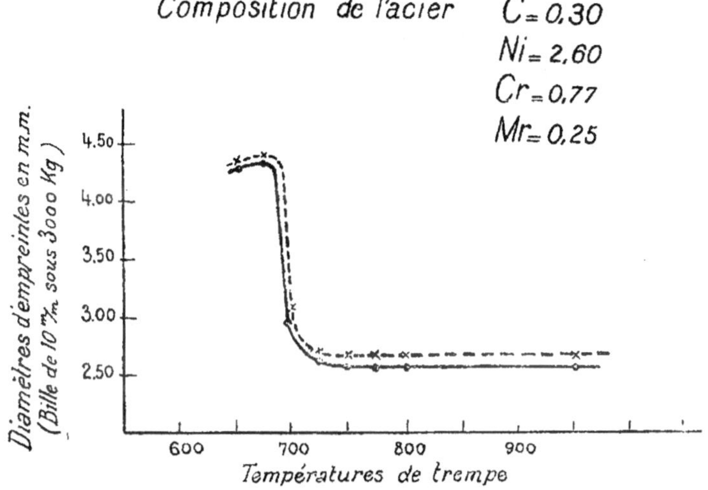

Fig. 96.

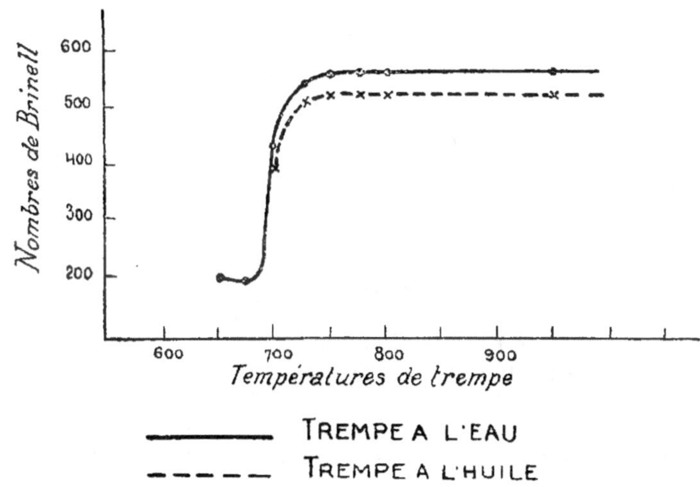

Fig. 97.

diamètre étaient des cylindres de 20 mm de diamètre et de 20 mm de hauteur.

Ils ont été chauffés par dix minutes de séjour dans un bain de sel porté aux températures indiquées sur les diagrammes (fig. 96 et 97) puis trempés à l'eau ou à l'huile.

Après ce traitement on déterminait la dureté à la bille (bille de 10 mm, charge de 3.000 kg) sur une des bases après avoir enlevé à la meule le métal sur une épaisseur de o^{mm} 5.

Résultats. — Ils sont donnés par les diagrammes (fig. 96 et 97).

c) Influence de la pénétration de la trempe sans revenu.

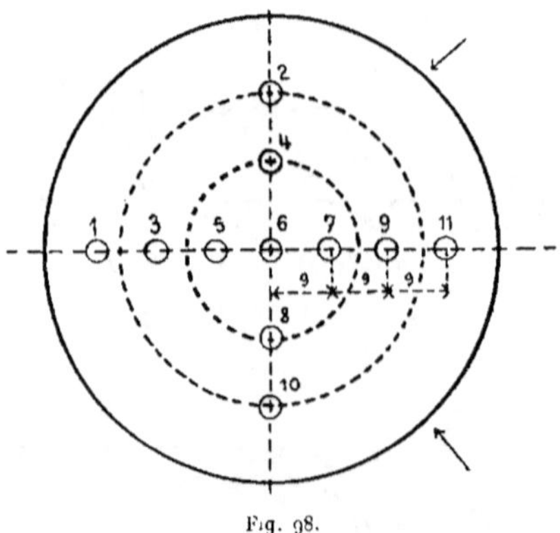

Fig. 98.

— Les essais ont été effectués sur des cylindres dont le diamètre se rapprochait de celui des vilebrequins.

> Diamètre = 70 mm.
> Hauteur = 3 D = 210.
> Température de trempe d'essai : 750, 800. 900.
> Bains de trempes eau et huile = 25°.
> Chauffage au bain de sel.
> Durée de chauffage 40 min.

Les empreintes de bille ont été effectuées sur une section

droite à mi-hauteur du cylindre, section dressée au lapidaire parallèlement aux bases des cylindres.

Les emplacements des empreintes sur cette coupe sont indiqués (fig. 98).

Résultats. — Les tableaux (fig. 99, 100, 101) résument les résultats.

1° Sauf dans la région avoisinant la surface (sur environ 10 mm d'épaisseur) la dureté pour la trempe à l'huile peut être regardée comme *uniforme et cela quelle que soit la température de trempe.*

Au contraire pour la trempe à l'eau, la dureté varie considérablement en profondeur, ce fait est particulièrement net aux températures de trempe élevées à 900°;

2° La dureté moyenne à la surface est sensiblement indépendante de la température de trempe, elle est un peu plus faible dans le cas de trempe à l'huile; elle est sensiblement la même d'ailleurs que celle obtenue dans les conditions de trempe à la surface de petits échantillons ayant fait l'objet des expériences précédentes;

3° La dureté moyenne au centre croît légèrement au fur et à mesure que la température de trempe s'élève.

Notons que le facteur prépondérant est le *bain de trempe,* c'est-à-dire la vitesse *moyenne de refroidissement.*

d) Effets de la pénétration de la trempe après revenu. — *Conditions expérimentales.* — On a utilisé la moitié des cylindres ayant servi à l'étude de la pénétration de la trempe.

La température de trempe était de 800°.

Le bain de trempe était l'eau ou l'huile à 25°.

Les revenus ont été opérés à 550° et à 650° par séjour de 45′ au bain de sel *avec arrêt à l'eau.*

Étude de la dureté. — Elle a été effectuée par des empreintes

ETUDE DE LA PÉNÉTRATION DE LA TREMPE SUR RONDS DE 70 ⅞ₘ.

TREMPES A 750°: ACIER 32 $\begin{cases} C=0,30 \\ Ni=2,60 \\ Cr=0,77 \\ Mn=0,25 \end{cases}$

TREMPES A L'HUILE   TREMPES A L'EAU

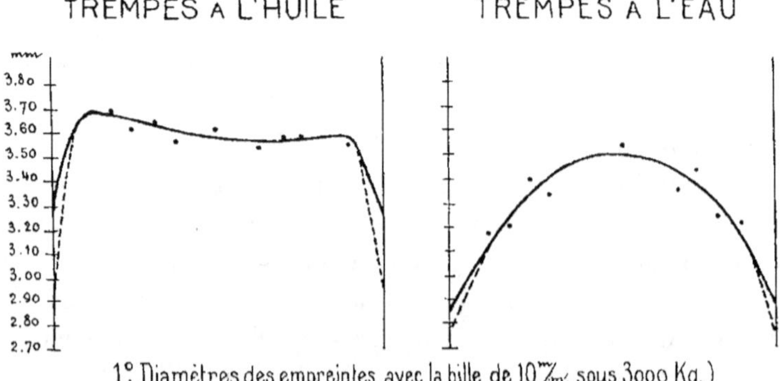

1° Diamètres des empreintes avec la bille de 10 ⅞ₘ sous 3000 Kg.)

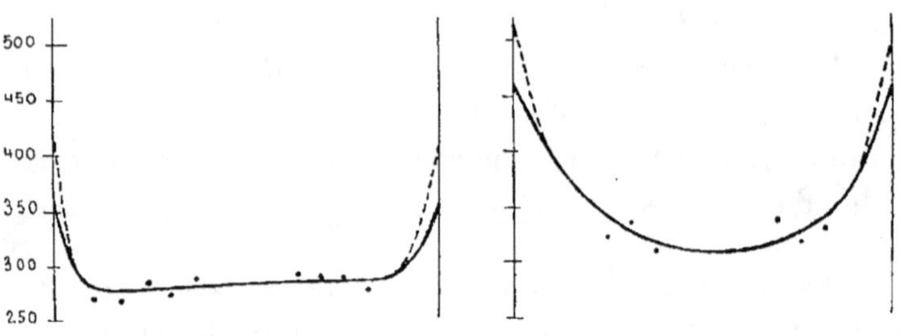

2° Nombre de Brinell (Bille de 10 ⅞ₘ sous 3000 Kg.)

Abcisses = Distance à la surface en mm.

Fig. 99.

ÉTUDE DE LA PÉNÉTRATION DE LA TREMPE SUR RONDS DE 70 m/m

TREMPES A 800° ACIER 32 $\begin{cases} C = 0,30 \\ Ni = 2,60 \\ Cr = 0,77 \\ Mn = 0,25 \end{cases}$

TREMPES A L'HUILE   TREMPES A L'EAU

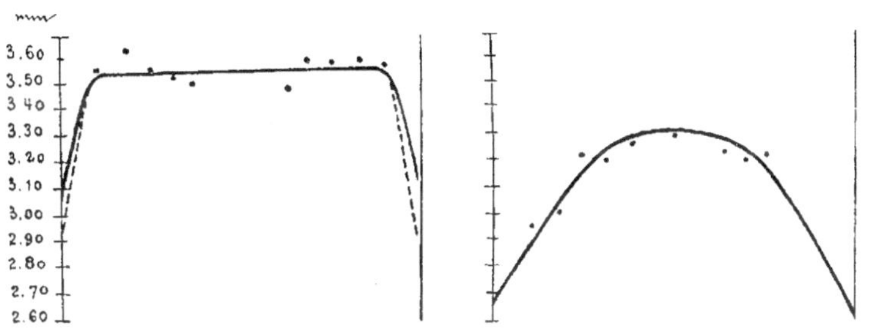

1° Diamètres des empreintes avec la bille de 10 m/m. sous 3000 Kg.

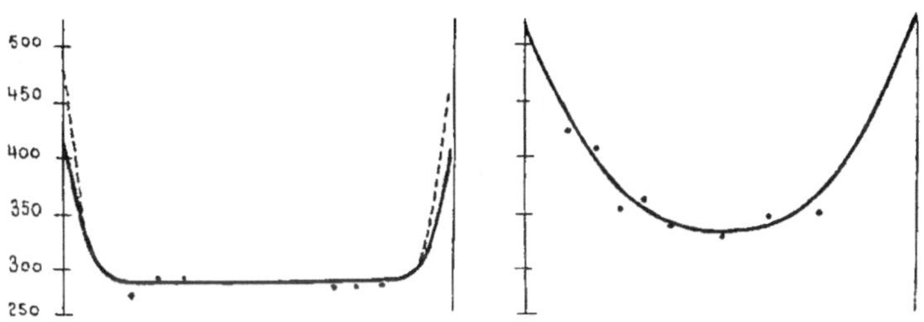

2° Nombre de Brinell (bille de 10 m/m sous 3000 Kg.)

Abcisses = Distance à la surface en mm.

Fig. 100.

ÉTUDE DE LA PÉNÉTRATION DE LA TREMPE SUR RONDS DE 70 $^m/_m$

TREMPES A 900° ACIER 32 $\begin{cases} C=0,30 \\ Ni=2,60 \\ Cr=0,77 \\ Mn=0,25 \end{cases}$

TREMPES A L'HUILE · · · · · · TREMPES A L'EAU

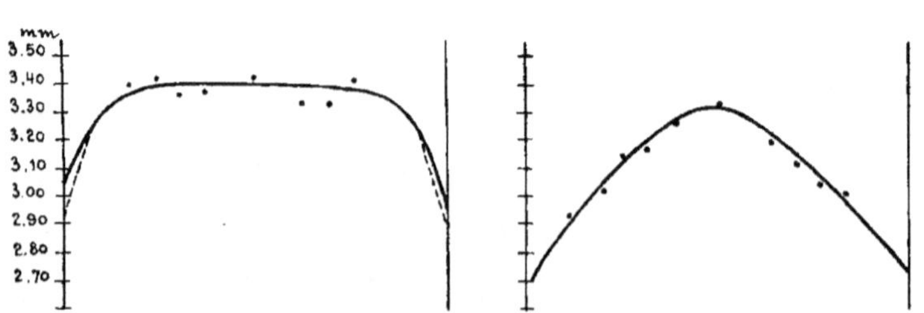

1° Diamètres des empreintes avec la bille de 10 $^m/_m$. sous 3000 Kg.

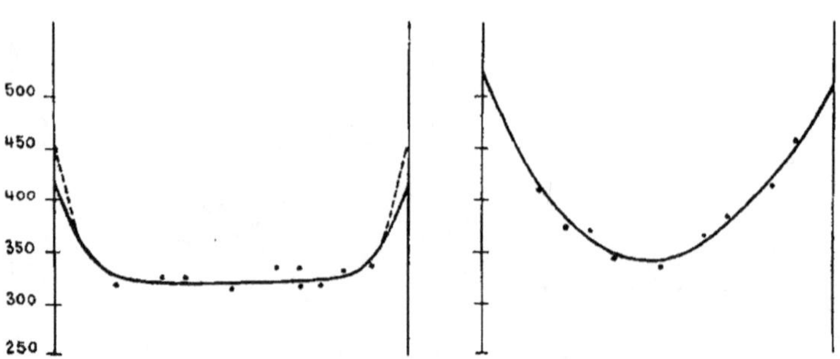

2° Nombre de Brinell (bille de 10 ^{mm} sous 3000 Kg.)

Abcisses = Distance à la surface en mm.

Fig. 101.

EFFET DE LA PÉNÉTRATION DE LA TREMPE APRÈS LE REVENU

ACIER 32 $\begin{cases} C = 0,30 \\ Ni = 2,60 \\ Cr = 0,77 \\ Mn = 0,25 \end{cases}$

TREMPES A 800° ET REVENUS A 550 ET 650

TREMPES A L'HUILE   TREMPES A L'EAU

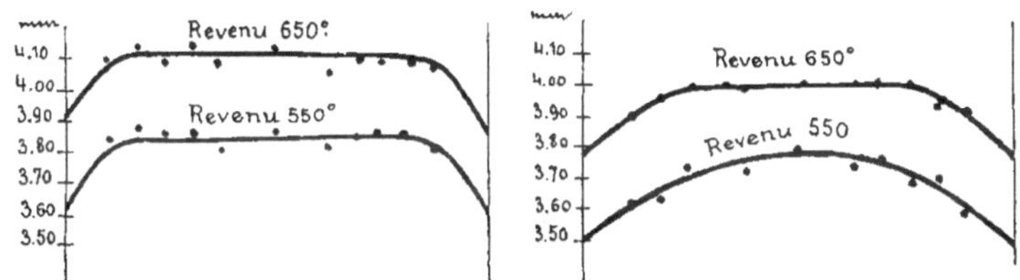

1° Diamètres d'empreintes des billes (bille de 10 m/m, charge 3000 Kg)

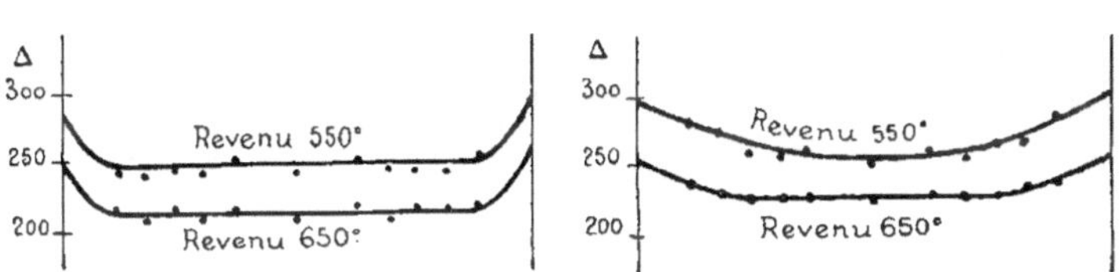

2° Nombre de Brinell Δ

Abcisses   Distance a la surface en m.m.

Fig. 102.

de billes disposées comme il a été indiqué précédemment, sur la base correspondant à la coupe à mi-hauteur des cylindres de trempe de 210 mm de hauteur, après avoir enlevé préalablement le métal sur une épaisseur de 5 mm.

Les tableaux (fig. 102) résument les résultats.

On voit que dans le cas de la trempe à l'huile après usinage des pièces, c'est-à-dire après avoir fait tomber quelques millimètres sur la surface extérieure, la dureté est sensiblement homogène.

Mais au contraire, après la trempe à l'eau, il existe même après usinage entre la surface et l'intérieur de la pièce un écart dans les diamètres d'empreinte d'environ $0^{mm}15$, c'est-à-dire de 20 à 30 unités Brinell.

Cet écart de dureté correspond pour la charge de rupture, si l'on admet comme première approximation le coefficient

$$K = \frac{R}{\Delta} = 1/3,$$ à une différence de 7 à 10 kg.

Étude de la résilience. — Des éprouvettes Charpy entaille Mesnager ont été découpées dans des demi-cylindres traités comme il a été dit, conformément au dessin d'emplacement ci-joint, soit 8 éprouvettes (fig. 103).

Les résultats des essais au choc sont donnés dans le tableau ci-après ainsi que les moyennes des essais à la bille effectués sur les éprouvettes de choc (la charge agissant normalement à la longueur de l'éprouvette).

Prélèvement des éprouvettes de choc Mesnager

L 1
L 3
L 5
L 4
L 2
T1
T1
Côté cassure
im; reintes alignée
suivant un diam.
T1
T 2
T1
100
70

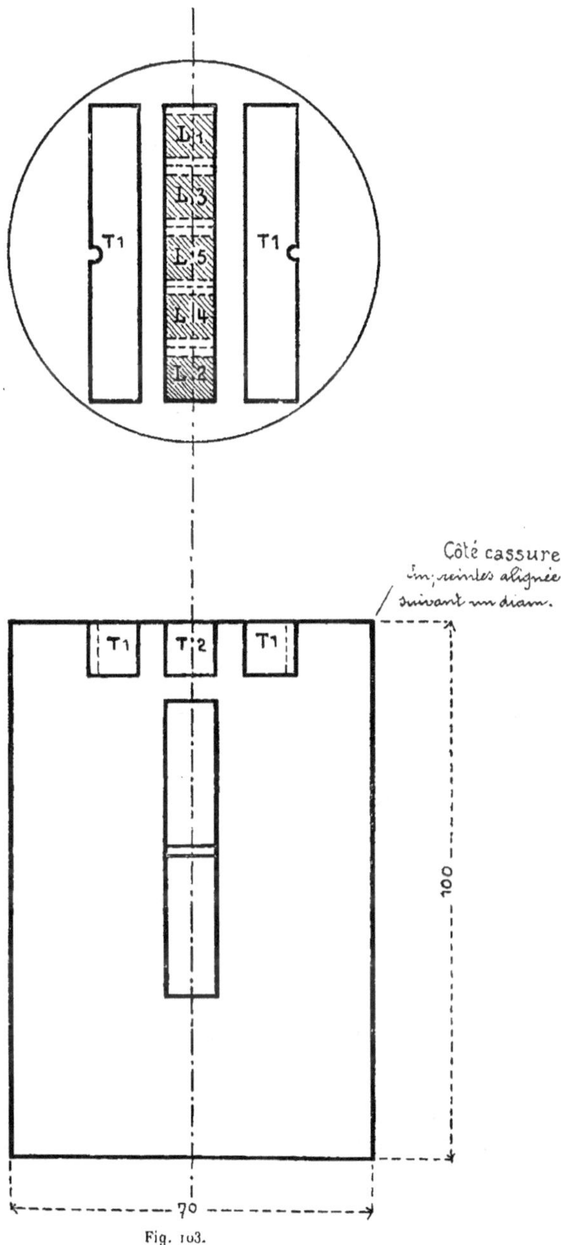

Fig. 103.

Essais de résilience sur éprouvettes découpées à diverses profondeurs dans un cylindre de 70 mm de trempe et revenu

(Voir les croquis donnant l'emplacement des éprouvettes d'après leur marque.)

NUMÉRO du cylindre	LIQUIDE de trempe	TEMPÉRATURE de revenu	MARQUE de l'éprouvette	SENS du prélèvement	RÉSILIENCE ?		ANGLE de rupture α	MOYENNE DE DURETÉ	
								en diamètre d'empreinte d	en nombre de Brinell Δ
5	Huile.	550	T 1 T 1 T 2	Travers.	8,3 7,6 7,6	} 7,8	15 13 14	3,91	239
			L 1 L 2 L 3 L 4 L 5	Long.	11,8 15,2 11,6 12,6 12,2	} 12,7	18 22 21 18 23		
6	Huile.	650	T 1 T 1 T 2	Travers.	12,2 12,0 10,8	} 11,6	17 25 20	4,29	197
			L 1 L 2 L 3 L 4 L 5	Long.	21,0 20,4 20,4 19,4 20,6	} 20,4	38 40 40 30 31		
7	Eau.	550	T 1 T 1 T 2	Travers.	7,6 9,1 6,8	} 7,8	15 15 13	3,80	255
			L 1 L 2 L 3 L 4 L 5	Long.	13,0 15,0 13,0 13,0 13,0	} 13,4	19 17 20 21 24		
8	Eau.	650	T 1 T 1 T 2	Travers.	12,2 12,6 11,6	} 12,1	23 23 19	4,15	212
			L 1 L 2 L 3 L 4 L 5	Long.	21,4 21,4 19,6 20,5 21,4	} 20,9	33 32 25 30 30		

L'examen suggère les remarques suivantes :

1° Pour un même sens de prélèvement long ou travers, la résilience peut être considérée comme peu influencée par la distance à l'axe ;

2° Si on compare les moyennes des résiliences en long et

en travers pour un traitement déterminé, on trouve pour le rapport de la résilience en long ρL à la résilience en travers

$$\frac{\rho L}{\rho T} = 1,6 \text{ à } 1,7$$

3° La trempe à l'eau fournit à égalité de dureté moyenne,

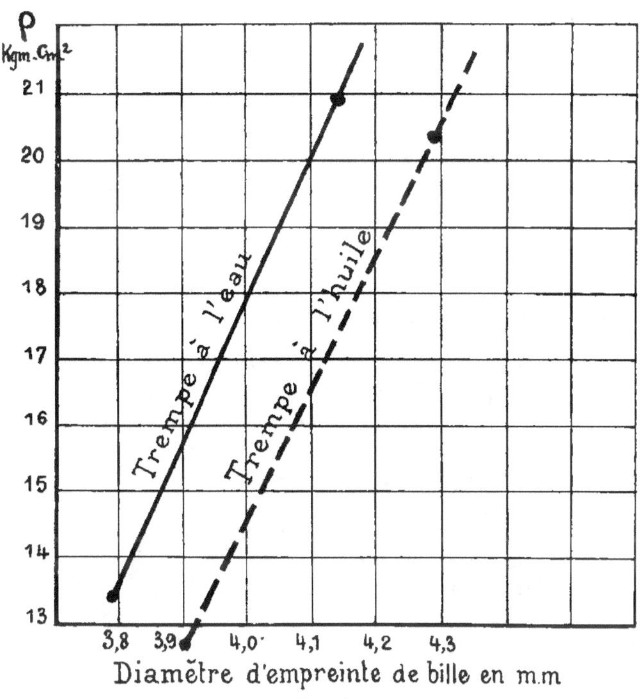

Fig. 104.

une résilience moyenne supérieure à celle obtenue par trempe à l'huile ainsi que l'indique le diagramme (fig. 104).

Cette supériorité de la trempe à l'eau au point de vue *rési-*

lience ne doit d'ailleurs pas faire oublier le risque plus grand de tapures de trempe (Voir n°s 1, 2 et 3, pl. XXI, des exemples de tapures de trempe).

e) INFLUENCE DES TRAITEMENTS THERMIQUES SUCCESSIFS SUR LA RÉSILIENCE. — Il est à remarquer que la résilience est la caractéristique la plus affectée par les traitements thermiques successifs et c'est elle qui traduit le plus éloquemment et pour ainsi dire le plus « indiscrètement » les défaillances survenues au cours des différentes opérations thermiques effectuées en usine productrice.

Considérons la série des traitements thermiques suivants :

A) *Traitement stabilisateur à 900°*, à savoir :

> 2 heures pour porter les pièces à 900° ;
> 10 heures de maintien à 900° ;
> 24 heures de refroidissement lent jusqu'à 200°.

B) *Recuit à 800°*, à savoir :

> 2 heures pour porter les pièces à 800° ;
> 2 heures de maintien à 800° ;
> 2 heures refroidissement à l'air.

C) *Trempe à l'huile à 800°*, à savoir :

> 2 heures pour porter les pièces à 800° ;
> 1 heure de maintien à 800° ;
> Trempe à l'huile.

D) *Revenu à 650° :*

> Chauffage lent à 500° ;
> Montée en 1 heure de 500° à 650° ;
> 2 heures de maintien à 650° ;
> Refroidissement brusque.

Ces traitements ont été appliqués à des pièces matricées en

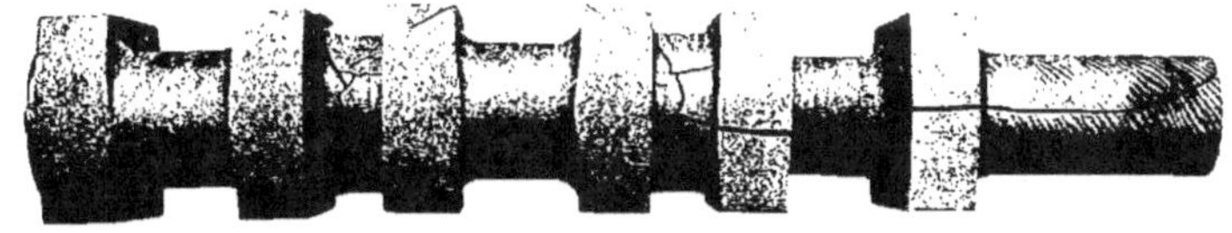

1

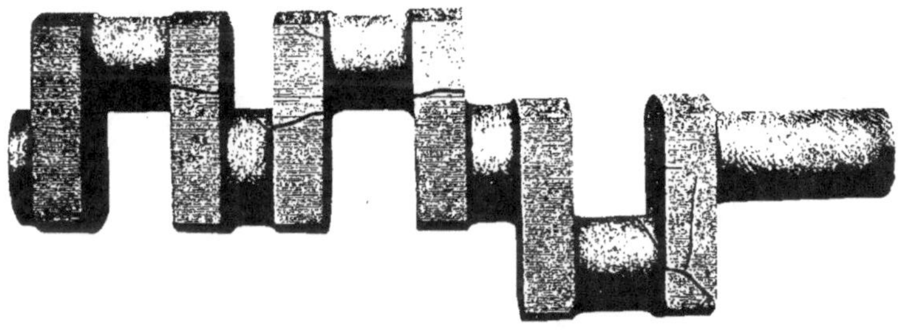

2

3

Planche XXI

acier 32 ayant des dimensions analogues à celles des vilebre-quins.

Première série de pièces. — A subi les traitements

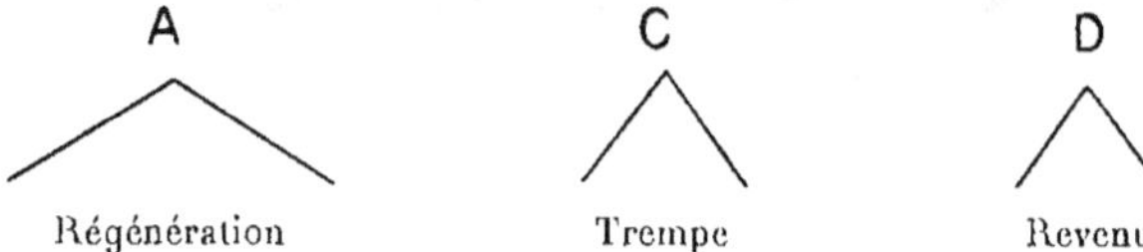

Deuxième série de pièces. — A subi les traitements

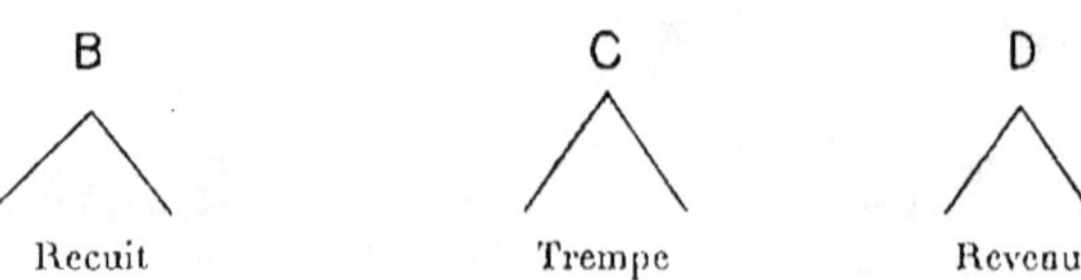

Troisième série de pièces. — A subi les traitements

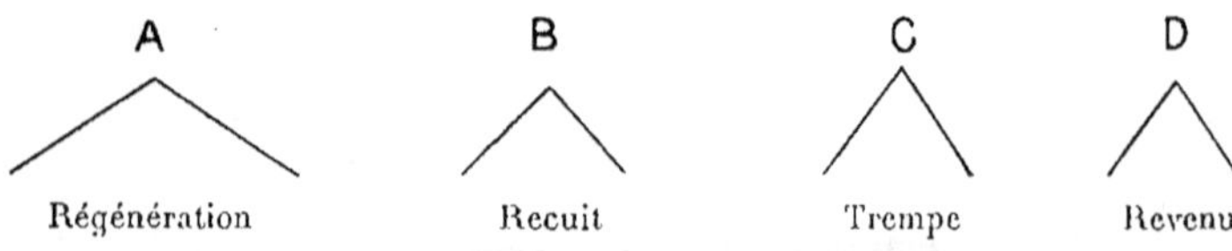

Des essais de résilience ont été faits sur toutes ces quatre séries de pièces après traitement final.

Résultat. — Première série : 12 éprouvettes de résilience moyenne 12.

Deuxième série : 12 éprouvettes de résilience moyenne 8.

Troisième série : 12 éprouvettes de résilience moyenne 13.

Conclusions. — La suite complète des traitements (3ᵉ série), à savoir :

Traitement stabilisateur + recuit + trempe + revenu donne le maximum de résilience.

Elle est donc à recommander malgré sa complication et le

prix de revient plus élevé, si l'obtention de la résilience est à rechercher avant tout.

Les traitements successifs : régénération, trempe, revenu, donnent un résultat légèrement inférieur mais acceptable avec économie d'un traitement thermique (recuit).

Dans les première et troisième séries le traitement *stabilisateur* caractérisé par une température de chauffe élevée et un refroidissement *très lent* permet d'aboutir à ce résultat satisfaisant. Le métal s'est détendu à température élevée voisine de celle du travail de matriçage et le refroidissement très lent a permis la normalisation.

Dans la deuxième série au contraire, où le recuit comportant un chauffage plus bas et un refroidissement rapide est utilisé, les résiliences obtenues sont nettement insuffisantes.

Le traitement stabilisateur s'impose donc.

D) Vérification des caractéristiques mécaniques
E — R — A et ρ
après trempe et revenu sur barreaux ronds de 20 mm de diamètre

Les traitements ont été effectués sur barreaux ronds de 20 mm de diamètre dans lesquels ont été découpées après traitement complet les éprouvettes d'essais.

Ces traitements sont les suivants :

Trempe à l'eau après chauffage de quinze minutes au bain de sel à 825°.

Revenu suivi d'*arrêt à l'eau* après quinze minutes de chauffage au bain de sel.

Température de revenu 550°, 600°, 650°.

Les barreaux de traction de $13^{mm}8$ de diamètre étaient conformes au dessin (fig. 105).

Ils possédaient une tête filetée de 200 mm de longueur calibrée de manière à pouvoir réduire tous les efforts de flexion para-

site : la détermination de la limite élastique proportionnelle a
été effectuée par la méthode des miroirs de Martens (Voir les

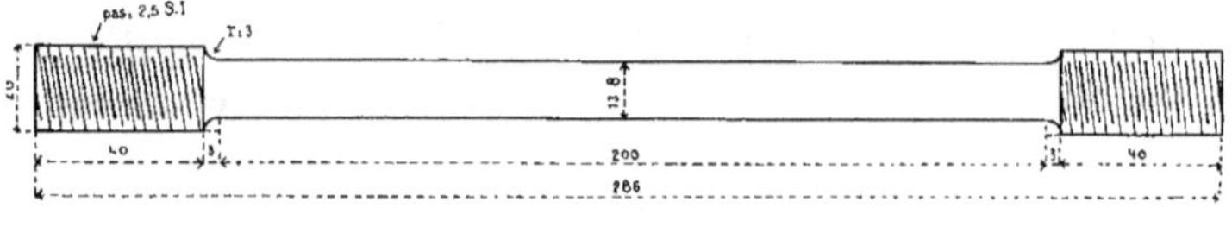

Fig. 105.

courbes figure 106), les éprouvettes étant d'ailleurs cylindrées
à 1/100ᵉ près (¹).

Les résultats dont chacun correspond à la moyenne de
quatre déterminations sont indiqués dans le tableau ci-dessous.

	ESSAI DE TRACTION							ESSAI BRINELL (¹)		
TRAITEMENT	Limite d'élasticité proportionnelle	Limite d'élasticité apparente	Charge de rupture	Allongements à la limite de proportionnalité	à la rupture	Striction	Module d'élasticité	Diamètre d'empreinte	Nombre de dureté	Résilience
	kg/mm²	kg/mm²	kg/mm²	p. 100	p. 100	p. 100	10^3kg mm/²	mm	kg/mm²	kg/cm²
Revenu à 550°.	81	89	97,5	0,40	14,6	22	20,3	3,47	307	17
— 600°.	70	79,5	88,5	0,34	18,2	27	20,3	3,67	273	21,5
— 650°.	66	76	86,5	0,32	17,3	25,5	20,7	3,73	264	23,5
Recuit à 850° .	39	41	64	0,19	26,6	35,5	20,5	4,43	184	13

(¹) Moyenne de quatre déterminations.

OBSERVATIONS. — 1° Sauf dans le cas du recuit et du revenu à 550° après trempe. la limite d'élasticité apparente surpasse d'environ 10 kg/mm² la limite de proportionnalité définie comme il est dit plus haut.
2° Le module d'élasticité est sensiblement indépendant du traitement.

OBSERVATIONS. — *Limite élastique.* — Nous avons exposé

____

(¹) Mesures faites par M. le lieutenant Sabatié, chef de la section des Métaux du Conservatoire des Arts et Métiers.

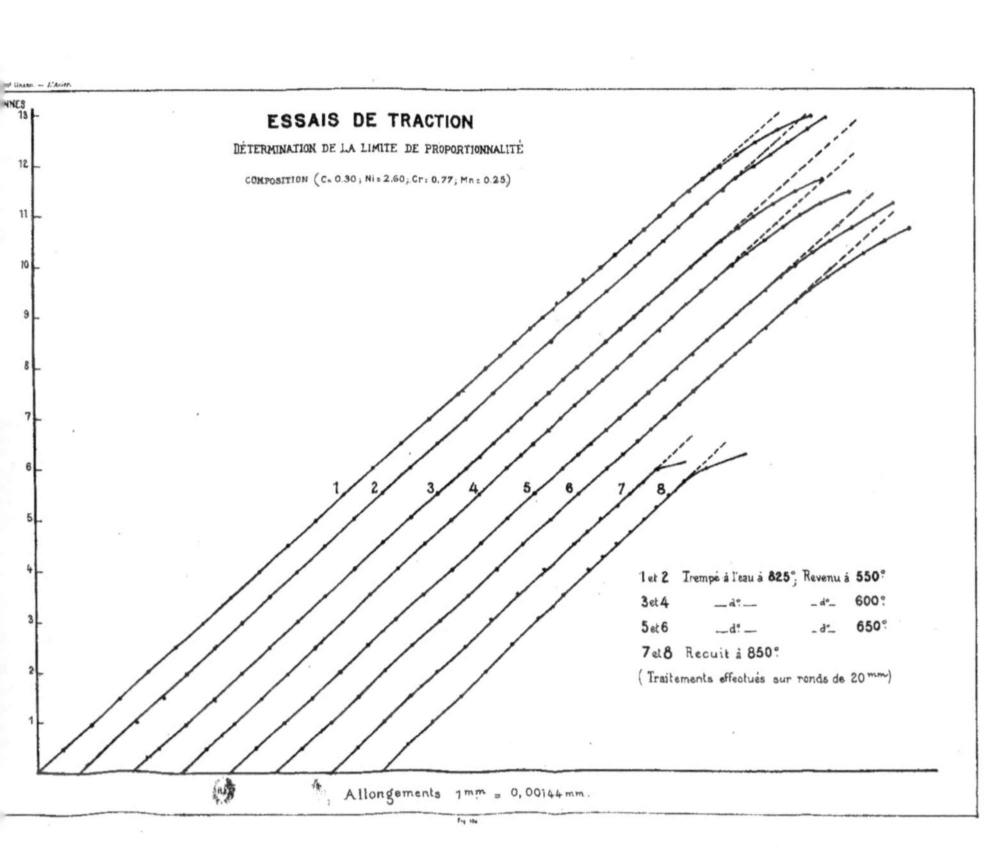
TONNES
ESSAIS DE TRACTION
DÉTERMINATION DE LA LIMITE DE PROPORTIONNALITÉ
COMPOSITION (C= 0.30 ; Ni= 2.60 ; Cr= 0.77 ; Mn= 0.25)
1 et 2 Trempé à l'eau à 825°; Revenu à 550°
3 et 4   _d°_   _d°_   600°
5 et 6   _d°_   _d°_   650°
7 et 8 Recuit à 850°
(Traitements effectués sur ronds de 20 mm)
Allongements 1mm = 0,00144 mm.
1 2 3 4 5 6 7 8

au titre I, chapitre I, différentes conceptions de la limite d'élasticité.

Nous avons défini notamment la *limite d'élasticité proportionnelle*, c'est-à-dire la limite pour laquelle les déformations cessent d'être proportionnelles aux charges. L'évaluation de cette limite d'élasticité est éventuellement fonction de la sensibilité et de la précision de la mesure des allongements sous charge. C'est celle qui a été déterminée dans le cas présent par la méthode des miroirs de Martens. Les allongements sous charge étaient déterminés tous les 500 kg.

Nous avons envisagé également la *limite apparente d'élasticité*, qui correspond à une commodité de mesure (arrêt de la colonne de mercure, fléchissement du fléau de la machine, palier du diagramme de traction) sans préjuger en rien de la signification exacte des causes qui motivent l'apparition de ce phénomène. Notons qu'en ce qui concerne les aciers 23, la limite élastique apparente était très nettement indiquée par des paliers ou des décrochements de la courbe déformations-charges enregistrée par la machine de traction, voir figure 107.

Quand il n'y a pas de palier dans la courbe du diagramme de traction (aciers durs, aciers trempés sans revenu, aciers écrouis) la recherche de la limite pratique d'élasticité s'impose. On peut également avoir recours à la recherche de la « limite d'élasticité proportionnelle ».

L'écart entre les limites élastiques apparentes et proportionnelles dans les conditions de détermination sus-exposées ressort à environ 8 à 10 kg par millimètre carré pour les éprouvettes revenues à 550, 600 et 650.

En admettant que la limite *d'élasticité proportionnelle* soit suffisamment voisine de la *limite d'élasticité théorique* telle que nous l'avons définie au titre I, chapitre I, il en résulte les conséquences suivantes pour l'acier 32.

En exigeant 70 kg comme minimum de la limite apparente d'élasticité, on ne peut guère compter sur une limite élastique théorique ou vraie supérieure à 60 kg.

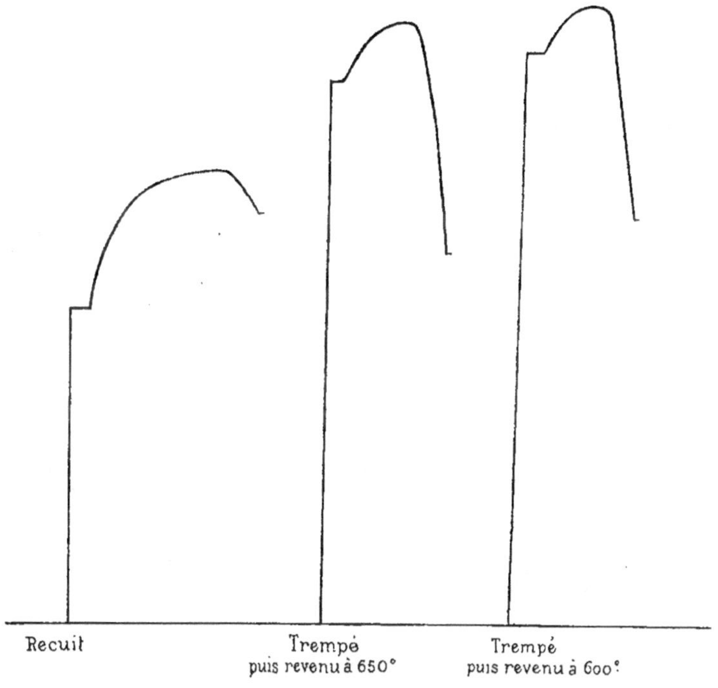

ACIER 32

Fig. 107.

Il n'est pas inutile d'attirer sur ce point l'attention des constructeurs pour que le taux de sécurité présumé ne soit pas illusoire et que la légèreté de la construction n'en compromette pas la solidité.

En tout cas 70 kg semblent bien un minimum à exiger de la

limite élastique apparente si l'on ne veut risquer d'obtenir un taux de sécurité insuffisant et *ce minimum peut et doit être obtenu avec un acier 32 sans compromettre la valeur des autres caractéristiques.*

Résilience. — La résilience minima à obtenir est de 10 dans la surlongueur et de 9 dans le corps *parallèle à la fibre moyenne* (articles *b* et *c* du Cahier des charges spéciales des arbres manivelles destinés à l'aéronautique du 1er juillet 1918).

Chaque vilebrequin est soumis à un essai de résilience dans sa surlongueur.

Les essais de dissection permettent de s'assurer que *parallèlement à la fibre moyenne* le minimum 9 de résilience est réalisé.

Ces essais sont faits d'après un plan de dissection.

Les figures 108 et 109 donnent les plans de dissection relatifs à un vilebrequin 4 coudes d'une part et 6 coudes d'autre part.

Il est évident que l'essai ne peut réussir que *pour les vilebrequins matricés après cambrage à l'exclusion de tout découpage.*

Les éprouvettes de résilience n'épousent pas d'une façon parfaite la direction des fibres du métal, elles peuvent faire un certain angle avec ces fibres suivant le mode de forgeage adopté.

Nous avons vu au titre IV les variations de résiliences d'un acier 32 suivant l'obliquité de l'éprouvette avec la direction générale du laminage.

Malgré le matriçage nous aurons donc des résiliences qui n'auront qu'une fraction de la valeur correspondant au sens du laminage. Cette valeur réduite devra néanmoins être supérieure au minimum imposé.

E) Tensions résiduelles

Nous avons dit précédemment que la conduite des traitements thermiques devait être telle qu'on obtienne en plus des caractéristiques mécaniques recherchées : *la suppression des tensions de forgeage et la réduction au minimum des tensions de trempe.*

Nous avons indiqué le traitement thermique stabilisateur indispensable pour combattre les tensions de forgeage.

Admettons ces tensions détruites par un traitement thermique adéquat.

Restent les tensions de trempe et revenu.

Quelle que soit la méthode utilisée pour les déceler, les points suivants peuvent être notés.

EFFETS DE LA TREMPE. — *La trempe produit une variation des dimensions des aciers.*

Elle met les couches externes en compression et les couches internes en tension. Ces variations sont d'autant plus importantes que le métal est plus rapidement saisi, c'est-à-dire que la *vitesse de refroidissement* est plus grande.

Donc variation plus grande pour la trempe à l'eau que pour la trempe à l'huile.

D'autre part, l'augmentation de la teneur en carbone exagère ces effets de la trempe. De toute façon, après trempe sans revenu, il y a des tensions internes plus ou moins importantes suivant la nature du bain de trempe et la nature du métal.

EFFETS DU REVENU. — Pour analyser les efforts internes résiduels après revenu consécutif à la trempe, on peut utiliser la méthode de Heyn et Bauer.

Elle consiste à déterminer la valeur de ces efforts dans des couches minces enlevées successivement à l'outil, en mesurant

Comm^t Grard. — L'Acier.

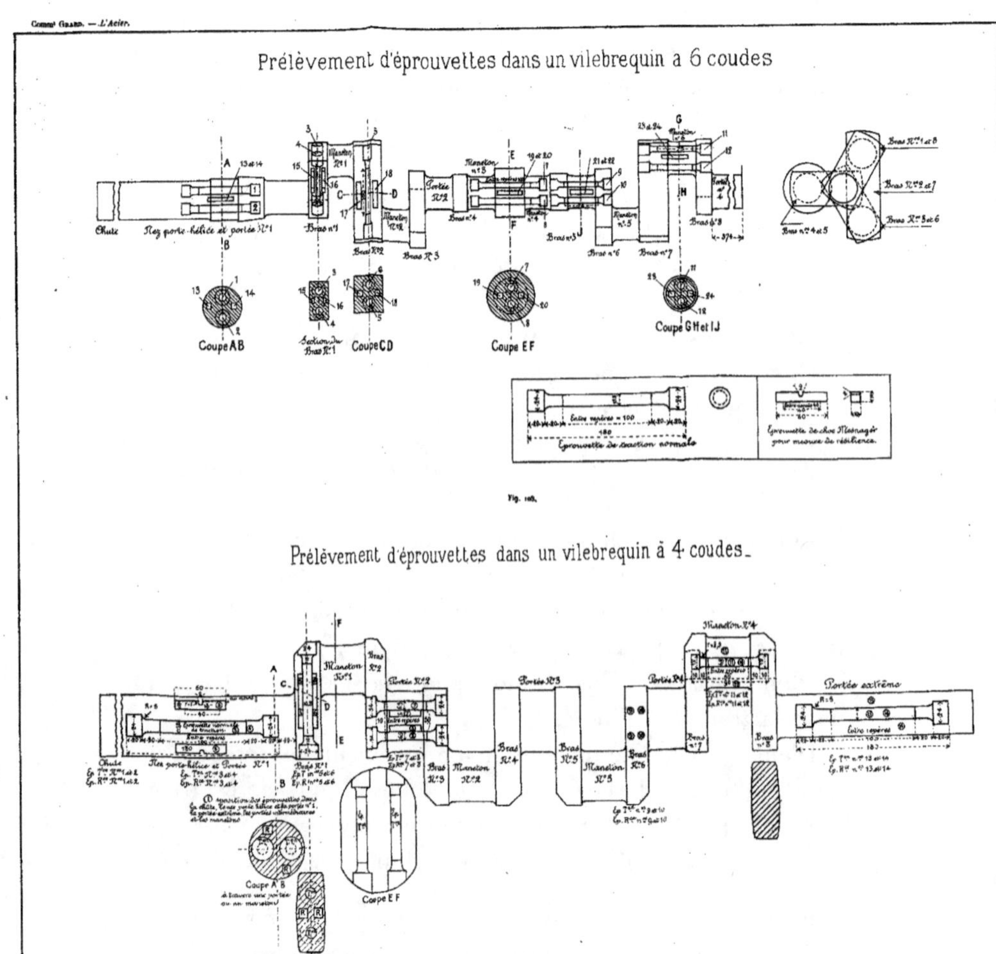
Prélèvement d'éprouvettes dans un vilebrequin a 6 coudes
Coupe AB
Section du Bras N:1
Coupe CD
Coupe EF
Coupe GH et IJ
Fig. 108.
Prélèvement d'éprouvettes dans un vilebrequin à 4 coudes
Coupe A B
Coupe C D
Coupe E F
Fig. 109.

avec une grande précision les modifications de dimensions du solide restant.

M. Portevin ([1]) a utilisé ce procédé pour l'étude des efforts internes longitudinaux créés lors du refroidissement rapide par immersion dans l'eau de cylindres pleins de 70 mm de diamètre ou en acier nickel-chrome de composition

$$C = 0{,}3 \qquad Ni = 2{,}5 \qquad Cr = 0{,}7$$

trempe à 850° dans l'eau et revenu à

$$500° \text{ et } 650°$$

Les efforts internes longitudinaux sont déterminés en mesurant les variations de longueur accompagnant l'enlèvement par tournage de couches annulaires minces.

L'effort f_n dans la couche de rang n est donné par la formule :

$$f_n = \frac{E}{l} \frac{\lambda_n S''_n - \lambda_{n-1} S_{n-1}}{S'_n}$$

$E =$ module d'élasticité,
$\lambda_n =$ variation de longueur résultant de l'enlèvement de la couche de rang n,
$S'_n =$ section de la couche n,
$S''_n =$ section restante après enlèvement de la couche n,
$l =$ longueur de la région tournée.

Les résultats obtenus sont les suivants :

	Compression longitudinale périphérique moyenne sur 10 mm d'épaisseur	Extension longitudinale centrale moyenne sur 15 mm de diamètre
	kg. mm²	kg. mm²
Revenu à 500° (refroidissement à l'air .	3	+ 15
suivi de . .) immersion dans l'eau. .	11	+ 31
Revenu à 650° (refroidissement à l'air .	4	+ 10,5
suivi de . .) immersion dans l'eau. .	34,5	+ 49,5

([1]) Voir *Comptes rendus à l'Académie des sciences*, titre CLXVII, page 531 (Séance du 7 octobre 1918).

On constate donc :

1° La compression longitudinale des zones extérieures et l'extension longitudinale des zones intérieures ;

2° *L'exagération des variations de dimensions produite par l'arrêt à l'eau du revenu.*

Les compressions et extensions radiales pourraient être étudiées également.

Si donc l'on se propose comme but principal la réduction au minimum des *tensions,* le *refroidissement* à l'air après *revenu* s'impose et non le refroidissement rapide à l'eau ou à l'huile.

Mais pour le cas particulier des aciers nickel-chrome, ce refroidissement lent ne procure pas la texture fibreuse et occasionne une fragilité excessive (Voir Titre VI, Chap. 4-§ 5).

On est obligé d'y renoncer et d'utiliser un revenu après trempe suivi de *refroidissement rapide.*

On obtient la résilience. On laisse subsister des tensions résiduelles assez élevées.

Aussi, tandis que nous avons recherché la *suppression des tensions de forgeage,* ne nous sommes-nous proposé que l'*atténuation de tension de trempe.*

On peut néanmoins rechercher les conditions donnant le minimum de tensions avec la résilience indispensable.

A ce point de vue, l'huile utilisée comme bain de trempe constitue une supériorité sur l'eau en donnant naissance à des tensions moindres.

On peut encore chercher la diminution des tensions résiduelles par un nouveau revenu très prolongé (de l'ordre de une ou deux heures) à une température inférieure à 400° (soit 300°).

Ces tensions ne seront d'ailleurs pas totalement supprimées.

Dans ces conditions, l'usinage de la pièce donnera lieu à des déformations qui nécessiteront un redressage ultérieur.

Ce redressage s'effectuera à une température de 100° à

200° et pourra être utilement suivi d'un revenu prolongé vers 300° comme il a été précédemment indiqué.

Comme on le voit, la solution du problème posé par les tensions résiduelles est des plus compliquées.

Elle peut se trouver dans l'introduction de certains constituants spéciaux dans les aciers permettant d'annuler les déformations de la trempe.

C'est une voie actuellement ouverte aux investigations des métallurgistes.

F) Conclusions

Cette étude détaillée d'aciers très importants pour l'aviation a permis de mettre en évidence la suite des recherches qui s'imposent aux intéressés pour faire une connaissance approfondie de la matière première employée, de manière à en obtenir le maximum de qualité et à l'employer de la façon la plus judicieuse.

Ce programme de recherches peut s'appliquer, avec quelques variantes dépendant des conditions d'emploi, à tous les produits sidérurgiques.

ANNEXES

ANNEXE N° 1

MINISTÈRE DE L'ARMEMENT
et
SOUS-SECRÉTARIAT DE L'AÉRONAUTIQUE
Direction

CAHIER DES CHARGES COMMUNES PROVISOIRE

Relatif à la fourniture

des produits sidérurgiques destinés à l'aéronautique

ARTICLE I

La fourniture à l'aéronautique des aciers ordinaires et des aciers moulés, sous forme de blooms, billettes, barres, reste régie par le cahier des charges communes du 10 septembre 1909, relatif à la fourniture aux divers services du département de la Guerre des aciers ordinaires, des aciers à outils et des aciers moulés, mis à jour le 1ᵉʳ septembre 1915.

Les pièces forgées en acier ordinaire sont soumises aux essais prescrits par le titre III du présent cahier des charges ou les cahiers des charges spéciales relatifs à ces divers produits.

Le présent cahier a pour objet de définir les conditions techniques imposées pour les fournitures des aciers spéciaux à l'aéronautique, c'est-à-dire ceux qui ne sont pas régis par le cahier des charges communes du 10 septembre 1909.

En outre, sont considérés comme aciers spéciaux les aciers au carbone de cémentation.

Il est divisé en trois titres :

Le titre I définit les conditions de fabrication des aciers spéciaux, les procédés et les appareils destinés à en vérifier la stricte observation, ainsi que les mesures à prendre pour effectuer le tarage de ces appareils.

Les titres II et III définissent respectivement les conditions techniques imposées pour la fourniture des aciers spéciaux laminés sous forme de blooms, billettes et barres, d'une part, des aciers spéciaux forgés, d'autre part.

TITRE I

Conditions de fabrication
Procédés et appareils de mesure
Tarage des appareils

ARTICLE 2

Les aciers spéciaux destinés à l'aéronautique sont des aciers fins, fabriqués ou tout au moins terminés au creuset, au four électrique ou au four Martin, à moins qu'il ne soit spécifié autrement dans le cahier des charges spéciales.

Les compositions moyennes seront indiquées par le producteur afin de permettre la vérification de la régularité de la fourniture. Cette composition chimique pourra être vérifiée à n'importe quel stade de la fabrication.

Ces analyses seront faites par l'usine productrice qui en communiquera les résultats au contrôle, ce dernier se réservant le droit de faire exécuter dans les laboratoires officiels toutes les analyses de contrôle utiles.

Ces dernières seront effectuées d'après les méthodes du laboratoire de la S. T. Ae., publiées séparément.

En outre des éléments d'addition Ni, Cr, Tu, destinés à donner aux aciers spéciaux les qualités requises, ces aciers ne doivent pas contenir, sous peine de rebut, une quantité supérieure à 0,040 de soufre et 0,040 de phosphore (¹).

D'autre part, les aciers de cémentation ne doivent pas contenir, sous peine de rebut :

1° Pour les aciers au carbone, plus de 0,15 p. 100 de carbone et 0,5 p. 100 de manganèse ;

(¹) Toutefois, si pendant la durée des hostilités les difficultés d'approvisionnement en matières premières satisfaisantes ne permettaient pas de réaliser couramment ces conditions de pureté, les producteurs seraient admis à faire valoir le plus tôt possible ces cas de force majeure au Service de l'Aéronautique, pour que ce dernier puisse prendre à ce sujet toutes les mesures nécessaires, compte tenu des graves conséquences de ces impuretés pour l'utilisation des pièces, les teneurs ci-dessus étant des maxima.

2° Pour les aciers au nickel et au nickel-chrome, plus de 0,12 p. 100 de carbone et 0,5 p. 100 de manganèse.

Les cahiers des charges spéciales déterminent les chutes à faire sur les lingots. Ces chutes doivent de toute façon être suffisantes pour faire disparaître les retassures. Avant d'être mis en œuvre les lingots seront burinés pour faire disparaître les criques et les défauts de surface qui pourraient occasionner les amorces de rupture dans les produits laminés ou forgés.

Tous les essais prescrits au présent cahier des charges communes seront faits en principe à l'usine productrice sous la surveillance des agents du contrôle.

Après forgeage, estampage ou laminage, les traitements thermiques de régénération, de recuit, trempe et revenu devront permettre aux pièces d'acquérir les caractéristiques imposées.

ARTICLE 3

Instruments de vérification des traitements thermiques

TEMPÉRATURE

Sur chaque four devra être monté en permanence un indicateur de température quantitatif permettant de donner des indications instantanées. Les appareils devront être régulièrement étalonnés ; ils pourront être vérifiés inopinément par le contrôle.

Leurs indications ne devront pas différer de celles de l'étalon de plus de 3 p. 100 en plus ou en moins.

L'aciérie disposera du nombre suffisant d'instruments de rechange et des bains de vérification nécessaires à leur tarage.

ARTICLE 4

Caractéristiques mécaniques des aciers spéciaux

Les caractéristiques mécaniques des aciers spéciaux qui font l'objet du présent cahier des charges seront déterminées au moyen des quatre modes d'essais suivants :

1° Essais de traction ;
2° Essais de fragilité ;
3° Essais de dureté ;
4° Essais spéciaux (pliage à froid, etc.).

Le service du contrôle pourra employer ces méthodes ou seulement une partie d'entre elles pour la qualification des aciers. Les valeurs et les tolérances relatives à chacune de ces caractéristiques sont indiquées pour chaque nature d'acier spécial dans le tableau ci-annexé et dans les cahiers des charges spéciales.

ARTICLE 5

Essai de traction

a) *Caractéristiques à mesurer.*

Dans ce genre d'essai, on évaluera les caractéristiques suivantes :
La limite d'élasticité ;
La charge maximum dite « de rupture » ;
L'allongement centésimal ;
La striction.

La limite d'élasticité sera déterminée, soit par la lecture du diagramme de traction, si la machine d'essai est capable de tracer un tel diagramme dans des conditions de précision égales à $\pm$ 1 p. 100 pour l'évaluation des efforts et des allongements, soit par la méthode du compas, soit encore par chute ou arrêt de la colonne de mercure.

La limite d'élasticité en question est l'effort (par millimètre carré de la section de la barrette essayée) au delà duquel les allongements commencent à être permanents (limite apparente d'élasticité).

La méthode de mesure de cette limite au moyen du compas consiste à placer les pointes très aiguës d'un compas dans deux repères tracés sur le corps calibré des barrettes d'essai, et situés à la plus grande distance possible l'un de l'autre, et à relever l'effort supporté par la barrette au moment où les pointes du compas sortent des repères sous l'effet de l'allongement entre ces derniers.

La charge dite conventionnellement « de rupture » sera la charge maximum par millimètre carré supportée avant la rupture par la barrette d'essai. Cette charge maximum sera exprimée en kilos par millimètre carré de la section initiale de l'éprouvette mesurée avant tout essai.

L'allongement centésimal sera mesuré, après rupture de la barrette par rapprochement des fragments de celle-ci, entre deux repères tracés, au moyen de légers coups de pointeau, sur le corps calibré de la barrette. Ces repères seront tracés, avant l'essai, avec un écartement L donné par la formule

$$L = \sqrt{66,67 \times S}$$

dans laquelle S est la section initiale de la barrette d'essai et 66,67 une constante. L et S sont exprimés en millimètres et millimètres carrés.

Cette longueur L de mesure de l'allongement sera portée sur le corps de la barrette d'essai en deux fois, en plaçant chaque fois l'un des deux repères à la naissance de l'un et de l'autre des congés de raccordement de la partie calibrée du corps de l'éprouvette avec les têtes de cette dernière, de façon à croiser les autres repères.

La striction sera évaluée par le rapport :

$$\frac{S - s}{S} \times 100$$

S étant la section initiale de l'éprouvette et s la section de celle-ci au droit de sa cassure.

b) *Barrettes d'essai.*

Les barrettes d'essai dites « normales » prises dans les pièces de forges ébauchées ou terminées seront de trois types choisis de façon à ce qu'on puisse sûrement prélever ces éprouvettes dans n'importe quelles pièces même de petites dimensions.

Ces barrettes auront une partie cylindrique calibrée avec un écart maximum sur le diamètre de 1 vingtième de millimètre pour la barrette n° 3 et de 1 dixième de millimètre pour les deux autres types dont il est question ci-après.

La barrette normale type 1 aura un diamètre de 13,8 mm et une longueur de partie calibrée de 125 mm.

Elle sera terminée par deux têtes cylindriques de 22 mm de diamètre, soit lisses, soit filetées au pas S. I. et de 30 à 50 mm de longueur, son corps calibré sera raccordé aux têtes par des congés de 1,5 à 2 mm de rayon.

La barrette normale type 2 aura un corps calibré de 9,8 mm de diamètre et de 80 mm de longueur; elle sera terminée par deux têtes de 14 mm de diamètre et de 20 mm de longueur filetées au pas S. I.

Sa partie calibrée sera raccordée aux têtes par des congés de
1,5 à 2 mm de rayon.

La barrette type 3 aura un corps calibré de 4 mm de diamètre et

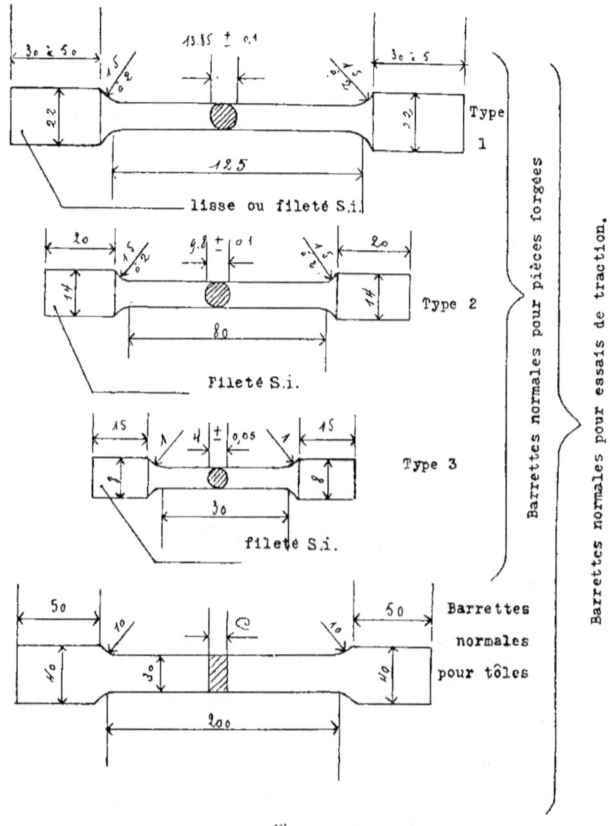

Fig. 110.

de 3o mm de longueur, elle sera terminée par des têtes de 8 mm de
diamètre et de 15 mm de longueur, minimum ; filetées au pas S. I.,
son corps sera raccordé aux têtes par des congés de 1 mm de rayon.

Les barrettes normales prises dans les tôles auront un corps
calibré de 30 mm de largeur, elles auront comme épaisseur celle de
la tôle. Ce corps calibré aura une longueur de 200 mm. Les têtes

auront une largeur de 40 mm et une longueur de 50 mm et seront raccordées au corps au moyen de congés de 10 mm de rayon.

On pourra modifier ces dimensions et prendre des longueurs et largeurs plus faibles, à condition que la longueur du corps soit au moins égale à la longueur de mesure de l'allongement précisée plus haut, augmentée de deux fois la largeur adoptée pour l'éprouvette. En aucun cas l'épaisseur de celle-ci ne pourra être autre que celle de la tôle où elle a été prélevée.

Les allongements des barrettes prises dans les tôles seront mesurés de la même façon que ceux des éprouvettes cylindriques précitées, en répétant au besoin plusieurs fois les longueurs de mesure et en croisant les repères.

c) *Machines de traction.*

Les machines employées pour les essais de traction seront constituées de telle façon que les efforts qu'elles imposeront aux éprouvettes soient progressifs, sans chocs, que ces efforts soient parfaitement centrés par rapport à l'axe des barrettes en évitant tous efforts secondaires de flexion ou de torsion par exemple, au moyen d'un dispositif de centrage automatique.

Ces machines seront munies de dispositifs convenables pour qu'on puisse mesurer d'une façon précise et aisée la limite élastique des barrettes d'essais.

La vitesse de l'essai sera convenablement ralentie pour cette mesure. Dès que la limite élastique aura été dépassée, la vitesse d'essai pourra être augmentée mais il sera interdit de la modifier dès que les efforts auront atteint les 8 dixièmes de la charge présumée de rupture des barrettes. La vitesse maximum de traction pendant l'essai sera de 1 cm par minute.

d) *Tarage des machines de traction.*

Les machines pour essais de traction seront tarées quand le service de contrôle le jugera utile, soit au moyen de poids, eux-mêmes tarés, que le fournisseur pourra posséder, soit au moyen de dynamomètres étalonnés avec des poids marqués, accompagnés d'une courbe d'étalonnage d'un laboratoire officiel; soit, enfin, au moyen de barreaux de tarage.

Dans ce dernier procédé, on opérera ainsi qu'il est indiqué dans le cahier des charges communes du 10 septembre 1909, visé plus haut.

On contrôlera les indications de la machine de traction en procédant pour un certain nombre de charges échelonnées entre les limites dans lesquelles la machine est généralement utilisée comme il est indiqué ci-après :

L'usine préparera 12 barreaux de traction de même dimension ayant au moins 100 mm entre repères, qui seront prélevés sur un acier aussi homogène que possible.

Ces barreaux seront recuits *simultanément* au rouge cerise. Après ce traitement les agents réceptionnaires répartiront en trois lots égaux les barreaux ainsi préparés.

Les quatre barreaux du dernier lot seront immédiatement cassés sur la machine de traction de l'usine et l'on prendra pour résultat la moyenne des deux charges de rupture intermédiaire accusées par l'appareil de mesure, les quatre valeurs obtenues ayant été au préalable rangées par ordre de grandeur croissante ou décroissante.

L'acier choisi pour le prélèvement des barreaux ne sera considéré comme suffisamment homogène que si les deux charges de rupture extrêmes diffèrent entre elles de moins de 4 °/₀ de la valeur maximum obtenue. Si cette condition n'est pas remplie, le tarage sera recommencé avec de nouveaux barreaux d'essai.

L'essai des barreaux devra être exécuté avec la vitesse de traction précisée plus haut.

Un procès-verbal, indiquant les charges de rupture (charge maxima avant rupture) accusées par la machine, sera établi et adressé au laboratoire de l'Aéronautique en même temps que les barreaux du deuxième lot.

Ce procès-verbal relatera la vitesse de traction employée et fera connaître la loi de variation des efforts en fonction du temps, à partir de la mise en charge de la machine. Il indiquera la limite élastique apparente des éprouvettes, l'allongement total mesuré sur 100 mm et la valeur de la striction.

Les quatre barreaux du deuxième lot seront cassés par les soins du Laboratoire de l'Aéronautique ou, en cas de contestation, par le Conservatoire des Arts et Métiers.

Ils devront satisfaire, pour que l'essai soit valable, aux conditions d'homogénéité spécifiées pour les barreaux du premier lot.

Si les résultats obtenus ne sont pas comparables, l'industriel pourra, soit laisser sa machine en l'état, soit procéder à un nouveau réglage.

Dans le premier cas, les résultats fournis par la machine de l'usine, dans tous les essais ultérieurs, seront corrigés de manière à tenir compte des écarts constatés entre cette machine et celle du Laboratoire de l'Aéronautique ou, en cas de contestation, celle du Conservatoire des Arts et Métiers.

On pourra se servir, à cet effet, d'une *courbe de tarage* que l'on tracera en faisant passer une courbe régulière par les points représentatifs des résultats moyens, comme il a été dit plus haut, pour les diverses charges sur lesquelles aura porté le tarage.

Les points correspondants à chacune de ces charges seront déterminés en prenant pour abscisse les valeurs moyennes obtenues à la machine du Laboratoire officiel.

Dans le deuxième cas, les quatre barreaux du troisième lot seront utilisés pour vérifier le nouveau réglage de la machine.

En dehors des tarages dont il est question ci-dessus, les résultats fournis par les machines de traction des usines pourront être vérifiés inopinément par les agents réceptionnaires lorsqu'ils le jugeront utile, au moyen de barreaux de tarage. On emploiera au moins deux barreaux pour chacune de ces vérifications.

On pourra également faire cette vérification au moyen de dynamomètres officiellement étalonnés.

Article 6

Essais de fragilité

a) *Caractéristiques à mesurer.*

Dans ce genre d'essai on déterminera :

La résilience du métal ;

La malléabilité de ce métal.

La résilience est le nombre de kilogrammètres rapportés à l'unité de section correspondant à la rupture par choc d'une éprouvette Mesnager par le mouton Charpy du modèle utilisé au Conservatoire des Arts et Métiers, type petit modèle.

La malléabilité du métal sera évaluée par l'angle fait par les deux

morceaux rompus de la barrette ; elle ne sera déterminée qu'à titre
de renseignement.

b) *Éprouvettes d'essais.*

L'éprouvette Mesnager est l'éprouvette classique à 10 mm $\times$
10 mm de section, 55 mm de longueur, 40 mm de distance,
entre appuis, avec entaille de 2 mm de profondeur avec rayon de

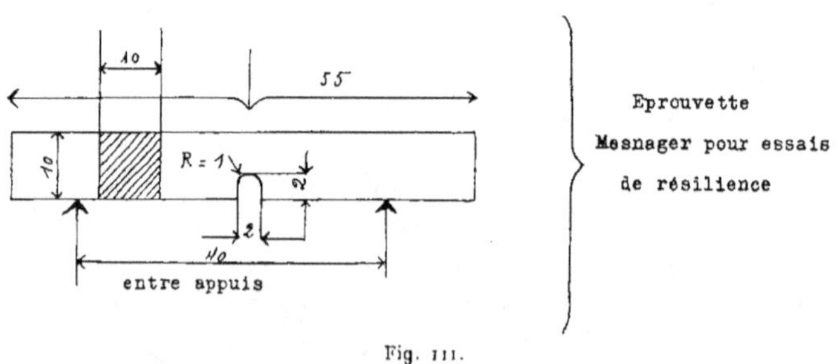

Fig. 111.

fond de 1 mm. L'entaille ne sera pratiquée qu'après traitement
thermique complet du barreau.

Les constructeurs utilisant un autre mouton que le mouton
Charpy, le tareront par comparaison avec celui des Arts et Métiers.

c) *Machines d'essais de fragilité.*

Les machines employées pour la rupture de ces barrettes devront
procéder par choc avec une vitesse d'impact de 4 m au moins et
rompre les barrettes d'un seul coup.

Les lectures doivent pouvoir être faites à 0,2 kgm près.

Les machines seront vérifiées périodiquement par comparaison
avec le mouton Charpy des Arts et Métiers en suivant la méthode
ci-après : on prendra deux séries de quatre barreaux entaillés prélevés dans des conditions identiques ; quatre barreaux seront essayés
chez le constructeur, et quatre au Conservatoire des Arts et Métiers.
Les écarts des résultats des deux machines après correction d'après la
courbe d'étalonnage ne devront pas différer de plus de 10 p. 100.

Le couteau de frappe de l'appareil de choc devra frapper la
barrette rigoureusement dans le plan de la section à fond d'entaille,
sans possibilité de déviations latérales pendant le choc.

L'essai sera fait à la température ambiante. On indiquera cette température dans le procès-verbal.

La résilience du métal sera obtenue en divisant le travail total de rupture (exprimé en kilogrammètres) de la barrette essayée, par la section exacte de cette barrette mesurée à fond d'entaille, avant tout essai, et exprimée en cm².

La mesure de l'angle de rupture de la barrette pour l'évaluation de la malléabilité du métal sera effectuée en raccordant les deux fragments de cette barrette de telle façon que les lèvres de la cassure correspondant au fond de l'entaille, allongée par le choc, se rejoignent sur leurs côtés. L'angle à mesurer sera le supplément de celui formé par les surfaces intérieures des deux morceaux de la barrette rompue.

Cette caractéristique de malléabilité sera mesurée à titre d'indication.

ARTICLE 7

Essais de dureté

a) *Caractéristiques à mesurer.*

Les essais de dureté ont pour but :

1º De déterminer la dureté propre des pièces métalliques présentées à la recette en divers points de ces pièces, en vue de vérifier leur homogénéité ;

2º De permettre d'évaluer, à titre d'indication, grâce à la connaissance de la dureté et des coefficients de transition, la charge maximum de rupture à la traction du métal des pièces.

b) *Mode opératoire.*

Pour l'évaluation de la dureté du métal, on emploiera la méthode dite « de Brinell ». Pour cela, on imprimera dans le métal des pièces une bille d'acier dur de 10 mm de diamètre avec une charge de 3.000 kg qui sera maintenue 15 secondes.

L'application des pressions jusqu'à cette pression de 3.000 kg sera faite d'une façon progressive et sans chocs ou percussions répétées.

La surface sur laquelle la bille sera appliquée, sera, avant tout essai, soigneusement débarrassée d'oxydes, aspérités ou tous autres défauts, et bien aplanie à la lime douce ou à la meule.

Il restera autour de l'empreinte une largeur de métal égale au moins au diamètre de cette empreinte et, au-dessous de celle-ci. une épaisseur égale au moins au triple de ce diamètre.

Les diamètres de l'empreinte obtenue seront mesurés suivant deux directions perpendiculaires à 1/40 de mm près en plus ou en moins. La moyenne de ces deux nombres permettra d'évaluer la surface en mm² de la calotte sphérique de cette empreinte. En divisant la pression de 3.000 kg précitée par cette surface, on obtiendra le chiffre de dureté du métal.

Connaissant ce chiffre de dureté, on en déduira à titre d'indication la résistance à la traction du métal en multipliant ce chiffre par un coefficient dit « de transition ».

L'homogénéité résultant de la différence maximum entre les diamètres extrêmes de deux empreintes d'une même pièce, sera définie par le cahier des charges spéciales.

c) *Machines de dureté.*

Ces machines comporteront un mécanisme pour la production des efforts et un mécanisme pour la mesure de ces efforts. Le premier procédera par pressions graduelles, la vitesse d'imposition des charges étant d'environ 200 kg par seconde. Le second fera la mesure de ces efforts avec une précision de $\pm$ 1 p. 100 près.

Les machines de dureté devront être vérifiées au moyen de poids marqués ou de barreaux d'acier dressés et polis dont la dureté aura été préalablement déterminée au moyen de machines d'essai du Laboratoire de l'Aéronautique militaire ou du Conservatoire des Arts et Métiers.

ARTICLE 8

Essais spéciaux

ESSAIS DE PLIAGE A FROID

L'essai de pliage à froid s'applique en principe aux tôles ; il sera exécuté à la température ambiante, au moyen d'un dispositif mécanique, sous l'action lente et progressive d'un effort de pression et non de choc.

On emploiera, autant que possible, le mode opératoire suivant, qui exécutera le pliage en deux temps :

1° *Formation du pli.* — La barrette sera placée sur une pièce en forme de V dont les surfaces obliques formeront entre elles un angle de 60° et dont l'ouverture sera d'au moins 125 mm.

On appliquera sur le milieu de l'éprouvette un coin à faces obliques et dont l'arête sera arrondie avec un rayon au moins égal à celui que doit avoir ce pli, une fois l'épreuve terminée.

Ce coin sera descendu jusqu'à ce que la barrette se soit appliquée sur les côtés de l'ouverture de la pièce en V.

2° *Achèvement du pliage.* — Le pliage sera achevé mécaniquement et lentement avec ou sans interposition de cales.

A défaut de ce dispositif, si l'on ne dispose que d'un étau pour faire l'essai, on y fixera la barrette au tiers de sa longueur, on prolongera son extrémité libre par une barre d'acier rigide qui lui sera solidement reliée et on se servira de cette barre comme d'un levier pour plier l'éprouvette à bras et sans à-coups.

La barrette soumise à l'épreuve devra prendre, sans présenter aucune trace de rupture, une courbure permanente telle que l'écartement de ses branches soit celui indiqué individuellement suivant la nature d'acier et l'épaisseur de tôle au cahier des charges spéciales.

Article 9

Préparation des éprouvettes

(Pour tous les essais précédents.)

Toutes les barrettes, quel qu'en soit le type, seront prélevées dans les pièces, à froid, et au moyen de machines-outils qui n'altèrent pas le métal originel de ces barrettes. Dans le cas où l'on utiliserait le procédé par découpage, poinçonnage, tranchage, cisaillage ou similaire, le cahier des charges spéciales indiquera l'importance des chutes latérales à prévoir.

Les traitements à faire subir aux barreaux d'essai sont indiqués au tableau des aciers ci-joint ou dans les cahiers des charges spéciales.

Le Service du Contrôle fera le prélèvement des barrettes suivant les indications des dessins joints aux cahiers des charges spéciales.

Ces barrettes auront, toutes les fois que cela sera possible, des dimensions transversales inférieures de 6 mm à celles des pièces brutes dans lesquelles elles seront prélevées, de façon que le métal qui les a constituées soit débarrassé de la couche superficielle que le chauffage a pu décarburer.

TITRE II

Aciers spéciaux laminés sous forme de blooms, billettes ou barres

ARTICLE 10

Élaboration

Les aciers spéciaux sous forme de blooms, billettes, barres ne peuvent être obtenus qu'en partant de lingots ayant satisfait aux conditions indiquées dans l'article 2 ci-dessus.

ARTICLE 11

Lotissement

Les blooms, billettes, barres présentés seront divisés par lots.

Pour les aciers obtenus au four Martin ou au four électrique, le lot sera constitué par les pièces provenant d'une même coulée. Pour les aciers obtenus au creuset, le lot sera constitué par les pièces obtenues dans les mêmes conditions de chargement des creusets, sans que le poids du lot puisse excéder 10 tonnes.

Quelle que soit l'origine du métal, chaque bloom, billette ou barre portera le numéro de coulée et une marque spéciale du fournisseur indiquant la nature de l'acier.

Les numéros seront bien apparents et frappés d'une façon indélébile.

Chaque bloom ou billette présenté recevra, de la part du contrôleur, à côté du numéro de coulée et de la marque de l'acier, un poinçon d'identification du lot. Les barres ne recevront seulement que la marque de l'acier et le poinçon d'identification.

ARTICLE 12

Nature des essais

Il sera fait une analyse chimique dans tous les cas. Il pourra être fait des essais mécaniques sur les blooms dont les transformations ultérieures ne seront pas effectuées chez le producteur.

Il sera fait des essais mécaniques sur tous les lots de billettes et de barres.

Ces essais seront faits conformément aux prescriptions générales des articles 2 à 9.

ARTICLE 13

Proportion des essais

1° Analyses chimiques : 2 par lot.

2° Essais mécaniques : 2 essais de traction et 4 essais de fragilité par lot.

Ces essais seront effectués sur éprouvettes traitées comme il est indiqué au tableau des aciers annexé au présent cahier des charges.

Lorsque les éprouvettes seront essayées trempées, la durée de chauffage pour trempe ou revenu sera de :

Dix minutes, si les traitements sont faits dans des bains salins ou métalliques ;

Vingt à trente minutes, si ces traitements sont faits dans des fours à sole.

Les revenus seront toujours arrêtés par immersion dans l'eau.

ARTICLE 14

Prélèvement des éprouvettes

Les éprouvettes seront prélevées en bout sur les pièces désignées par le Contrôle et seront convenablement repérées. Pour les barres de moins de 10 mm d'épaisseur ou de diamètre, les barreaux d'épreuves seront prélevés comme il est dit aux prescriptions générales des articles 2 à 9.

S'il s'agit de pièces dont la section (surface du carré inscrit) est supérieure à 700 mm^2 et s'il n'est pas fixé de conditions spéciales pour le mode de prélèvement des barreaux de traction, la pièce sera étirée du côté de la chute supérieure du lingot et ramenée à une dimension qui permette de prélever à froid un barreau de 13,8 mm.

ARTICLE 15

Rebuts et réceptions

Lorsque l'un des essais du lot ne satisfera pas aux conditions imposées, il sera procédé à deux nouvelles séries complètes d'essais prélevés sur des éprouvettes dans d'autres pièces.

Au cas où ces nouveaux essais seraient mauvais, le lot entier serait rebuté.

De toute façon, les pièces ayant donné de mauvais résultats d'essais seront éliminées.

En cas de rebut, une marque devra être apposée sur la pièce sans porter atteinte à l'utilisation commerciale éventuelle de ladite pièce.

ARTICLE 16

Les tolérances sur les dimensions sont celles indiquées à l'article 12 du cahier des charges communes du 10 septembre 1909.

TITRE III

Pièces forgées en aciers

ARTICLE 17

Élaboration

Les pièces seront exécutées avec des aciers répondant aux clauses et conditions fixées à l'article 2 du présent cahier des charges pour les aciers spéciaux et à celles fixées dans le cahier des charges du 10 septembre 1909 visé à l'article 1 pour les pièces en acier ordinaire. Il ne pourra être employé que des procédés de fabrication autorisés le mieux appropriés à l'emploi ultérieur des pièces dans les conditions les plus économiques.

ARTICLE 18

Lotissement

Les pièces de même nature présentées seront divisées en lots. Chaque lot sera constitué par les pièces exécutées avec le métal provenant d'une même coulée.

Chaque pièce devra, en principe, porter le numéro de la coulée du métal dont elle provient.

ARTICLE 19

Nature des essais

Les essais suivants pourront être effectués :
a) Vérification de l'absence de défauts superficiels;
b) Essai de dureté;
c) Essai de texture;
d) Essai de résilience;
e) Essai de traction;
f) Essais spéciaux.

ARTICLE 20

Proportion des essais

La proportion normale des essais est définie dans le tableau ci-joint (voir page 352).

ARTICLE 21

Mode opératoire et prélèvement des éprouvettes

a) *Vérification de l'absence de défauts superficiels.*

Après traitement et avant tout essai, les pièces pour lesquelles cet essai est prévu seront sablées, puis immergées pendant vingt-quatre heures dans un bain de pétrole.

Elles seront examinées après séchage, puis vingt-quatre heures après.

Les défauts constatés seront sondés au burin jusqu'à disparition de ces défauts.

La pièce sera rebutée dès qu'on se sera rapproché à 1 mm près des cotes définitives.

b) *Essai de dureté.*

Cet essai sera effectué à la bille de Brinell.

Dans tous les cas, les chiffres de dureté extrêmes constatés sur une même pièce doivent différer, au maximum, de 20 unités Brinell.

c) *Essai de texture.*

La rupture est faite par choc en un seul coup de mouton.

Pour les pièces destinées à être tournées, une saignée sera faite au tour, concentriquement à l'axe, et laissant subsister la moitié environ de la section primitive. Pour les autres pièces, on fera deux traits de scie parallèles et opposés dans le même plan et laissant subsister environ la moitié de la section primitive de la pièce.

La cassure doit être saine, sans défauts, crasses, soufflures, retassures, oxydation, scories, gouttes froides, etc..., à nervures à grain fin et exempte de cristaux à facettes.

d et e) *Essai de résilience et essai de traction.*

Les éprouvettes pour ces essais seront prélevées soit dans les pièces mêmes, soit dans les surlongueurs spécialement réservées à ces prélèvements et n'ayant subi aucun autre traitement que la pièce elle-même.

Toutefois ces éprouvettes seront prélevées de préférence sur les pièces pour lesquelles l'essai de texture aura donné des résultats douteux.

f) *Essais spéciaux.*

Les prélèvements en vue des essais spéciaux et le mode d'exécution de ces essais seront définis dans chaque cas particulier.

ARTICLE 22

Interprétation des essais

Lorsque les essais auront donné satisfaction, les pièces pourront être utilisées ; elles recevront une marque et, dans les cas où cela sera possible, un poinçon d'identification.

Si l'un quelconque de ces essais effectués dans l'ordre prévu à l'article 4 ne donne pas satisfaction et si le cahier des charges particulier n'en stipule pas autrement, une série de contre-essais sera effectuée, dont le pourcentage sera triple de celui fixé pour les essais normaux.

Si tous ces essais sont favorables, les pièces pourront être utilisées et recevront le poinçon d'identification dont il est parlé ci-dessus.

Si l'un seulement de ces contre-essais est défavorable, le lot sera rebuté en principe ; toutefois, l'usine productrice pourra procéder à de nouveaux traitements, qui seront suivis d'essais en nombre égal à celui des contre-essais.

Le lot ne sera accepté que si tous les essais sont favorables; dans le cas contraire il sera rebuté.

ARTICLE 23

Responsabilité du fournisseur

Les essais ne seront définitifs que pour les caractéristiques du métal qu'ils ont permis de déterminer. La responsabilité du fournisseur, tant envers le constructeur qu'envers l'État, reste entière pour les vices cachés.

ARTICLE 24

1° Les clauses du présent cahier des charges communes et des cahiers des charges spéciales qui lui sont annexés sont applicables à toutes les fournitures commandées directement par l'État ou à celles faisant l'objet d'une commande directe d'un constructeur à un sous-traitant, lorsque l'État est le destinataire définitif;

2° En dehors de tous les contrôles, l'inspection technique des produits métallurgiques de l'aviation exercera son action dans les conditions indiquées dans l'instruction du 31 décembre 1917;

3° Les conditions de réception des matériaux entrant dans la construction des avions, approuvées par décisions ministérielles : Nos 4202 2/12 du 25 avril 1915; 5075 2/12 du 21 mai 1915; 5795 2/12 du 17 juin 1915 et 2954 2/12 du 21 février 1916 sont abrogées.

1er juillet 1918.

P. O. *Le Lieutenant-Colonel Directeur de l'Aéronautique,*
Directeur du Service central des Fabrications de l'Aviation,

Signé : Paul DHÉ.

Cahier des charges communes relatif à la réception des pièces forgées en acier (¹)

Nombre d'essais de chaque sorte à effectuer sur les pièces présentées à la réception.

	DURETÉ	TEXTURE	RÉSILIENCE	TRACTION	SABLAGE	ESSAIS SPÉCIAUX	OBSERVATIONS
Culbuteurs, leviers	1 p. pièce.	1 sur 500.		1 sur 500 (²).			(²) En cas d'insuccès double.
Bielles (³)	2 p. pièce dont une sur le corps.		1 sur 500 sur chute ou dans le corps.	1 sur 500 dans le corps.	1 p. pièce.		(³) Mêmes résultats que pour les vilebrequins.
Vilebrequins	3 p. pièce.	1 p. pièce.	10 sur 100 sur chute en bout du nez (⁴).	1 sur 100 sur chute en bout du nez.	1 p. pièce.	Dissection (Voir cahier des charges spéciales).	(⁴) Pour réception définitive essai individuel chez le constructeur avant usinage.
Pignons (petits)	1 p. pièce.	1 sur 500.					
Pignons (grands)	2 p. pièce.	1 sur 50 sur chute d'usinage ou de forage.					
Cylindres	2 p. pièce.						
Tiges, poussoirs		1 pour 100.		1 sur 500.			
Carters	3 p. pièce.			1 sur 500.			
Arbre porte-hélice	2 p. pièce.	1 p. pièce.	10 sur 100 sur chute (⁵).	1 sur 100 sur chute.	1 p. pièce.		(⁵) Même résultat que pour les vilebrequins.
Moyeu d'hélices, carters, plateaux, etc.		(Voir cahier des charges spéciales.)					
Clapets et soupapes	1 p. pièce.					Essai de résistance à chaud (Voir cahier des charges spéciales).	
Cam's		1 sur 500.					
Galets		1 sur 1.000.					
Port-embiellage	2 p. pièce.			1 sur 500.			
Axe de piston		1 sur 500.					
Boulonnerie et visserie en acier ordinaire au carbone.		(Voir cahier des charges spéciales.)					
Boulonnerie en acier spécial.	1 p. pièce.	1 sur 500.	1 sur 500.			Essai de décollage de la tête 1 sur 500.	
Supports, colliers, coussinets.	1 p. pièce.	1 sur 500.	1 sur 500.				
Culot de bougies		1 sur 1.000					

(¹) Les résultats obtenus sont indiqués dans les cahiers des charges spéciales ou annexés aux marchés de fourniture.

INSTRUCTIONS

pour l'application du Cahier des charges communes des produits sidérurgiques du 1er juillet 1918, à la réception des pièces de forge, pour lesquelles un cahier spécial n'a pas été notifié.

Les pièces de forge seront, d'après le bon de commande, livrées recuites ou à l'état traité.

I. — Pièces recuites. — La nature et le nombre des essais des pièces recuites sont fixés au cahier des charges communes.

Tous les essais, à l'exception de ceux de traction et de résilience, devront donner les résultats prévus au cahier des charges précité.

Les essais de dureté devront révéler l'homogénéité du lot.

Les essais de résilience et de traction seront effectués après traitement : ils devront donner les résultats prévus au cahier des charges communes ou au marché.

II. — Pièces traitées. — La nature et le nombre des essais des pièces traitées sont fixés au cahier des charges précité.

Tous les essais, à l'exception de ceux de traction et de résilience, devront donner les résultats prévus au cahier des charges communes.

Les résultats à obtenir dans les essais de résilience et de traction sont en principe ceux indiqués au marché : si aucune condition ne figure au marché, les résultats devront être ceux indiqués au tableau Standard.

ANNEXE N° 11

CAHIER DES CHARGES SPÉCIALES PROVISOIRE

applicable à la fourniture

des arbres manivelles pour moteurs destinés à l'Aéronautique

ARTICLE 1

Conditions générales

Le présent cahier des charges a pour objet de définir les clauses et conditions spéciales applicables aux arbres manivelles pour moteurs destinés à l'Aéronautique.

Les arbres manivelles bruts de forge devront répondre aux clauses et conditions du cahier des charges communes provisoires relatif à la fourniture des produits sidérurgiques au service de l'Aéronautique et aux clauses et conditions particulières ci-après :

ARTICLE 2

Forgeage

L'élaboration de la pièce ne devra comporter aucun découpage à chaud et à froid.

Les torsions, s'il en est, devront être obtenues par forgeage, et les angles de torsion seront réduits à 60° par des opérations de forgeage ou de matriçage appropriées.

Le redressage à froid est rigoureusement interdit. Le redressage devra avoir lieu dans les conditions suivantes : soit à 400°, soit à 100° avec revenu à 400° après redressage.

Les arbres porteront des surlongueurs suivant dessins remis par la S. T. A.

ARTICLE 3

Lotissement

En outre du numéro du lot, chaque arbre manivelle recevra un numéro d'ordre.

ARTICLE 4

Nature des essais — Prélèvement des éprouvettes

Les arbres manivelles seront soumis aux essais prévus dans le cahier des charges communes aux pièces en acier forgé.

Tous les arbres manivelles subiront avant tout autre essai une

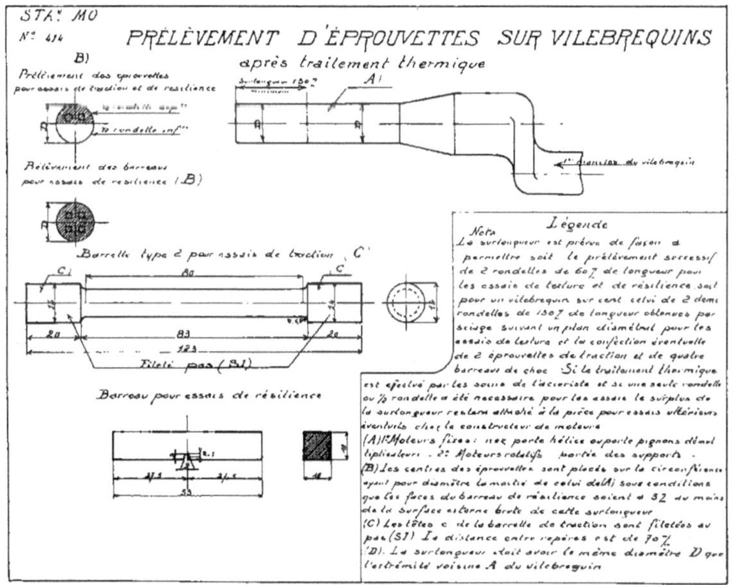

vérification au sablage dans les conditions prévues au cahier des charges communes.

a) *Essais de dureté.* — Les trois billages seront faits dans les conditions prévues au cahier des charges communes : un à chaque extrémité de l'arbre, un au milieu.

b) *Essai de texture.* — Il sera fait dans les conditions prévues au cahier des charges communes sur une rondelle de 60 mm de longueur prélevée dans la surlongueur.

c) *Essai de résilience*. — L'éprouvette de résilience sera prélevée dans la rondelle détachée pour l'essai de texture. Sa position est indiquée au croquis ci-dessous (fig. 113, n° 1).

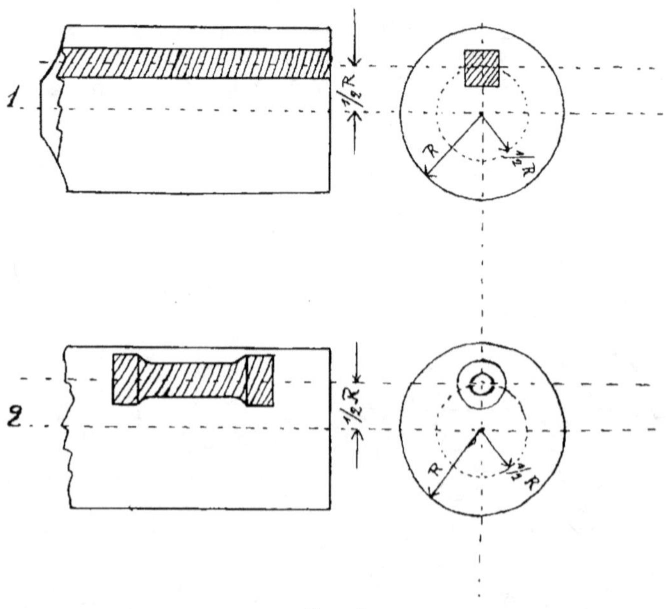

Fig. 113.

d) *Essai de traction*. — L'éprouvette de traction sera prélevée comme il est indiqué au croquis ci-dessus (fig. 113, n° 2).

Article 5

Résultats à obtenir

Les essais devront donner les résultats suivants :

a) L'homogénéité est définie dans le cahier des charges communes, relatif à la réception des pièces forgées en acier (¹).

b et c) *Essai de texture et de résilience*. — La résilience minima à

(¹) Différence maxima entre les chiffres de dureté : 20 unités Brinell (pour un même arbre).

obtenir est de 10 dans la surlongueur et de 9 dans le corps, parallèlement à la fibre moyenne.

Les essais de résilience seront faits sur celles des rondelles de texture dont l'aspect semblera indiquer la résilience la plus faible.

d) *Essai de traction*. — Ils devront donner les caractéristiques suivantes :

$$R \geqslant 8o \qquad E \geqslant 7o \, kg \qquad A \geqslant 12 \, p. \, 100$$

ARTICLE 6

Interprétation des essais

a) *Essai de dureté*. — Si les résultats obtenus ne répondent pas aux conditions exigées, les arbres manivelles ne seront pas acceptés, mais ils pourront être soumis à un remaniement à la suite duquel ils subiront de nouveau les essais.

b) *Essai de résilience*. — Si tous les essais de résilience ont donné satisfaction, les arbres manivelles du lot pourront être envoyés à l'usinage. En cas d'insuccès, même pour un seul des essais, les arbres manivelles du lot seront essayés individuellement, soit immédiatement, soit après un remaniement.

Les arbres manivelles pour lesquels l'essai individuel aura été satisfaisant seront envoyés à l'usinage. Ceux pour lesquels l'essai individuel ne donnera pas satisfaction pourront être traités une seconde fois et seront de nouveau soumis à la série complète des essais.

Pour hâter la sélection des arbres manivelles, les surlongueurs marquées au numéro de l'arbre manivelle pourront être envoyées chez le constructeur destinataire. qui fera les essais correspondants sous la surveillance du contrôle local afin de permettre l'expédition des arbres manivelles satisfaisants.

Le producteur aura le droit d'assister à ces essais.

ARTICLE 7

Essais spéciaux de dissection

En plus de ces essais, des essais portant sur toute la longueur de l'arbre manivelle, d'après les prélèvements conformes aux dessins de la S. T. A. seront exécutés par le contrôle local pour s'assurer les caractéristiques du métal.

Le nombre de ces essais n'est pas déterminé *a priori*. Il dépendra de la marche générale de la fabrication et des investigations qui s'imposeront.

Ces essais de dissection ne devront pas retarder les livraisons.

Chacun de ces essais entraînant la destruction de l'arbre manivelle, ce dernier, en cas de réussite des essais, sera payé par l'État au producteur. Dans le cas contraire, ce producteur n'aura droit à aucune indemnité.

ARTICLE 8

Il est bien entendu que tous ces essais effectués sur des prélèvements en usine productrice sont indépendants des essais individuels de réception définitive à exécuter chez le constructeur destinataire sous la surveillance du contrôle du Service de fabrication.

1er juillet 1918.

P. O. *Le Lieutenant-Colonel Directeur de l'Aéronautique,*
Directeur du Service central des Fabrications de l'Aviation,

Signé : Paul Due.

TABLE DES PLANCHES HORS TEXTE

TABLE DES MATIÈRES

TROISIÈME PARTIE
TRAITEMENTS THERMIQUES

TITRE VI
Règles et principes.

TITRE VII
Perturbations. — Causes. — Remèdes.

TITRE VIII
Matériel nécessaire pour l'exécution des traitements thermiques

QUATRIÈME PARTIE
ACIERS ORDINAIRES ET ACIERS SPÉCIAUX

TITRE IX
Classification des aciers

TITRE X
Aciers ordinaires au carbone ou aciers primaires.

TITRE XI
Aciers spéciaux.

TITRE XII

Étude des caractéristiques « à chaud » des aciers.

CINQUIÈME PARTIE
CONDITIONS DE RÉCEPTION

TITRE XIII

Cahier des charges

TITRE XIV

Standardisation.

SIXIÈME PARTIE
ÉTUDE ANALYTIQUE D'UN ACIER
POUR VILEBREQUINS D'AVIATION

TITRE XV

Étude méthodique d'un acier spécial.

ANNEXES

IMPRIMERIE BERGER-LEVRAULT, NANCY-PARIS-STRASBOURG

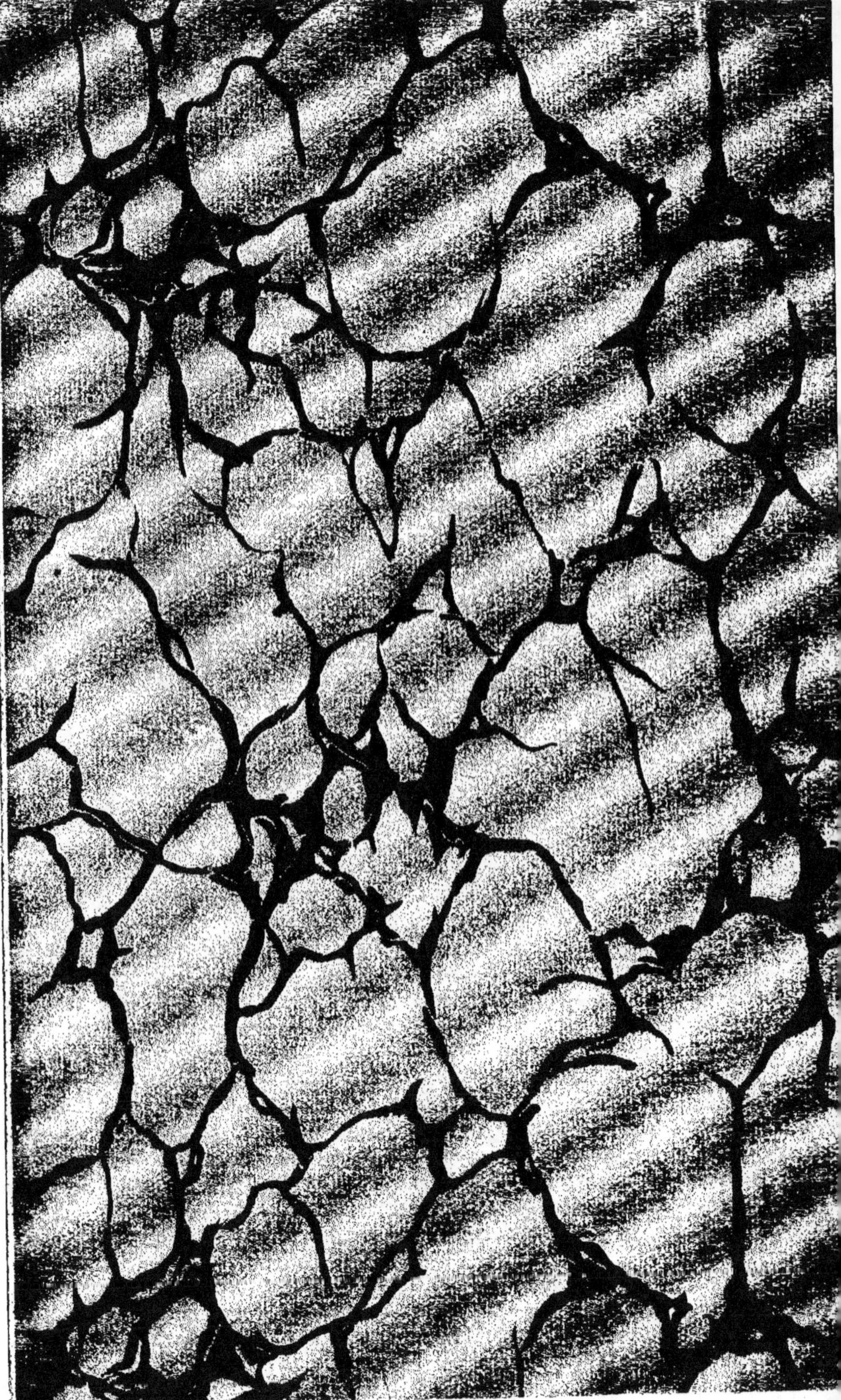

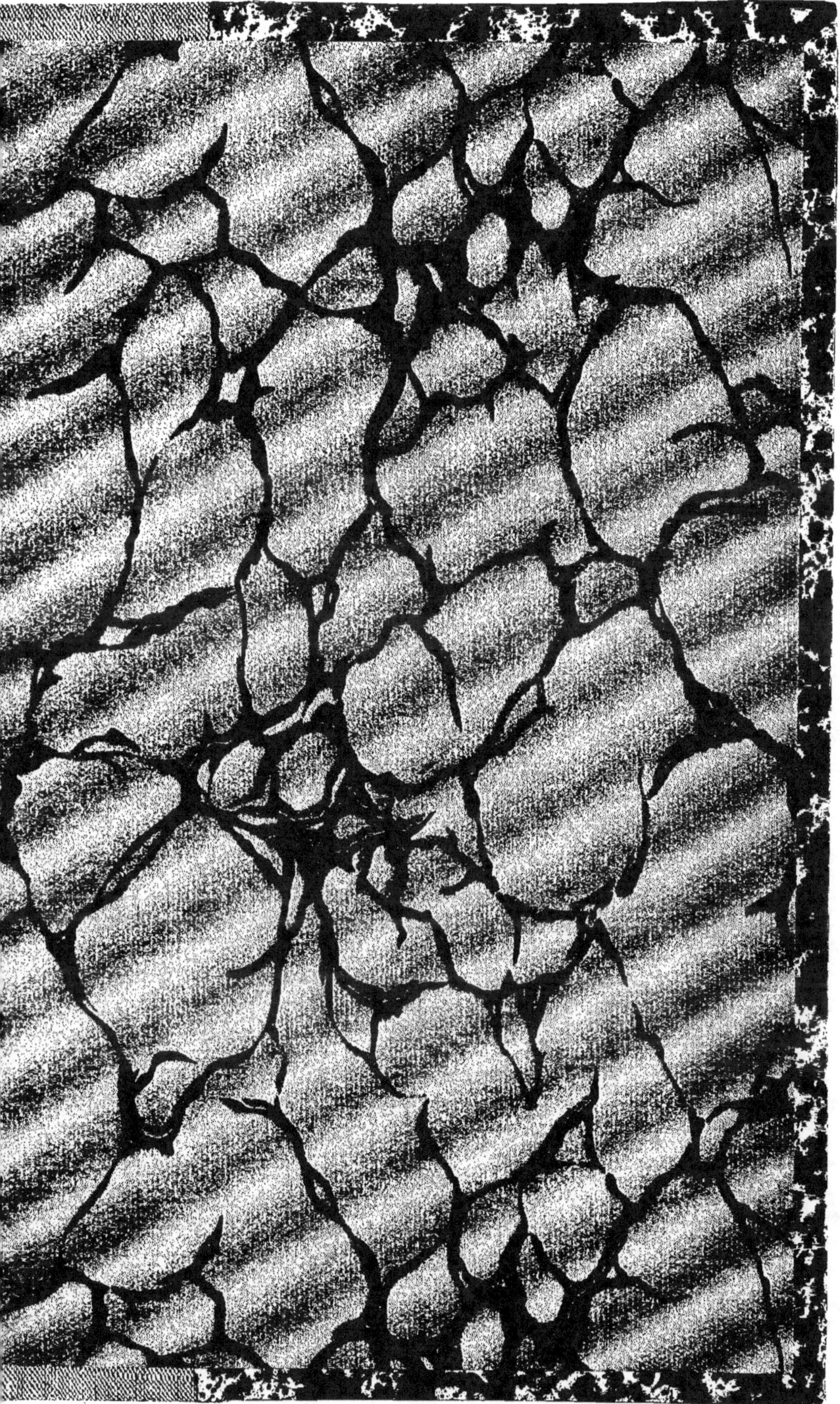

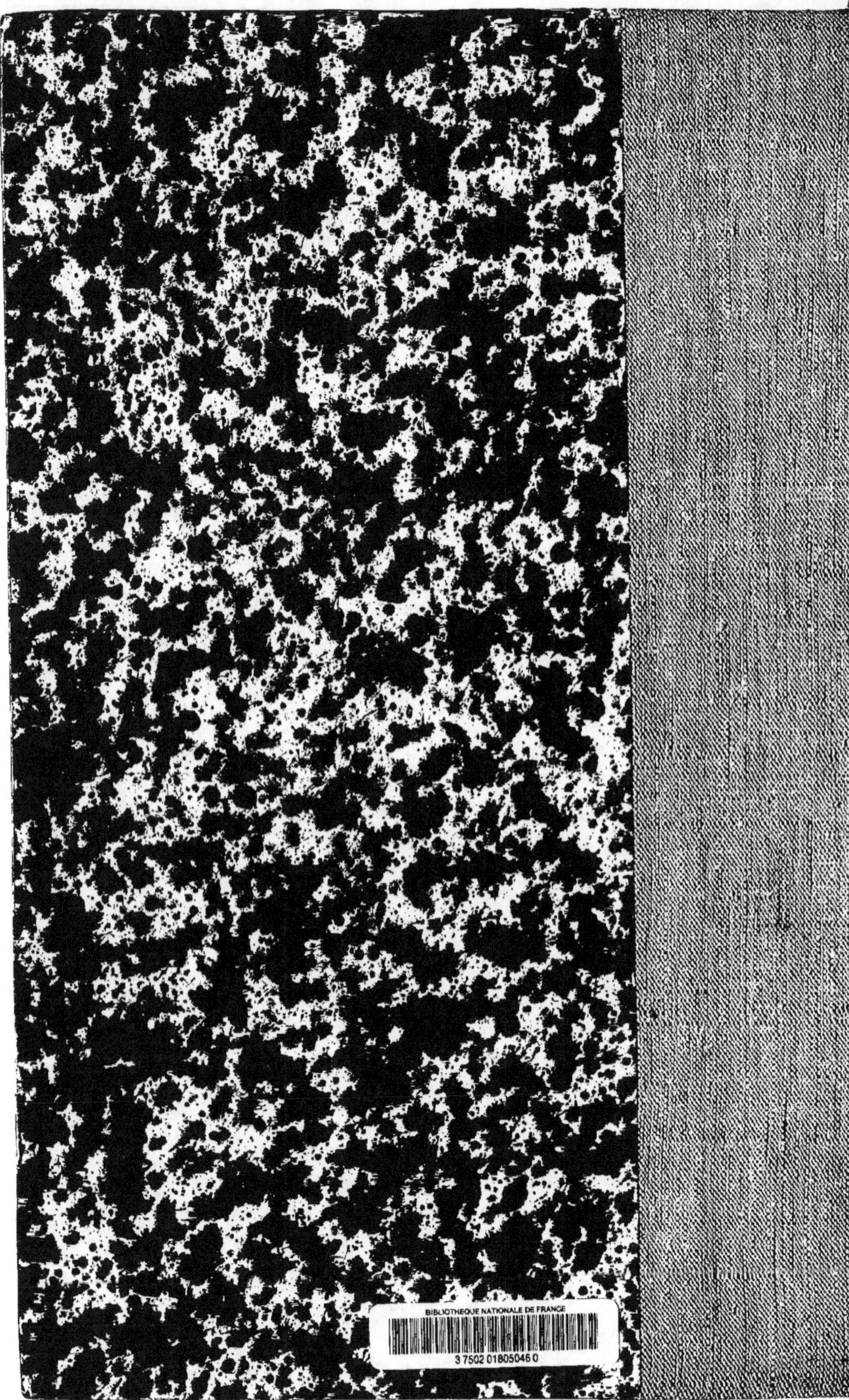